全国电力出版指导委员会出版规划重点项目
全国电力工人公用类培训教材

电力安全知识(第二版)

李 跃 主编

中国电力出版社
CHINA ELECTRIC POWER PRESS

内容提要

本书是在《电力安全知识》（第一版）的基础上对部分内容作了调整和更新，并根据全国电力工人各专业（岗位）职业技能鉴定内容的需求作了适当补充，使其更适合现阶段电力系统工人的培训和在校学生就业前的学习。

本书是以《中华人民共和国职业技能鉴定规范·电力行业》为依据编写的配套教材之一。全书共分五章，主要内容包括安全教育、安全用电常识、现场紧急救护知识、安全用具、防火（爆）与灭火知识。

为便于自学、培训和考核，各章后均有复习题，书末附有复习题的参考答案及解答。

本书适用于火力发电、水力发电、供用电、城镇（农村）工矿企业、火电建设、水电建设和电力机械修造等7个部门27个专业196个工种的初、中、高级工培训考核使用，也可供以上人员进行职业技能鉴定和从事安全管理工作的相关人员参考。

图书在版编目（CIP）数据

电力安全知识/李跃主编．—2版．—北京：中国电力出版社，2004.9（2020.8重印）
全国电力工人公用类培训教材
ISBN 978-7-5083-2378-7

Ⅰ.电...　Ⅱ.李...　Ⅲ.电力工业-安全生产-技术培训-教材　Ⅳ.TM08

中国版本图书馆CIP数据核字（2004）第085986号

中国电力出版社出版、发行
（北京市东城区北京站西街19号　100005　http://www.cepp.sgcc.com.cn）
三河市航远印刷有限公司印刷
各地新华书店经售

*

1994年12月第一版
2004年9月第二版　2020年8月北京第三十次印刷
850毫米×1168毫米　32开本　10.75印张　284千字
印数216181—217180册　定价**35.00**元

努力搞好教材建設
為提高電業職工
素質服務

史大楨
一九九三年十二月

出版说明

《全国电力工人公用类培训教材》自1994年出版以来，已用于电力行业工人培训10余年，得到了广大电力工人和培训教师的一致好评。为提高电力职工素质、使电力职工达到相应岗位的技术要求奠定了基础。

近年来，随着国家职业技能标准体系的完善，《中华人民共和国职业技能鉴定规范·电力行业》已在电力行业正式实施。随着电力工业的高速发展，电力行业的职业技能标准水平已有明显提高，为满足职业技能鉴定规范对电力行业各有关工种鉴定内容中共性和通用部分的要求，我们对《全国电力工人公用类培训教材》重新组织了编写出版。本次编写出版的原则是：以《中华人民共和国职业技能鉴定规范·电力行业》为依据，以满足电力行业对从业技术工人基本知识结构的要求为目标，兼顾提高电力从业人员的综合素质。本次编写出版的教材共14种，即：

电力工人职业道德与法律常识	应用机械基础(第二版)
电力生产知识(第二版)	应用力学基础(第二版)
电力安全知识(第二版)	应用水力学基础(第二版)
应用电工基础(第二版)	实用热工基础
应用电子技术基础(第二版)	应用计算机基础
电力工程识绘图	电力工程常用材料(第二版)
应用钳工基础(第二版)	电力市场营销基础

本教材此次编写出版得到了以上各册新老作者的大力支持，在此表示由衷的感谢！同时，欢迎使用本教材的广大师生和读者对其不足之处批评指正。

中国电力出版社

2004.6

前　　言

《电力安全知识》这本培训教材从一九九四年十二月发行第一版后，经过十年的使用，收到了良好效果（截止 2003 年 7 月已印刷十三次），随着电力生产的快速发展，先进的设备和技术的应用与更新，书中的部分内容已陈旧过时，急需进行修订。

此次再版是在原教材的基础上对部分内容作了更新和调整，并根据全国电力工人各专业（岗位）职业技能鉴定内容的需求作了适当补充，使其更适合现阶段电力系统工人的培训和在校学生就业前的学习，它具有按照工人培训的要求和规律建立教材体系，以及内容结合现场实际、重点突出、层次分明、深入浅出、易教易学、图文并茂等特点。

本书修订的主要内容有以下几点：①第一章第二节“事故”中，以国家电网公司（2003 年 10 月 27 日）颁发的《电业生产事故调查规程》取代了原水利电力部标准 SD 168—1985《电业事故调查规程》的相关内容；电力生产应防止的重大事故由原 18 种增加为 25 种；②第一章第五节“贯彻安全文件、熟悉安全警语”中，以新颁发的原《电力部关于安全工作的决定》取代了原《能源部安全生产指令第一、二号》，并以一九九五年以后全国电力安全生产工作文件取代了原书中选用的［1988 ~ 1989］有关文件；③第二章新增了“电气安全距离”、“静电伤害及安全防护”、“电气工作票”内容；④第五章第一、二节分别补充了部分内容；⑤第五章第三节新增了电力系统主要设备，如“输煤和制粉系统”、“氢系统和制氢设备”、“酸性蓄电池室”、“电、气焊”、“易燃易爆物品”防火（爆）与灭火的有关内容；更新了“燃油系统”、“电力电缆”、“电力变压器”的相关内容。

通过对本书的学习，可增强学员（生）的安全意识，使其树立牢固的安全生产观念，学会关于人身触电、创伤的现场急救法和常用灭火器的使用方法，了解安全用电常识，熟悉安全用具及电力系统生产设备的防火、灭火知识，使学员（生）获得必备的安全知识和技能，为电业安全生产打下良好的理论基础。

本书由大同电力技工学校李跃主编，李文彦老师参编（分别编写了第二章第三、五、七节，第五章第三节以及相应章、节的习题解答）。在收集资料的过程中，得到有关人员的大力支持，在此谨向他们表示诚挚的谢意！由于编者水平有限，书中难免存有不妥和误漏之处，敬请各单位和读者在使用本教材过程中，随时函告，提出宝贵意见，以便及时更正。

编　者

2004 年 7 月

目　录

安全教育

第一节 安全生产的重要性

安全生产是社会主义企业经营管理的基本原则之一，也是电力生产、基建的基本方针。安全促进生产，生产必须安全。安全生产的重要性表现在以下几个方面：

（1）电力工业必须坚持“安全第一，预防为主”的方针。这是由社会主义企业性质和电力工业的客观规律所决定的，是多年实践经验的积累，甚至是用血的教训总结出来的。因此，在任何时候都丝毫不能动摇这个方针，否则多发事故的电力工业就会拖国民经济发展的后腿。

（2）安全工作是企业经营机制的基础和重要组成部分。当前在深化改革、转换企业经营机制的过程中，一定要进一步健全、完善安全工作机制，在安全上要增强企业的自我约束机制和激励机制。

（3）搞好安全工作不仅是上级部门和领导的要求，也是各企业对社会发展应承担的责任，更是企业自我发展，提高企业经济效益和社会效益，保证职工生命财产安全的需要。

（4）安全是企业改革和发展的重要保证，是提高企业经济效益的前提，没有安全就谈不上效益。从电力事故对企业经济效益和社会效益的影响程度上看，安全就是最大的效益。

（5）就基建安全、质量和速度三者关系来看，基建必须在保证安全、质量的基础上，争取缩短工期，做到安全、优质、高效，求得最大的经济效益。当三者发生矛盾时，要坚持一安全、二质量、三速度，即始终应把安全摆在第一位，切不可为了抢进度而忽视安全。

以上几点说明安全对国家、企业和个人都是十分重要的，安全生产可以说是电力工业的生命，是职工及其家庭幸福常乐的保证，是电力工业效益稳步增长的重要条件，是促进电力工业迅速发展，从而最大限度地满足国民经济高速发展的重要手段。

党和各级政府历来都十分重视安全工作，一直把安全生产放在各项工作的首位。现已建立了一整套有关安全生产的法令、法规，这对提高电力生产安全、防止发生各类事故起了积极作用，使电力安全生产水平不断提高。

但是，也不能不看到，有的单位领导对安全工作的认识水平还不够高，把安全工作的位置摆得还不够正，甚至还没有把安全工作纳入重要议事日程；有的单位抓劳动纪律的工作不能做到经常化、制度化，致使规章制度和安全措施得不到很好的执行；有的职工文化素质低，安全意识淡薄，违章指挥、违章作业，甚至蛮干等，以致伤亡事故和误操作事故时有发生。

为了加速四化建设，搞好电力生产、基建各项工作，保障国家财产和人身安全，广大电业职工，一定要牢固树立“安全第一，预防为主”的思想，扎扎实实把安全生产搞好。

第二节　事　　故

一、事故

根据国家电网生［2003］426号关于《电业生产事故调查规程》的通知，下列情况均为事故。

1. 人身事故

（1）发生以下情况之一者定为电力生产人身伤亡事故。

1）职工从事与电力生产有关工作过程中发生的人身伤亡（含生产性急性中毒造成的伤亡，下同）。

2）本企业聘用人员、本企业雇用或借用的外企业职工、民工和代训工、实习生、短期参加劳动的其他人员，在本企业的车间、班组及作业现场，从事电力生产有关的工作过程中发生的人身伤亡。

3）职工在电力生产区域内，由于企业的劳动条件或作业环境不良，企业管理不善，设备或设施不安全（包括非运行单位责任导致的设备或设施不安全），发生设备爆炸、火灾、生产建（构）筑物倒塌等造成的人身伤亡。

4）职工在电力生产区域内，由于他人从事电力生产工作中的不安全行为造成的人身伤亡。

5）职工从事与电力生产有关的工作时，发生由本企业负同等及以上责任的交通事故而造成的人身伤亡。

6）职工或非本企业的人员在事故抢险过程中发生的人身伤亡。

7）两个及以上企业在同一生产区域从事与电力生产有关工作时，发生由本企业负同等及以上责任的本企业或非本企业人员的人身伤亡。

8）非本企业领导的具备法人资格企业（不论其经济形式如何）承包与电力生产有关的工作中，发生本企业负以下之一责任的人身伤亡：①资质审查不严，承包方不符合要求；②开工前未对承包方负责人、工程技术人员和安监人员进行应由发包方进行的全面的安全技术交底，并应有完整的记录；③对危险性生产区域内作业未事先进行专门的安全技术交底，未要求承包方制定安全措施，未配合做好相关的安全措施（含有关设施、设备上设置明确的安全警告标志等）；④未签订安全生产管理协议，或协议中未明确各自的安全生产职责和应当采取的安全措施以及未指定专职安全生产管理人员进行安全检查与协调。

9）政府机关，上级管理部门组织有关人员进行检查或劳动时，在生产区域内发生本企业负有责任的上述人员的人身伤亡。

（2）人身事故等级划分。

1）特大人身事故。一次事故死亡 10 人及以上者。

2）重大人身事故。一次事故死亡 3 人及以上，或一次事故死亡和重伤 10 人及以上，未构成特大人身事故者。

3）一般人身事故。未构成特、重大人身事故的轻伤、重伤及死亡事故。

2. 电网事故

根据严重程度及经济损失大小，电网事故分为特大电网事故、重大电网事故、一般电网事故。

（1）特大电网事故。

1）电网大面积停电造成下列后果之一者：

a）省电网或跨省电网减供负荷达到下列数值：

电网负荷	减供负荷
20000MW 及以上	20%
10000～20000MW 以下	30%或 4000MW
5000～10000MW 以下	40%或 3000MW
1000～5000MW 以下	50%或 2000MW

b）中央直辖市全市减供负荷 50%及以上；省会城市及国家计划单列市全市减供负荷 80%及以上。

2）其他经国家电网公司认定为特大事故者。

（2）重大电网事故。未构成特大电网事故，符合下列条件之一者定为重大电网事故：

1）电网大面积停电造成下列后果之一者：

a）省电网或跨省电网减供负荷达到下列数值：

电网负荷	减供负荷
20000MW 及以上	8%
10000～20000MW 以下	10%或 1600MW
5000～10000MW 以下	15%或 1000MW
1000～5000MW 以下	20%或 750MW
1000MW 以下	40%或 200MW

b）中央直辖市全市减供负荷 20%及以上；省会及国家计划单列市全市减供负荷 40%及以上；地级市全市减供负荷 90%及以上（不包括由于该地级市电网结构薄弱，且由单一线路或单台变压器供电，该线路或单台变压器停运必然造成该地级市减供负

荷 90%及以上者）。

2）电网瓦解。110kV 及以上省电网或跨省电网非正常解列成三片及以上，其中至少有三片每片内事故前发电出力以及供电负荷超过 100MW，并造成全网减供负荷达到下列数值：

电网负荷	减供负荷
20000MW 及以上	4%
10000～20000MW 以下	5%或 800MW
5000～10000MW 以下	8%或 500MW
1000～5000MW 以下	10%或 400MW
1000MW 以下	20%或 100MW

3）发生下列变电所全停情况之一者：①330kV 及以上变电所（不包括事故前实时运行方式为单一线路供电者）；②220kV 枢纽变电所；③一次事故中 3 个及以上 220kV 变电所（含电厂升压站，不包括事故前实时运行方式为单一线路串接供电者）。

4）其他经国家电网公司或国网分公司、区域电网公司、集团公司、省电力公司认定为重大事故者。

（3）一般电网事故。未构成特、重大电网事故，符合下列条件之一者定为一般电网事故：

1）电网失去稳定。

2）110kV 及以上电网非正常解列成三片及以上。

3）变电所内 110kV 及以上任一电压等级母线全停。

4）双电源及以上供电的 35kV（含 66kV）变电所全停。

5）电网电能质量降低，造成下列后果之一：

a）频率偏差超出以下数值：装机容量在 3000MW 及以上电网，频率偏差超出 50±0.2Hz，且延续时间 30min 以上，或频率偏差超出 50±0.5Hz，且延续时间 15min 以上。装机容量在 3000MW 以下电网，频率偏差超出 50±0.5Hz，且延续时间 30min 以上，或频率偏差超出 50±1Hz，且延续时间 15min 以上。

b）电压监视控制点电压偏差超出电网调度规定的电压曲线值±5%，且延续时间超过 2h；或电压偏差超出±10%，且延续时间超过 1h。

6）电网安全水平降低，出现下列情况之一者：

a）实时为联络线运行的 220kV 及以上线路、母线主保护非计划停运，造成无主保护运行（包括线路、母线陪停）；

b）电网输电断面超稳定限额运行时间超过 1h；

c）区域电网、省网实时运行中的备用有功功率小于下列数值，且时间超过 2h：

电网发电负荷	备用有功功率(占电网发电负荷百分比值)
40000MW 及以上	2%或系统内的最大单机容量
20000 ~ 40000MW	3%或系统内的最大单机容量
10000 ~ 20000MW	4%或系统内的最大单机容量
10000MW 以下	5%或系统内的最大单机容量

d）切机、切负荷、振荡解列、低频低压解列等安全自动装置非计划停用时间超过 240h；

e）系统中发电机组 AGC 装置非计划停用时间超过 240h；

f）地区供电公司及以上调度自动化系统、通信系统失灵延误送电或影响事故处理。

7）其他经国网分公司、区域电网公司、集团公司、省电力公司或本单位认定为事故者。

3. 设备事故

(1) 特大设备事故。

1）电力设备（包括设施，下同）损坏，直接经济损失达 1000 万元者。

2）生产设备、厂区建筑发生火灾，直接经济损失达到 100 万元者。

3）其他经国家电网公司认定为特大事故者。

(2) 重大设备事故。未构成特大设备事故，且符合下列条件之一者定为重大设备事故：

1）电力设备（包括设施）、施工机械损坏，直接经济损失达 500 万元。

2）100MW 及以上机组的锅炉、汽轮机、发电机、抽水蓄能发电电动机损坏，50MW 及以上水轮机、抽水蓄能水泵水轮机、燃气轮机、供热机组损坏，40 天内不能修复或修复后不能达到原铭牌出力；或虽然在 40 天内恢复运行，但自事故发生日起 3 个月内该设备非计划停运累计时间达 40 天。

3）220kV 及以上主变压器、换流变压器、换流器（换流阀本体及阀控设备，下同）、交流滤波器、直流滤波器、直流接地极、母线、输电线路（电缆）、电抗器、组合电器（GIS）、断路器损坏，30 天内不能修复或修复后不能达到原铭牌出力；或虽然在 30 天内恢复运行，但自事故发生日起 3 个月内该设备非计划停运累计时间达 30 天。

4）符合以下条件之一的发电厂，一次事故使 2 台及以上机组停止运行，并造成全厂对外停电：①发电机组容量 400MW 及以上的发电厂；②电网装机容量在 5000MW 以下，发电机组容量 100MW 及以上的发电厂；③其他国网分公司、区域电网公司、集团公司、省电力公司指定的发电厂。

只有一条线路对外的（指事故前的实时运行方式）或只有一台升压变压器运行的发电厂（如水电厂、燃机电厂等），若该线路故障时断路器跳闸或由于升压变压器故障构成全厂停电者除外。

5）生产设备、厂区建筑发生火灾，直接经济损失达 30 万元者。

6）其他经国家电网公司或国网分公司、区域电网公司、集团公司、省电力公司认定为重大事故者。

（3）一般设备事故。未构成特、重大设备事故，且符合下列条件之一者定为一般设备事故：

1）发电设备和 35kV 及以上输变电设备（包括直配线、母线）的异常运行或被迫停止运行后引起了对用户少送电（热）；或停运当时虽没有对用户少送电（热），但在高峰负荷时，引起了对用户少送电（热）或电网限电。

2）实时运行方式为单一电源供电的35kV（含66kV）变电所全停。

3）330kV及以上输变电主设备被迫停止运行。

4）发电机组、35～220kV输变电主设备被迫停运，虽未引起对用户少送电（热）或电网限电，但时间超过8h。

5）发电机组、35kV及以上输变电主设备非计划检修、计划检修延期或停止备用，达到下列条件之一：①虽提前6h提出申请并得到调度批准，但发电机组停用时间超过168h或输变电设备停用时间超过72h；②没有按调度规定的时间恢复送电（热）或备用。

6）装机容量400MW以下的发电厂全厂对外停电。装机容量400MW及以上的发电厂或装机容量在5000MW以下的电网中的100MW及以上的发电厂，单机运行时发生的全厂对外停电。

7）3kV及以上发供电设备发生下列恶性电气误操作：带负荷误拉（合）隔离开关、带电挂（合）接地线（接地开关）、带接地线（接地开关）合断路器（隔离开关）。

8）3kV及以上发供电设备因以下原因使主设备异常运行或被迫停运：

a）一般电气误操作：

①误（漏）拉合断路群（开关）、误（漏）投或停继电保护及安全自动装置（包括连接片）、误设置继电保护及安全自动装置定值；②下达错误调度命令，错误安排运行方式，错误下达继电保护及安全自动装置定值或错误下达其投、停命令。

b）继电保护及安全自动装置的人员误动、误碰、误（漏）接线；

c）继电保护及安全自动装置（包括热工保护、自动保护）的定值计算、调试错误；

d）热机误操作：误停机组、误（漏）开（关）阀门（挡板）、误（漏）投（停）辅机等；

e）监控过失：人员未认真监视、控制、调整等。

9）设备、运输工具损坏，化学用品（如酸、碱、树脂等）及燃油、润滑油、绝缘油泄漏等，经济损失达10万元及以上。

10）由于水工设备、水工建筑损坏或其他原因，造成水库不能正常蓄水、泄洪或其他损坏。

11）发供电设备发生下列情况之一：①炉膛爆炸；②锅炉受热面腐蚀或烧坏，需要更换该部件（水冷壁、省煤器、过热器、再热器、预热器）管子或波纹板达该部件管子或波纹板总重量的5%以上；③锅炉运行中的压力超过工作安全门动作压力的3%；汽轮机运行中超速达到额定转速的1.12倍以上；水轮机运行中超速达到紧急关导叶或下闸的转速；④压力容器和承压热力管道爆炸；⑤100MW及以上汽轮机大轴弯曲，需要进行直轴处理；⑥100MW及以上汽轮机叶片折断或通流部分损坏；⑦100MW及以上汽轮机发生水击；⑧100MW及以上汽轮发电机组，50MW及以上水轮机组、抽水蓄能水泵水轮机组、燃气轮机和供热发电机组烧损轴瓦；⑨100MW及以上发电机绝缘损坏；⑩120MVA及以上变压器绕组绝缘损坏；⑪220kV及以上断路器、电压互感器、电流互感器、避雷器爆炸；⑫220kV及以上线路倒杆塔。

12）主要发供电设备异常运行已达到规程规定的紧急停止运行条件而未停止运行。

13）生产设备、厂区建筑发生火灾，经济损失达到1万元。

14）其他经国网分公司、区域电网公司、集团公司、省电力公司或本单位认定为事故者。

二、电力生产应防止的重大事故

1992年原能源部下发了《关于防止电力生产重大事故的二十项重点要求》后，在防止重、特大事故方面收到较明显效果。

但是，随着我国电力工业快速发展和电力工业体制改革的不断深化，高参数、大容量机组不断投运和高电压、跨区电网逐步形成，尤其是现代计算机技术不断应用于电力生产，因此在安全生产方面出现了一些新的情况，对安全生产管理也提出了新的要求，为此，国家电网公司在原能源部《防止电力生产重大事故的二十项重点要求》的基础上，增加了防止枢纽变电所全停、重大环境污染、分散控制系统失灵和热工保护拒动、锅炉尾部再次燃烧、锅炉满水和缺水等事故的重点要求，制定了《防止电力生产重大事故的二十五项重点要求》。因此，电力生产应防止的重大事故是：

（1）火灾事故；

（2）电气误操作事故；

（3）大容量锅炉承压部件爆漏事故；

（4）压力容器爆破事故；

（5）锅炉尾部再次燃烧事故；

（6）锅炉炉膛爆炸事故；

（7）制粉系统爆炸和煤尘爆炸事故；

（8）锅炉汽包满水和缺水事故；

（9）汽轮机超速和轴系断裂事故；

（10）汽轮机大轴弯曲、轴瓦烧损事故；

（11）发电机损坏事故；

（12）分散控制系统失灵和热工保护拒动事故；

（13）继电保护事故；

（14）系统稳定破坏事故；

（15）大型变压器损坏和互感器爆炸事故；

（16）开关设备事故；

（17）接地网事故；

（18）污闪事故；

（19）倒杆塔和断线事故；

（20）枢纽变电所全停事故；

（21）垮坝、水淹厂房及厂房坍塌事故；

（22）人身伤亡事故；

（23）全厂停电事故；

（24）交通事故；

（25）重大环境污染事故。

三、事故与心理

电力生产、基建发生事故的原因是多方面的，如领导安全思想松懈，对安全不重视；工作负责人不负责任，严重失职；工人违章作业，作业中盲目蛮干；缺乏必要的安全技术知识，文化素质低，等等。此外，电业人员在作业时的心理状态不良，也是事故发生的原因。

众所周知，电业部门长期以来就建立了一套比较严密和完整的有关安全生产的规程及制度，确立了各级人员的安全生产责任制。国网公司、集团公司、省电力公司每年均要召开安全工作会议，各厂（分公司）对新进厂人员都要进行三级教育，各班组每周还要进行安全日活动。所有电业工人都希望顺利完成任务而不出任何事故，但事故依然时有发生，这究竟是什么原因呢？还有，令人费解的是，一方面有严密完整的安全生产制度；一方面却经常出现违章作业。有个别工作负责人一方面大讲安全生产；一方面却玩忽职守，甚至瞎指挥。还有，为什么会电死懂电的？对这些现象可从事故责任者的心理状态来进行分析：

（1）侥幸心理。明知应该这样做才能保证安全，并且过去也多次按章行事，但有时嫌麻烦，为了省事这一次就不按章办了，心想这一次不一定就会出事吧，结果还是出了事。

（2）习以为常，思想麻痹。有些人干了许多年，具有一定的经验，随着经历的增长和工作经验的增多，安全工作的概念逐渐淡薄。有时虽未曾按安全操作规程作业，但未发生事故；还有的年青工人沿袭师傅的错误做法，认为这些做法已是几代师傅传下来的，对错误做法习以为常，满不在乎，以致思想麻痹，酿成事故。

（3）过于自信，不求上进。有些人对自己工作范围内的设备构造和性能并不甚清楚，也缺乏足够的实际经验，而自己又过于自信，当发生异常情况时，判断错误、处理不当而发生事故。

（4）情绪失调或心急求快。有的人因家庭或个人遇到困难或不快；有的人工作不安心，要求调动又长时间解决不了；有的人在升级调资或奖金问题上感到自己吃亏而不满；有的人班上工作还未干完，又想着下班还有另外一件私活要干，干活时心急求快；逢过年、过节时，人虽然在工作岗位上，但心里老想着过节采购东西的事。以上种种情绪失调低下、干活精力不集中的心态，能使判断力降低、心理和动作失调，进而导致事故发生。

（5）专注一点，顾此失彼。有些人往往在作业时未把作业的全过程事先进行完善的、周密的思考，而是在专心干某一项工作时，忽视了与此工作相关联的其他措施，从而导致事故发生。

以上是电业工人在作业时可能出现的几种心理状态，而这些心理状态的产生往往会导致事故的发生，故在电力生产、基建作业时，作业人员应有良好的心理和精神状态，以避免由此而造成事故发生。

第三节 安全责任

电力生产、基建部门必须依靠各级领导和全体职工的共同努力才能实现安全生产。上下左右之间，哪个环节衔接不上，都会妨碍安全生产。所以生产过程中的每个人员都要对安全负责，这已经形成一种制度，即安全生产责任制。

一、安全生产责任制

1. 重要意义

安全生产责任制是一种制度，它规定了企业各级领导、职能部门、有关工程技术人员和生产工人在劳动生产过程中应负的安全责任。其意义是：提高各级人员主动搞好安全生产的积极性和责任心，强化正常的安全生产管理秩序，保证贯彻“安全第一，预防为主”的方针。

2. 主要内容

（1）各单位的领导在组织生产的过程中，必须严格贯彻党和国家有关安全生产的政策、指示，坚持“安全第一，预防为主”的方针，对安全生产全面负责，各级最高行政领导是本单位安全工作的第一责任者。

（2）安全生产应以“预防为主”，各级安全负责人应通过加强安全教育、安全检查，开展职工安全培训与考核工作，提高设备完好率和严格执行规章制度，贯彻安全技术措施和反事故措施，以及实行合理的奖惩制度等办法，来保证安全生产的实现。

（3）经常分析安全生产情况，及时解决存在的问题，根除事故隐患，把事故消灭在萌芽状态，同时要坚持搞好安全日活动。安全日活动千万不能流于形式、走过场。

（4）为了加强安全，在电力系统实行安全监察制，设立安全监察机构，以监督检查与安全生产有关的全部事宜。

（5）要按照“三不放过”（事故原因不清不放过；事故责任者和应受教育者没有受到教育不放过；没有采取防范措施不放过）的原则，对待和处理所有事故。

（6）所有事故都应查明原因、分清责任、订出措施，应按照《电业生产事故调查规程》和《企业职工伤亡事故报告和处理规定》及时上报，不能强调客观、推卸责任、大事化小、小事化了，对事故的责任分析应该实事求是。

（7）搞好安全培训与考核工作。新工人必须经三级安全教育并考试合格后，方可进入现场；其他人员也应由安监部门配合有关部门，每年组织考核一次。

（8）在安全生产中，应贯彻奖惩相结合的原则。对安全生产作出贡献的单位和个人给予奖励；对失职违章作业、违章指挥以致造成事故者给予经济处罚和行政处分；情节严重触犯刑法者，由司法机关依法惩处。

贯彻安全生产责任制和执行规章制度是建立正常生产秩序的前提，而规章制度执行得好，还必须靠责任制。因此，只有健全的安全生产责任制，才能体现“安全生产，人人有责”，才能把安全生产搞好。

二、安全职责

根据原能源部能源基（1989）610 号文《关于颁发电力建设

安全施工管理规定的通知》，班（组）长及工人的安全施工职责如下。

1. 班（组）长职责

（1）班（组）长对本班（组）工人在施工过程中的安全和健康负责。

（2）带领本班（组）人员认真学习，切实执行上级有关安全施工的规定，遵章守纪，及时纠正违章作业。

（3）认真组织每周一次的安全日活动。坚持班前安全交底和班后安全小结。根据本班（组）人员的情况，合理分配工作。

（4）尊重和支持各级安全监察人员的工作。

（5）经常检查本班（组）工作场所的安全情况及所用施工机械、设备、工器具和安全用具用品的完好情况。督促和检查本班（组）人员正确使用劳动保护用品、用具。

（6）负责组织第三级安全教育和变换工种工人的安全教育。

（7）组织本班（组）工人积极开展技术革新，改善劳动条件。

（8）发生事故后，负责抢救伤者，保护事故现场，并迅速向上级报告。

（9）组织本班（组）人员分析事故原因，吸取教训，提出事故防范措施。

2. 班（组）技术员职责

（1）负责本班（组）的安全技术工作，组织本班（组）人员认真学习，切实执行上级颁发的安全规程、安全施工管理规定、安全施工措施等。

（2）做好一般施工项目的安全施工措施的编制和交底工作。负责填写安全施工作业票，做好安全措施交底工作，并检查措施执行情况。

（3）协助班（组）长检查本班（组）施工作业点的安全措施及所用工器具、机械设备、劳动保护用品用具的完好情况，纠正违章作业。

(4) 参加本班（组）的事故（包括未遂事故）调查，协助班（组）长及时填写“职工伤亡事故登记表”。

3. 工人安全施工责任

(1) 树立“安全施工，人人有责”的思想，认真学习、自觉遵守有关安全施工的规定，严格执行安全工作规程及安全施工措施，不违章作业。

(2) 正确使用、精心维护和保管所使用的工器具和劳动保护用品用具，并在使用前进行认真的检查。

(3) 不操作自己不熟悉的或非本专业使用的机械、设备及工器具。

(4) 作业前检查工作现场，落实安全施工措施，以确保个人施工安全和不影响他人安全作业，下班前认真清理现场。

(5) 施工中若发现不安全问题，应妥善处理或向上级报告。爱护安全施工设施，不乱拆乱动。

(6) 认真参加安全日活动，主动提出改进安全施工的建议，积极参加改善安全施工的技术革新活动，帮助新工人增加安全施工知识和提高操作水平。

(7) 对无安全施工措施和未经安全施工交底的施工项目，有权拒绝施工并可越级上告，有权制止他人违章作业。

(8) 若发生人身事故，应立即抢救伤者，保护事故现场并及时向上级报告。分析事故时应如实反映情况，积极提出改进意见和防范措施。

其他如发电、供用电等几大部分各专业的电力工人安全职责可按上级及本单位下发的安全生产责任制规定的内容进行学习和考核，这里不再一一加以介绍。

第四节　安全生产与法制

一、法制教育的意义

国务院于 1980 年 4 月 7 日，以国发［1980］84 号文批转了

《关于在工业交通企业加强法制教育，严格处理职工伤亡事故的报告》，报告中强调指出：要对各级人员加强安全生产方面的法制宣传和教育，以增强法制观念。对于那些玩忽职守、不负责任、不遵守安全制度、违章作业以及强迫命令、瞎指挥所造成的重大伤亡事故，要严肃处理；对负有刑事责任者，必须按照刑法的规定，依法惩处。

根据通知精神，全国各级检察院与劳动部门、工会密切配合，查处了多起重大责任事故案件，使事故责任者受到法律的有罪判决。广大电业职工应加强法制观念，应懂得如果一旦发生重大责任事故，不仅仅是受纪律处分和被罚款的问题，而是要负刑事责任甚至被判刑的，因此在安全方面进行法制教育也很重要。

（1）法制教育可以增强人们的法制观念，使大家知法、守法，从而在思想上提高警惕，以减少违章违纪事件和各类事故的发生。

（2）加强法制教育，严格依法处理伤亡事故，体现了党和政府对国家财产和人民生命安全的高度负责，是保障“四化”建设的重要措施。

（3）法制教育可以提高职工对安全生产的重视程度和贯彻各项规章制度的自觉性，防止由于无知而违法犯罪。

二、刑法中有关安全生产的条文

我国的安全生产是受到法律保护的，在刑法113、114、115、187条中作了明确规定。

1. 有关条文

（1）刑法第113条。从事交通运输的人员违反规章制度，因而发生重大事故，致人重伤、死亡或者使公私财产遭受重大损失的，处3年以下有期徒刑或者拘役，情节特别恶劣的，处3年以上7年以下有期徒刑。

（2）刑法第114条。工厂、矿山、林场建筑企业或者其他企业、事业单位的职工，由于不服管理而违反规章制度，或者强令工人违章冒险作业，因而发生重大伤亡事故，造成严重后果的，处3年以下有期徒刑或者拘役；情节恶劣的，处3年以上7年以下有期徒刑。

（3）刑法第115条。违反爆炸性、易燃性、放射性、毒害性、腐蚀性物品的管理规定，在生产、储存、运输使用中发生重大事故、造成严重后果的，处3年以下有期徒刑或者拘役，后果特别严重的，处3年以上7年以下有期徒刑。

（4）刑法第187条。国家工作人员玩忽职守，致使公共财产、国家和人民利益遭受重大损失的，处5年以下有期徒刑或者拘役。

2. 条文中有关概念含义的说明

（1）规章制度。是指国家颁发的各种法规性文件和企、事业单位及其上级管理机关制定的反映安全生产客观规律的各种制度，它包括工艺技术、生产操作、劳动保护、安全管理等方面的规程、规则、制度、条例等，如《电业安全工作规程》、《电力安全生产工作条例》、《电力建设安全施工管理规定》等。这些规章制度都具有不同的约束力和法律效力。

（2）严重后果。指死亡1人或重伤3人以上的重大伤亡事故或直接经济损失达5万元以上的重大经济损失。

（3）情节特别恶劣。系指经常违反规章制度，屡教不改；明知安全没有保证，不听劝阻，强令工人违章冒险作业；发生事故，不引以为戒，仍继续蛮干、胡干；事故发生后，不组织抢救，使危害后果蔓延扩大；为逃避责任，伪造或破坏现场，嫁祸于人。

（4）玩忽职守罪。国家工作人员不履行或不正确履行自己应负的职责，致使公共财产、国家和人民利益遭受重大损失。如对所负责的工作漫不经心、马虎从事、敷衍应付；隐瞒真相、弄虚作假、谎报数字、篡改账目；任意违反规章制度、违抗命令，拒不执行上级或有关管理监督部门的有关规定；严重官僚主义，对所管工作放任自流，不检查、不指导、不报告等。

三、《电力法》中有关责任事故惩处的条文

《电力法》中，针对电力管理部门工作人员玩忽职守以及电力企业职工违反规章制度造成责任事故者，制定了以下有关依法惩处的条文：

(1)《电力法》第七十三条。电力管理部门的工作人员滥用职权、玩忽职守、徇私舞弊，构成犯罪的，依法追究刑事责任；尚不构成犯罪的，依法给予行政处分。

(2)《电力法》第七十四条。电力企业职工违反规章制度、违章调度或者不服从调度指令，造成重大事故的，比照《刑法》第一百一十四条的规定追究刑事责任。

电力企业职工故意延误电力设施抢修或者抢险救灾供电，造成严重后果的，比照刑法第一百一十四条的规定追究刑事责任。

电力企业的管理人员和查电人员、抄表收费人员勒索用户、以电谋私，构成犯罪的，依法追究刑事责任；尚不构成犯罪的，依法给予行政处分。

上述法律文件的条款表明国家将安全生产纳入了法制的范畴，一旦发生责任事故，无论是造成人身伤亡或设备损坏等，都将视情节严重程度给予法律制裁或行政纪律惩处。

四、最高人民检察院、劳动人事部（1986）高检云（二）字第6号《关于查处重大责任事故的几项暂行规定》的通知摘录

为确保职工人身安全，减少国家经济损失，有利于改革和四化建设的顺利进行，在查处重大责任事故方面，特制定如下几项暂行规定：

（1）刑法第114条中，造成致死亡1人以上或致重伤3人以上；或造成重大经济损失的重大责任事故案件，属于人民检察院直接受理的案件。机关团体、企事业单位和公民有权利也有义务向人民检察院提出控告和检举。

（2）厂、矿企业和其他单位发生重大伤亡事故，除必须遵照国务院关于《工人、职员伤亡事故报告规程》上报外，应向当地人民检察院报告。

(3) 人民检察院在事故调查的基础上，认为有犯罪事实需要追究刑事责任的重大责任事故案件，应及时立案侦察。

(4) 人民检察院在查处重大责任事故案件中，既要追究职工犯有重大责任事故罪的责任人员的刑事责任，也要追究国家工作人员犯有玩忽职守罪的责任人员的刑事责任。

(5) 对在重大伤亡事故中，构成重大责任事故罪和玩忽职守罪的人员，任何机关、单位都不能以经济处罚代替刑事处罚；不能以党纪、政纪处分代替依法惩处。

(6) 对重大责任事故，厂、矿企业和其他单位，如有隐瞒不报、虚报或有意拖延报告，造成一定后果的，劳动部门和人民检察院应建议有关单位，对有关责任人员给予纪律处分或经济制裁。情节、后果严重的，由人民检察院追究其法律责任。

五、人民检察院直接受理的《法纪检查案件立案标准的规定》(试行) 摘录

1. 重大责任事故案

重大责任事故是指刑法 114 条中的重大伤亡事故，造成严重后果或重大经济损失的行为，应予以立案。

2. 玩忽职守案

玩忽职守案是指刑法 187 条中的玩忽职守罪，发生重大伤亡事故、造成严重后果或重大经济损失的行为，应予以立案。

3. 案件分类标准

法纪检察部门立案侦查的情节，后果严重的下列案件列为重大案件：

(1) 重大责任事故死亡 3 人以上或者直接经济损失在 10 万元以上的。

(2) 玩忽职守致人死亡 3 人以上或者直接经济损失在 10 万元以上的。

法纪检察部门立案侦查的情节恶劣、后果特别严重的下列案件，列为特别重大案件：

(1) 重大责任事故致人死亡 10 人以上或者直接经济损失在

50万元以上的。

(2) 玩忽职守致人死亡10人以上或者直接经济损失在50万元以上的。

上述有关安全生产的法制教育，说明电业工人在各自的岗位上一定要很好履行安全职责，不要违章作业或造成重大责任事故而导致犯罪。

实例1－1 擅离职守，造成锅炉满水

某热电厂发生锅炉满水、蒸汽母管进水事故，造成3号机受水冲击停机，1、2、4、6、7号机相继停机，5号机汽温由440℃急剧下降至345℃，9台锅炉中除7号炉带70～80t/h蒸汽负荷外，其他8台炉的负荷均甩到零。

处理意见 (1) 司炉韩××违反劳动纪律，将运行中的锅炉交给技术不熟练的副司炉操作，自已脱岗闲谈，又走出厂外买烟、回宿舍。当听到安全门动作，赶到现场时，事故已经发生。对韩××以开除厂籍，留厂察看一年处分。

(2) 班长祝××既未向值长报告，也未与副班长交待，擅自离岗回宿舍吃药，使事故发生后失去现场指挥。对祝××以行政记过和撤销班长职务处分。

实例1－2 玩忽职守，造成民工死亡

某供电所外线班，在对一条10kV支线改道工程（对外包工）的施工中，由外线班班长（当天工作负责人）带领一个小组拔去原支线的一根15m长电杆。该班长虽考虑到扒杆长度只有7m，拔15m长电杆有困难，而且杆子无拉线，也没有临时风绳，扒杆又没有安放好，但他不顾施工安全，叫两个民工在15m长电杆的杆基处开马槽。当马槽挖到lm多深时，一名民工上杆解扎线，挖马槽的民工问班长："是否还要挖?"班长看了一下马槽说："再挖一点，把几块石头撬掉"，于是民工继续挖……。当杆上的民工解完边相导线的扎线后，杆子倒了，杆上的民工随杆倒下，伤情严重，当即死亡。

该班长违反安全工作规程，严重失职，玩忽职守，是此次事

故的主要过失人，被某市人民法院判处有期徒刑2年，缓刑2年。该供电所副所长、技术员也分别受到通报批评和行政警告处分

实例1-3 上班脱岗赌博，误操作造成线路停电

某日下午，某农具厂两名工人到××变电所找值班工方×（方住变电所，在家休息），下午4点钟左右，两工人提议打麻将，方×就把值班工张××叫来。这时正当班的张即脱岗参与赌博。晚8点多，因室外照明灯未开，室内小虫飞舞干扰打牌，方指示其妻王××到控制室所用盘上推室外照明开关，张点头同意。王进控制室误将所用盘低压总开关拉开，所用电源失电，照明全无，王发现后即把低压总开关又合上，突然预告警铃响，王心慌意乱中赶忙去中央信号盘揿解除音响按钮，但跑错位置，误按了邻盘的35kV 385开关寻找接地按钮，造成线路停电。张、方闻讯后，即赶至控制室，知道揿错开关了。张、方合谋编造谎言，由张向调度作了假汇报。

处理决定 张××曾两次脱岗参加赌博，且造成误操作事故，已受过行政记过处分，并在职工大会上作过检查。方×在值班时，无视值班纪律，其妻经常出入生产区和控制室（如同在自家一样）。这次两人重犯过去错误并造成事故，事后还合谋隐瞒，性质恶劣。为严肃值班纪律，决定分别给予张××、方×开除厂籍、留厂察看一年半和一年的处分，留厂察看期间只发给生活费，停发各种奖金。

第五节 贯彻安全文件，熟悉安全警语

一、贯彻安全文件

为了保障广大职工的生命安全和减少国家财产的损失，提高企业的经济效益，近几年来，各级政府部门和电力系统各级主管部门相继下发过许多有关安全工作和安全管理的文件：

(1) 原国家电力公司（安生安［1995］20号）文《关于转发

公安部消防工作的文件》的通知。

（2）原国家电力公司（安生安［1995］31号）文《关于转发公安部加强公共消防安全通告》的通知。

（3）原电力工业部史大桢部长在全国电力安全生产电话会议上的讲话（摘要）（1997年1月9日）。

（4）原电力工业部陆延昌副部长在全国电力安全生产电话会议上的讲话（摘要）（1997年1月9日）。

（5）原国家电力公司（国电办［1997］12号）文关于颁发《电力安全生产奖惩规定（试行）》的通知。

（6）原国家电力公司（安运安［1998］24号）文《关于预防火灾等重特大事故》的通知。

（7）原国家电力公司（国电办［2000］3号）文《关于安全生产工作规定》的通知。

（8）原国家电力公司（国电发［2000］589号）文《关于防止电力生产重大事故的二十五项重点要求》的通知。

（9）原国家电力公司（农电［2001］44号）文《关于国家电力公司农电安全工作管理办法（试行）》的通知。

此外，国家电网公司仅在2003年一年时间里，就相继下发了多个有关安全工作的文件：

（1）（国家电网总［2003］407号）文：关于印发《安全生产工作规定》的通知。

（2）（国家电网总［2003］408号）文：关于印发《安全生产监督规定》的通知。

（3）（国家电网总［2003］413号）文：关于印发《安全生产工作奖惩规定》的通知。

（4）（国家电网生［2003］178号）文：关于印发“加强网厂安全管理保证电网安全稳定运行的指导意见（试行）”的通知。

（5）（国家电网生［2003］386号）文：关于印发《国家电网公司电力生产安全性评价工作实施办法（试行）》的通知。

（6）国家电力监管会（电监市场［2003］23号）文：关于印

发《发电厂并网运行管理意见》的通知。

(7) 国家电网(生产安[2003]31号)文:关于印发《国家电网公司电力生产安全性评价工作管理办法(试行)》的通知。

附: 关于安全工作的决定

电力系统有关单位:

电力工业是国民经济的重要基础产业,电力工业的安全生产直接关系到国民经济的发展和人民生活的安定。为提高电力工业的安全生产水平,特作如下决定:

一、坚定不移地坚持“安全第一,预防为主”的方针

“安全第一,预防为主”是电力工业企业生产和建设的基本方针,是电力工业实现持续、快速、健康发展的基础和保证。在建立和发展社会主义市场经济时期,必须继续坚持这一方针。电力企业在各项工作中都要处理好安全与效益,安全、质量与速度以及安全与多种经营的关系,当发生矛盾时,首先要服从安全。要正确处理好安全与改革、安全与发展的关系,做到改革促进安全,发展必须安全,安全保证改革和发展的顺利进行。

电力企、事业单位要杜绝人身死亡和对社会造成重大影响的恶性事故,消灭重大设备损坏事故,大幅度减少一般事故。

二、全面落实以行政正职是安全第一责任者为核心的各级安全生产责任制

电力企、事业单位各级行政正职即法定代表人是本单位、本部门的安全第一责任者,对安全工作全面负责,统筹协调并亲自过问安全生产中的重大问题。各级行政副职必须抓好各自分管范围内的安全工作,并承担相应的安全责任。要建立各级各类人员的安全责任制,使各个领导、每个职能部门、每个专业岗位都有明确的安全职责,做到各负其责。要健全安全生产保证体系,各部门密切配合,共同做好安全工作。

三、健全和完善安全监察体系

电力企、事业单位要健全和完善安全监察机构,充实安全监察人员，企业内部要形成完善的自上而下的安全监察网，安全工作只能加强不能削弱。电力工业部对电力行业实行安全监察；各网、省局（公司）对所属企业，行使安全监察职能。企业的安全监察人员属生产人员，又承担安全监察的责任，对电力生产建设实行全过程安全监察，各级行政领导要积极支持，不得任意干预，使安监人员真正有职有权。

四、搞好全过程的安全管理

电力行业的设计、安装、运行、检修、修造等各部门都要坚持“安全第一，预防为主”的方针，严格执行质量责任制和三级验收制度，做到工程、设备质量不合格不验收、不投产；发供电企业要精心维护设备，严格执行各项规章制度，按章操作，安全运行。发生责任事故，要相应追究有关人员的责任（包括对造成事故的设计、安装和制造等部门的责任），形成企业的安全约束机制。

五、严肃劳动纪律，严格执行各项规章制度

电力企、事业单位都要严格执行国家及电力行政主管部门制定和颁布的有关安全生产建设的各项规程和制度。现场规程必须符合有关规定和现场实际。要严肃劳动纪律，对违反规章制度者，必须及时制止并进行处理。坚持严字当头，从严治厂（局），严格要求，严格管理，做到安全文明施工，安全文明生产。

六、抓好安全宣传教育，坚持开展安全活动

电力企、事业单位党、政、工、团都要抓好职工的安全思想教育，开展群众安全监督工作，要认真进行技术业务培训与考核，包括积极采用现代化的手段开展集中培训，增强职工的自我保护能力；生产人员安全考核不合格一律不准上岗。

定期开展安全活动。要根据季节特点对本单位的安全工作情况每年进行几次大检查。要坚持安全生产的自查、互查和抽查制度、安全分析制度、安全例会制度；坚持班组每周安全日活动以及定期反事故演习的制度等；要加强农电安全管理工作和用电安全宣传教育。

七、认真执行安全技术措施和反事故技术措施

电力企、事业单位都要根据部颁《关于防止20种电力生产重大事故的重点要求》，编制好本单位的安全技术措施和反事故技术措施，落实必要的“安措”经费，认真执行。

积极开展安全科技及理论的研究，依靠科技进步，促进安全生产。

八、确保电网安全运行和大坝安全

认真贯彻执行国务院颁发的《电网调度管理条例》和《电力设施保护条例》，要采取必要的措施，切实防止电力系统瓦解、稳定破坏和外力破坏等事故，防止大面积停电。

有关单位要建立健全防汛指挥机构，全面落实责任制，认真落实各项防汛措施，确保大坝安全。

九、加强承包工程、临时工和多种经营的安全管理

承包工程要明确承、发包方的安全责任，承包单位应具有相应的安全管理能力，承包队伍必须有胜任工程的技术，杜绝以包代管，不允许倒手转包工程。电力企业对外搞承包，必须在保证优质完成本身生产、建设任务的前提下合理安排。

各单位对临时工在安全上的管理要与正式工同样对待和要求。

电力企、事业单位要加强对多种经营的安全管理，多经企业要建立安全责任制，健全安全监察体系和事故调查、统计、报告和处理等各项安全管理制度，并由主管企业归口。

电力职工要集中精力搞好安全生产，个人一律不允许搞第二职业；转移到多种经营企业的人员，从领导到职工必须从主业中分离出来，不能混。电力企业主要领导必须把主要精力放在主业上。

十、实行安全生产重奖重罚制度

各单位要把安全作为考核各级领导政绩的主要内容之一，职工晋级、升资等要与安全生产挂钩。安全工作要贯彻重奖重罚的原则。对长期安全生产和对安全工作有重大贡献的单位、领导干

部、安监人员和职工，要给予重奖和表彰；对发生重大人身伤亡和设备责任事故的单位和主要领导及有关人员要追究责任，实行重罚并给予相应处分；因官僚主义渎职造成重复性重大责任事故的要加重处分。

各单位可结合各自的具体情况和特点，制定相应的实施细则。

电力工业部

1993 年 12 月 22 日

以上文件体现了安全生产的重要性，也充分体现了在社会主义制度下，党和政府对广大电力职工的关怀和对安全生产的高度重视。

二、现场安全警语

在生产实践中，人们用智慧甚至用生命和鲜血总结了许多安全警句、谚语，这些警语具有鲜明的针对性，对提高广大职工的安全意识、对搞好安全生产是很有益处的。广大电力职工们在工作中一定要牢记这些良言警语，把安全工作搞好。

（1）严是爱，松是害，发生事故坑三代；

（2）高高兴兴上班来，平平安安回家去；

（3）为了您和家人的幸福，请注意安全生产；

（4）一人出事故，全家受痛苦；

（5）疏忽一时，痛苦一世；

（6）金钱不能代替生命，蛮干只会人财两空；

（7）麻痹出事故，警惕保安全；

（8）安全生产勿侥幸，违章蛮干要人命；

（9）违章操作等于自杀，违章指挥等于杀人，违章不纠等于帮凶；

（10）生产再忙，安全不忘，安全一忘，事故必上；

（11）工作疏忽是事故的萌芽；

（12）违章急干，不如不干；

（13）安全靠规章，上岗不能忘，重在守规章，事故不难防；
（14）祸自麻痹起，灾从大意来；
（15）在家休息好，上班安全保；
（16）三更睏，四更睏，要想安全不能睏；
（17）戴好安全帽，不怕“阎王”叫；
（18）雪怕太阳草怕霜，安全生产怕违章；
（19）有章不循是灾，不负责任是害；
（20）电是光明的使者，也是无情的杀手；
（21）要想富，灭事故，安全是棵摇钱树；
（22）安全是家庭幸福的保障，事故是人生悲剧的祸根；
（23）幸福系着千万家，安全靠着你我他；
（24）条条安规血写成，人人必须严执行；
（25）与其事后痛苦，不如事前遵章；
（26）放过一个事故隐患，等于埋颗定时炸弹；
（27）苍蝇不叮无缝蛋，事故专找蛮干人；
（28）你对规章不重视，事故对你不留情；
（29）上有老，下有小，出了事故不得了；
（30）安全一世、受益一生，疏忽一时、痛苦一辈；
（31）对朋友违章表示沉默，等于把朋友推向火坑；
（32）登窄警坠落，攀高防踏空；
（33）事前三思安全一半，三思而行稳操胜券；
（34）“保护”接错一根线，事故掉闸一大片；
（35）“两票三制”严把关，人身设备定安全；
（36）手握焊把火花闪，警惕火灾在身边；
（37）制粉系统有火种，犹如八级大地震；
（38）氢气系统易爆炸，规章制度心上挂；
（39）出事哭天叫地，不如事前注意；
（40）为了光明永驻，戴好防护眼镜；
（41）浓酸强碱不留情，请您务必多小心；
（42）高空不系安全带，迟早给己带来害。

三、安全生产十嘱咐

在电业生产岗位上工作，是具有一定危险性的。要保证安全，除了严格执行各项规程、规章制度外，工作人员工作时精力集中，情绪稳定、正常是很重要的。在电力企业中，有许多双职工家庭，还有包括子女的四五个职工的家庭，因此除厂（公司)、车间（工区)、班（组）进行安全教育外，家属之间、亲人之间、子女之间经常互相进行一些嘱咐，对解除职工工作中后顾之忧，促使职工心情愉快、精力集中地工作，对保证安全生产的确是有益的。这些嘱咐有：

(1) 上班前看情绪，嘱咐亲人及子女注意安全，下班后看精神状态，询问是否安全无事。

(2) 细心照顾亲人和子女吃好、休息好，嘱咐上班前不要喝酒。

(3) 妥善处理好家务,嘱咐亲人不要为此操心,去掉后顾之忧。

(4) 上班前不要与亲人及子女生气、争吵，发现其情绪反常，要主动询问和安慰。

(5) 相互之间经常嘱咐遵守劳动纪律，执行“安规”，不要蛮干。

(6) 相互之间经常嘱咐工作要细致认真，不要马虎凑合，遇事要冷静处理，注意安全。

(7) 经常嘱咐亲人及子女要互相关心，制止违章，确保大家都安全。

(8) 发现亲人及子女发生了违章现象后，要及时嘱咐认真总结经验，吸取教训，并做好思想工作。

(9) 经常嘱咐亲人及子女安安全全上班，高高兴兴下班，不要给自己和家庭带来痛苦和不幸。

(10) 经常嘱咐子女干活不要心急求快，要听从班长指挥，不脱岗，要学技术求上进，工作不出差错。

四、向20种人敲响安全警钟

新来乍到的新工人；

好奇爱动的青年人；
变换工种的离行人；
力不从心的老年人；
急于求成的糊涂人；
因循守旧的固执人；
手忙脚乱的急性人；
心存侥幸的麻痹人；
不懂规程的盲目人；
凑凑合合的懒惰人；
冒冒失失的莽撞人；
遇有难事的忧愁人；
吊儿郎当的马虎人；
受了委屈的气愤人；
冒险蛮干的危险人；
情绪波动的心烦人；
满不在乎的粗心人；
大喜大悲的波动人；
投机省事的钻空人；
不求上进的落后人。

复习题

一、名词解释

1. 规章制度
2. 玩忽职守罪
3. 严重后果
4. 情节特别恶劣

二、问答题

1. 简述安全生产的重要意义。
2. 在《电业生产事故调查规程》中，将事故分为哪几类？

人身事故的等级分类是如何划分的？

3. 电力生产应防止的25种重大事故包括哪些内容？

4. 什么叫做安全生产责任制，其重要意义是什么？

5. 安全生产责任制主要包括哪些内容？

6. 了解原电力工业部关于《安全工作的决定》的有关内容。

7. 了解现场安全警语的具体内容。

8. 试从事故责任者的心理状态来说明事故发生的原因。

9. 试述在对待和处理所有事故时的“三不放过”原则的具体内容。

安全用电常识

第一节 电流对人体的伤害

电流对人体会造成多种伤害，如伤害呼吸、心脏和神经系统，使人体内部组织破坏，乃至最后死亡。当电流流经人体时，人体会产生不同程度的刺痛和麻木，并伴随不自觉的肌肉收缩。触电者会因肌肉收缩而紧握带电体，不能自主摆脱电源。此外，胸肌、膈肌和声门肌的强烈收缩会阻碍呼吸，甚至导致触电者窒息死亡。

一、电流对人体的伤害

人体触及带电体时，电流通过人体，对人体造成伤害，其伤害的形式主要有电击和电伤两种。

（一）电击

1. 电击

当人体直接接触带电体时，电流通过人体内部，对内部组织造成的伤害称为电击。电击是最危险的触电伤害，多数触电死亡事故是由电击造成的。

2. 电击伤害

电击伤害主要是伤害人体的心脏、呼吸和神经系统，因而破坏人的正常生理活动，甚至危及人的生命。例如，电流通过心脏时，心脏泵室作用失调，引起心室颤动，导致血液循环停止；电流通过大脑的呼吸神经中枢时，会遏止呼吸并导致呼吸停止；电流通过胸部时，胸肌收缩，迫使呼吸停顿、引起窒息，所以电击对人体的伤害属于生理性质的伤害。

3. 几种电击情况

（1）当人体将要触及1kV以上的高压电气设备带电体时，高电压能将空气击穿，使其成为导体，这时电流通过人体而造成电击。

(2) 低压单相（线）触电、两线触电会造成电击。

(3) 接触电压和跨步电压触电会造成电击。

(二) 电伤

1. 电伤

电伤是指电流对人体外部（表面）造成的局部创伤。电伤往往在肌体上留下伤痕，严重时，也可导致人的死亡。

2. 电伤分类

电伤可分为灼伤、电烙印、皮肤金属化三类。

(1) 灼伤。是指电流热效应产生的电伤。最严重的灼伤是电弧对人体皮肤造成的直接烧伤。例如，当发生带负荷拉刀开关、带地线合刀开关时，产生的强烈电弧会烧伤皮肤。灼伤的后果是，皮肤发红、起泡，组织烧焦并坏死。

(2) 电烙印。是指电流化学效应和机械效应产生的电伤。电烙印通常在人体和带电部分接触良好的情况下才会发生。其后果是，皮肤表面留下和所接触的带电部分形状相似的圆形或椭圆形的肿块痕迹。电烙印有明显的边缘，且颜色呈灰色或淡黄色，受伤皮肤硬化。

(3) 皮肤金属化。是指在电流作用下，产生的高温电弧使电弧周围的金属熔化、蒸发并飞溅渗透到皮肤表层所造成的电伤。其后果是皮肤变得粗糙、硬化，且呈现一定颜色。根据人体表面渗入金属的不同，呈现的颜色也不同，一般渗入铅为灰黄色，渗入紫铜为绿色，渗入黄铜为蓝绿色。金属化的皮肤经过一段时间后会逐渐剥落，不会永久存在而造成终身痛苦。

二、影响电流伤害程度的因素

电流对人体伤害的程度与以下因素有关。

1. 电流大小

通过人体的电流越大，人体的生理反应越明显，感觉越强烈，引起心室颤动或窒息的时间越短，致命的危险性越大，因而伤害也越严重。一般来说，通过人体的交流电（50Hz）超过10mA、直流电超过50mA时，触电者自己难以摆脱电源，这时就有生命危险。表2－1为工频电流对人体的影响，表2－2为通过人体电流大小与人体伤害程度的关系。

从表2－1、表2－2可看出，感知电流一般不会对人体造成伤害，但当电流增大时，感觉增强，反应加大；摆脱电流是人体可以承受的最大电流，因而一般不致造成不良后果。

表2－1　　工频电流对人体的影响

电流范围（mA）	通电时间	人体生理反应
0～0.5	连续通电	没有感觉
0.5～5	连续通电	开始有感觉，手指、手腕等处有痛感，没有痉挛，可以摆脱带电体
5～30	数分钟以内	痉挛，不能摆脱带电体，呼吸困难，血压升高，是可以忍受的极限
30～50	数秒到数分钟	心脏跳动不规则，昏迷，血压升高，强烈痉挛，时间过长即可引起心室颤动
50～数百	短于心脏搏动周期	受强烈冲击，但未发生心室颤动
	长于心脏搏动周期	昏迷，心室颤动，接触部位留有电流通过的痕迹
超过数百	短于心脏搏动周期	发生心室颤动，昏迷，接触部位留有电流通过的痕迹
	长于心脏搏动周期	心脏跳动停止，昏迷，可能致命

表2－2　　通过电流大小与人体伤害程度的关系　　（mA）

名　称	定　义	对成年男性		对成年女性
感知电流	引起人有感觉的最小电流	工频	1.1	0.7
		直流	5.2	3.5
摆脱电流	人体触电后能自主地摆脱电源的最大电流	工频	16	10.5
		直流	76	51
致命电流	在较短时间内危及生命的最小电流	工频	30～50	
		直流	1300（0.3s）、50（3s）	

2．人体电阻

皮肤如同人的绝缘外壳，在触电时起着一定的保护作用。当人体触电时，流过人体的电流与人体的电阻有关，人体电阻越小，通过人体的电流就越大，也就越危险。

人体电阻不是固定不变的，它的数值随着接触电压的升高而下降，如表2－3所示；又随条件不同而在很大范围内变动，如表2－4所示。皮肤潮湿、多汗、有损伤、带有导电性粉尘，以及电极与皮肤的接触面积加大、接触压力增加等情况下，人体电阻都会降低。不同类型的人，其人体电阻也不同，一般认为人体电阻为1000～2000Ω（不计皮肤角质层电阻）。

表2－3　随电压变化的人体电阻

接触电压（V）	12.5	31.3	62.5	125	220	250	380	500	1000
人体电阻（Ω）	16500	11000	6240	3530	2222	2000	1417	1130	640

表2－4　不同条件下的人体电阻

接触电压（V）	人体电阻（Ω）			
	皮肤干燥	皮肤潮湿	皮肤湿润①	皮肤浸入水中
10	7000	3500	1200	600
25	5000	2500	1000	500
50	4000	2000	875	440
100	3000	1500	770	375
250	1500	1000	650	325

①　皮肤湿润是指有水蒸气及特别潮湿场所中的皮肤。

3．通电时间长短

电流对人体的伤害与电流作用于人体的时间长短有密切关系。通电时间越长，由于人体发热出汗和电流对人体的电解作用，人体电阻逐渐降低，流过人体的电流也就越大，对人体组织的破坏越加厉害，后果也就越严重。通常可用触电电流大小与触电时间的乘积（称为电击能量）来反映触电的危害程度。通电时间越长，电击能量积累增加，越容易引起心室颤动。电击能量超过50mA·s时，人就有生命危险。所以，电流通过人体的持续时间越长，后果也越严重。现用表 2－5 来说明通过人体的允许电流与持续时间的关系，从表 2－5 可看出，通过人体电流的持续时间越长，允许电流越小。

表 2－5　　允许电流与持续时间的关系

允许电流（mA）	50	100	200	500	1000
持续时间（s）	5.4	1.35	0.35	0.054	0.0135

在讲解触电急救时，强调救护要争分夺秒，最大限度地缩短电流通过人体的时间，就是基于这个道理。

4. 电流频率

电流频率不同，对人体伤害程度也不同，一般来说，常用的 50～60Hz 工频交流电对人体的伤害最为严重，交流电的频率偏离工频越远，对人体伤害的危险性就越降低，即 50～60Hz 电流最危险；小于或大于 50～60Hz 的电流，危险性降低，在直流和高频情况下，人体可以耐受较大的电流值。不同频率的电流对人体危害的程度如表 2－6 所示。

表 2－6　　不同频率的电流对人体的危害程度

电流频率（Hz）	对人体的危害程度	电流频率（Hz）	对人体的危害程度
10～25	有 50%的死亡率	120	有 31%的死亡率
50	有 95%的死亡率	200	有 22%的死亡率
50～100	有 45%的死亡率	500	有 14%的死亡率

5. 电压高低

一般来说，当人体电阻一定时，人体接触的电压越高，通过人体的电流就越大。实际上，通过人体的电流与作用在人体上的电压不成正比，这是因为随着作用于人体电压的升高，皮肤会破裂，人体电阻急剧下降，电流会迅速增加。当人体接近高压时，还有感应电流的影响，也是很危险的。

6. 电流途径

电流通过人体的途径不同，对人体的伤害程度也不同。电流通过心脏会引起心室颤动，较大的电流还会使心脏停止跳动，这两者都会使血液循环中断而导致死亡；电流通过中枢神经系统会引起中枢神经强烈失调而导致死亡。

经研究表明，电流流经人体不同部位所造成的伤害中，以对心脏的伤害为最严重。表 2－7 列举了电流通过人体的途径与流经心脏电流比例数的关系。从表中可以看出：最危险的途径是从手到胸部（心脏）到脚；较危险的途径是从手到手；危险性较小的途径是从脚到脚。

表 2－7　电流通过人体的途径与流经心脏电流比例数的关系

电流通过人体的途径	流经心脏电流与通过人体总电流的比例数（%）
从一只手到另一只手	3.3
从左手到脚	6.4
从右手到脚	3.7
从一只脚到只一只脚	0.4

7. 人体状况

人体本身的状况与触电对人体的伤害程度有着密切关系：

(1) 性别。女性对电的敏感性比男性的高，女性的感知电流和摆脱电流约比男性的低 1/3，因此在同等的触电电流下，女性比男性更难以摆脱。

(2) 年龄。在遭受电击后，小孩的伤害程度要比成年人重。

(3) 健康状况。凡患有心脏病、神经系统疾病、肺病等严重疾病或体弱多病者，由于自身抵抗能力较差，故比健康人更易受电伤害。

(4) 心理、精神状态。有无思想准备，对电的敏感程度是有差异的，酒醉、疲劳过度、心情欠佳等情况会增加触电伤害程度。

第二节　安全电流、电压的规范

一、安全电流

电流对人体有危害，通过人体的电流越大，危害越严重，那么到底流过人体的电流为多大才不至于对人体造成伤害呢？这就要知道安全电流值。

1. 确定安全电流值的依据

(1) 一般情况下，可以把摆脱电流看作是人体允许的电流，只要流过人体的电流小于摆脱电流，即可把摆脱电流认为是安全电流。

(2) 以大小不同的电流作用到人体，根据人体表现出的不同特征来确定安全电流。这些特征是通过科学实验和事故分析得出的，如表 2-8 所示。

表 2-8　　电流作用下人体表现的特征

电流（mA）	50~60Hz 交流电	直　流　电
0.6~1.5	手指开始感觉麻刺	无感觉
2~3	手指感觉强烈麻刺	无感觉
5~7	手指感觉肌肉痉挛	感到灼热和刺痛
8~10	手指关节与手掌感觉痛，手已难于脱离电源，但仍能脱离电源	灼热增加
20~25	手指感觉剧痛、迅速麻痹、不能摆脱电源，呼吸困难	灼热更增，手的肌肉开始痉挛
50~80	呼吸麻痹，心室开始震颤	强烈灼痛，手的肌肉痉挛，呼吸困难
90~100	呼吸麻痹，持续 3s 或更长时间后心脏麻痹或心房停止跳动	呼吸麻痹
500 以上	延续 1s 以上有死亡危险	呼吸麻痹，心室震颤，停止跳动

2. 安全电流值

从表 2-8 可以看出，作用于人体的电流，交流为 50~60Hz、10mA，直流为 50mA 时，人手仍能脱离电源，无生命危险，故可把交流 50~60Hz、10mA 及直流 50mA 确定为人体的安全电流值。当通过人体的电流低于这个数值时，一般人体是不会受到伤害的。但是，如果电流长时间流过人体，再加上别的不利因素，那么人体也就可能不安全了。

从表2－8也可以看出，100mA（工频）的电流通过人体3s，就可能使心跳和呼吸停止。在进行电力作业时，人体误触碰运行中带电的电气设备，通过人体的电流会高达人体安全电流值的几百、几千倍。因此，电力工作人员在操作时，一定要高度警惕，千万不要直接接触带电设备，以防发生触电事故。

二、安全电压

1. 定义

在各种不同环境条件下，人体接触到有一定电压的带电体后，其各部分组织（如皮肤、心脏、呼吸器官和神经系统等）不发生任何损害，该电压称为安全电压。它是为了防止触电事故而采用的由特定电源供电的电压系列，是制定安全措施的依据。

2. 确定安全电压的依据

安全电压是以人体允许通过的电流与人体电阻的乘积来表示的。一般情况下，人体的允许电流可以看成是受电击后能摆脱带电体而解除触电危险的电流。人体电阻随条件不同而在很大范围内变化：人体接触电压时，随着电压的升高，人体电阻会下降；人体接触高压时，皮肤因击穿而破裂，人体电阻也会急剧下降。通常，低于40V的对地电压可视为安全电压。国际电工委员会规定接触电压的限定值（相当于安全电压）为50V，并规定在25V以下时，不需考虑防止电击的安全措施。接触电压的限定值50V就是根据30mA人体允许电流和1700Ω人体电阻的条件下确定的，也就是说安全电压系列的上限值决定了，在正常工作或故障情况下，两导体间或任一导体与地之间的电压均不得超过交流（50～500Hz）有效值50V。

3. 安全电压等级

根据我国具体条件和环境，我国规定的安全电压等级是42、36、24、12、6V额定值五个等级。当电气设备的额定电压超过24V安全电压等级时，应采取直接接触带电体的保护措施。

4. 安全电压的选用

电气设备的安全电压应根据使用场所、操作人员条件、使用方式、供电方式和线路状况等多种因素进行选用，我国对此还无具体规定，一般可结合实际情况选用。目前我国采用的安全电压以36V和12V较多。发电厂生产场所及变电所等处使用的行灯电压一般为36V，在比较危险的地方或工作地点狭窄、周围有大面积接地体、环境湿热场所，如电缆沟、煤斗、油箱等地，所用行灯的电压不准超过12V，其他情况下的安全电压可参照表2－9选用。

表2－9　　安全电压的等级及选用举例

安全电压（交流有效值）		选用举例
额定值（V）	空载上限值（V）	
42	50	在有触电危险的场所使用的手持式电动工具等
36	43	在矿井、多导电粉尘等场所使用的行灯等
24 12 6	29 15 8	可供某些人体可能偶然触及带电体的设备选用

最后需要指出的是，不能认为这些电压就是绝对安全的，如果人体在汗湿、皮肤破裂等情况下长时间触及电源，也可能发生电击伤害。电压等级对人体的影响如表2－10所示。

表2－10　　电压等级对人体的影响

电压（V）	对人体的影响	电压（V）	对人体的影响
20	湿手的安全界限	100～200	危险性急剧增大
30	干燥手的安全界限	200～3000	人生命发生危险
50	人生命无危险的界限	3000以上	人体被带电体吸引

第三节　电气安全距离

一、安全距离的制定

为了防止人体过分接近带电体而造成触电，以及带电体之间发生放电和短路现象，均需在带电导体与附近接地的物体、地面、不同相带电导体以及人体之间，保持一定的距离（间隙），当上述各实际距离大于这个距离时，人体及设备才是安全的，这个距离称为安全距离。安全距离的大小决定于电压的高低、设备的类型、安装的方式等因素。

安全距离不仅要保证在各种可能的最大工作电压或过电压的作用下，不发生闪络放电，还应保证工作人员在对设备巡视、操作、维护时的绝对安全。

安全距离的确定主要以高压实验中空气间隙的放电特性为依据，同时考虑了在超高压电力系统中的静电感应和高压电场的影响。

二、电气专业规程中规定的安全距离

在电气专业规程中，根据工作需要规定了各种不同的安全距离，这些都可以在有关资料中查到。这里主要将《高压配电装置设计技术规程》和《电业安全工作规程》中的有关规定加以介绍，以供参考。这些安全距离概括起来主要有以下四个方面。

（1）设备带电部分至接地部分和设备不同相带电部分间的安全距离（A）。上述安全距离，随电压等级不同而异。其具体数值见表2－11。

表2－11　各种不同电压等级的 A 值（cm）

<table>
<tr><td colspan="2">设备额定电压（kV）</td><td>1～3</td><td>6</td><td>10</td><td>35</td><td>60</td><td>110</td><td>220j①</td><td>330j</td><td>500j</td></tr>
<tr><td rowspan="2">带电部分至接地部分（A_1）</td><td>屋内（A_{1N}）</td><td>7.5</td><td>10</td><td>12.5</td><td>30</td><td>55</td><td>95</td><td>180</td><td>260</td><td>380</td></tr>
<tr><td>屋外（A_{1W}）</td><td>20</td><td>20</td><td>20</td><td>40</td><td>60</td><td>100</td><td>180</td><td>260</td><td>380</td></tr>
<tr><td rowspan="2">不同相的带电部分之间（A_2）</td><td>屋内（A_{2N}）</td><td>7.5</td><td>10</td><td>12.5</td><td>30</td><td>55</td><td>100</td><td></td><td></td><td></td></tr>
<tr><td>屋外（A_{2W}）</td><td>20</td><td>20</td><td>20</td><td>40</td><td>60</td><td>110</td><td>200</td><td>280</td><td>420</td></tr>
</table>

① 设备额定电压数字后面的j系指中性点直接接地系统。

（2）设备带电部分至各种遮栏间的安全距离（B）。因为一般现场遮栏有三种，即栅栏、网状遮栏和板状遮栏，故安全距离也规定了三种，见表 2 - 12。

表 2 - 12　设备带电部分至各种遮栏的安全距离 *B* 值（cm）

设备额定电压（kV）		1 ~ 3	6	10	35	60	110	220j①	330j	500j
带电部分至栅栏（B_1）	屋内（B_{1N}）	82.5	85	87.5	105	130	170			
	屋外（B_{1W}）	95	95	95	115	135	175	255	335	450
带电部分至网状遮栏（B_2）	屋内（B_{2N}）	17.5	20	22.5	40	65	105			
	屋外（B_{2W}）	30	30	30	50	70	110	190	270	500
带电部分至板状遮栏（B_3）	屋内（B_{3N}）	10.5	13	15.5	33	58	98			

①设备额定电压数字后面的 j 系指中性点直接接地系统。

（3）无遮栏裸导体至地面间的安全距离 *C* 见表 2 - 13。

表 2 - 13　无遮栏裸导体至地面间的安全距离 *C* 值（cm）

设备额定电压（kV）		1 ~ 3	6	10	35	60	110	220j	330j	500j
无遮栏裸导体至地面间的距离	屋内（C_N）	237.5	240	242.5	260	285	325			
	屋外（C_W）	270	270	270	290	310	350	430	510	750

（4）工作人员在设备维护检修时与设备带电部分间的距离。考虑到对设备维护检修时的下述三种情况：

1）设备不停电的情况下，仅对设备进行一般性的检查维护。

2）部分设备停电检修，而邻近设备带电运行。

3）在设备上带电作业。规定了三种安全距离 D_1、D_2、D_3，具体数值见表 2 - 14。

所谓一般性的检查维护系指清扫设备基础，在已接地的注油设备上取油样，用钳形电流表测量电流等；检查系指巡视检查，在设备的固定遮栏外进行。

在高压设备部分停电检修时，为了保证人身安全，规定了一

个基本的安全距离 D_2，要求检修时工作人员正常活动范围与设备带电部分的距离不允许小于 D_2，否则必须将设备全部停电。

表 2-14　工作人员在设备维护检修时与带电部分间的安全距离 D（cm）

设备额定电压（kV）	10及以下	20~35	44	60	110	154	220	330
设备不停电时的安全距离（D_1）	70	100	120	150	150	200	300	400
工作人员工作中正常活动范围与带电设备的安全距离（D_2）	35	60	90	150	150	200	300	400
带电作业时人体与带电导体间的安全距离（D_3）	40	60	60	70	100	140	180	260

由于在带电作业时采取了一系列措施，所以在保证工作人员安全的基础上，安全裕度可适当减小一些，安全距离减小了，作业范围扩大了，过去必须停电才能检修的工作，有的在带电情况下也可以进行，因而大大减少了停电次数。

三、电力线路间距

1. 架空线路

架空线路所用导线可以是裸线，也可以是绝缘线，但是即使是绝缘线，如系露天架设，导线绝缘也会因导线发热和经风吹日晒老化而极易损坏。因此，架空线路的导线与地面、与各种工程设施、与建筑物、与树木、与其他线路之间，以及同一线路的导线与导线之间均应保持一定的安全距离。除新安装的线路或大修后的线路外，运行中的旧线路也应保持足够的安全距离。

（1）架空线路导线与地面（或水面）的安全距离，不应低于表 2-15 所列数值。

（2）架空线路导线与建筑物的安全距离。架空线路应尽量避免跨越建筑物，尤其不应跨越用燃烧材料作屋顶的建筑物。如架空线路必须跨越建筑物时，应与有关主管部门取得联系并征得同意。架空线路与建筑物的距离不应低于表 2-16 的数值。

表 2-15　导线与地面（或水面）的最小距离（m）

线路经过地区	线路电压		
	1kV 及以下	10kV	35kV
居民区	6	6.5	7
非居民区	5	5.5	6
不能通航的河、湖（至冬季水面）	5	5	5.5
交通困难地区	4	4.5	5

表 2-16　导线与建筑物的最小距离（m）

线路电压	1kV 及以下	10kV	35kV
垂直距离	2.5	3.0	4.0
水平距离	1.0	1.5	3.0

（3）架空线路导线与街道或厂区树木的安全距离不应低于表 2-17 的数值。

表 2-17　导线与树木的最小距离（m）

线路电压	1kV 及以下	10kV	35kV
垂直距离	1.0	1.5	3.0
水平距离	1.0	2.0	—

（4）线路导线间的最小安全距离不得低于表 2-18 所列数值。

表 2-18　架空线路导线间最小距离（m）

档距（m）/ 线距 电压（kV）	40 及以下	50	60	70	80	90	100	110	120
高　压	0.6	0.65	0.7	0.75	0.85	0.9	1.0	1.05	1.15
低　压	0.3	0.4	0.45	0.5					

注　① 表中所列数值适用于导线的各类排列方式；

② 靠近电杆的两导线间的水平距离，不应小于 0.5m。

（5）同杆线路的导线间最小安全距离。几种线路同杆架设时应与有关主管部门联系并取得同意，而且必须保证电力线路在通信线路上方，高压线路在低压线路上方。其线路间距不应低于表

2－19 所列数值。

表 2－19　　同杆线路的最小距离（m）

项　　目	直 线 杆	分支（或转角）杆
10kV 与 10kV	0.8	0.45/0.60①
10kV 与低压	1.2	1.0
低压与低压	0.6	0.3
低压与弱压	1.5	1.2

注　① 转角或分支线横担距上面的横担采用 0.45m，距下面的横担采用 0.6m。

2. 接户线和进户线

接户线系指从配电网到用户进线处第一个支持物之间的一段导线；进户线系指从接户线引入到室内之间的一段导线。其安全距离分述如下：

（1）10kV 接户线对地距离不应小于 4.5m。

（2）低压接户线对地距离不应小于 2.75m。

（3）低压接户线跨越通车街道时，对地距离不应小于 6m；跨越通车困难的街道或人行道时，不得小于 3.5m。

（4）低压接户线与建筑物有关部分的距离，不应小于下列数值：

1）与接户线下方窗户的垂直距离 30cm。

2）与接户线上方阳台或窗户的垂直距离 80cm。

3）与窗户或阳台的水平距离 75cm。

4）与墙壁、构架的距离 5cm。

另外，低压接户线的档距不宜越过 25m，档距超过 25m 时宜设接户杆。

（5）低压接户线的线间距离不应小于表 2－20 所列数值。

表 2－20　　低压接户线的线间距离

架设方式	档　　距（m）	线间距离（m）
自电杆上到下	25 及以下	15
	25 以上	20
沿墙敷设	6 及以下	10
	6 以上	15

(6) 低压进户线进线管口对地面距离不应小于 2.75m；高压一般不应小于 4.5m；进户线进线管口与接户线端头之间的距离一般不应超过 0.5m。

第四节 人体触电方式

人体触电的基本方式有单相触电、两相触电、跨步电压触电、接触电压触电。此外，还有人体接近高压触电和雷击触电等。单相与两相触电都是人体与带电体的直接接触触电。

一、单相触电

1. 定义

单相触电是指人体站在地面或其他接地体上，人体的某一部位触及一相带电体所引起的触电。单相触电的危险程度与电压的高低、电网的中性点是否接地、每相对地电容量的大小有关，单相触电是较常见的一种触电事故。

2. 中性点接地对触电程度的影响

中性点接地系统里的单相触电比中性点不接地系统的危险性大。

(1) 在中性点接地时，如图 2-1所示，当人体触及 U 相导线时，电流将通过人体、大地、接地装置回到中性点，此时通过人体的电流为

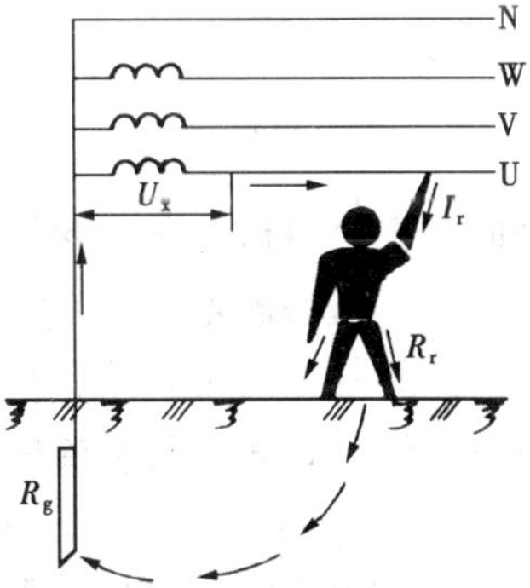

$$I_r = \frac{U_x}{R_g + R_r} \approx \frac{U_x}{R_r}(R_r >> R_g) \quad (2-1)$$

图 2-1 中性点接地的单相触电

式中 U_x——相电压，V；

R_g——电网中性点接地电阻，Ω；

R_r——人体电阻，Ω。

一般 R_g 只有几欧，比 R_r 要小得多，故相电压几乎全部加在触电人体上，对人体造成严重后果。

在日常工作和生活中，低压用电设备的开关、插销和灯头以及电动机、电熨斗、洗衣机等家用电器，如果其绝缘损坏，带电部分裸露而使外壳、外皮带电，当人体碰触这些设备时，就会发生单相触电情况。如果此时人体站在绝缘板上或穿绝缘鞋，人体与大地间的电阻就会很大，通过人体的电流将很小，这时不会发生触电危险。

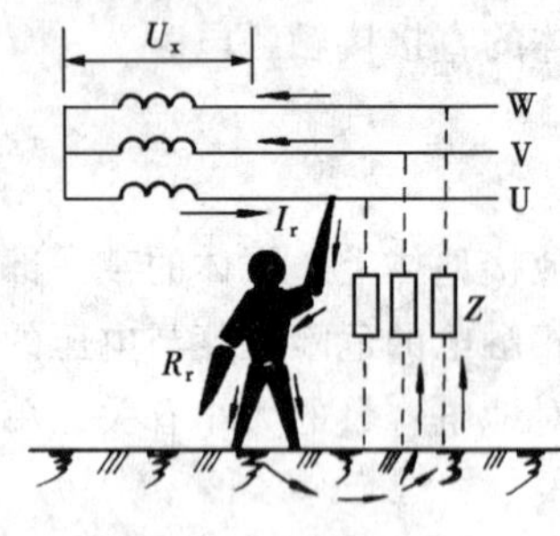

图 2-2　中性点不接地的单相触电

(2) 在中性点不接地（对地绝缘）时，如图 2-2 所示，此时，电流经过人体与其他两相的对地绝缘阻抗 Z 而形成回路，通过人体的电流大小决定于电网电压、人体电阻和导线的对地绝缘阻抗。如果线路的绝缘水平比较高，绝缘阻抗非常大，当人体触电以后，通过人体的电流就比较小，从而降低了人体触电后的危险性。但若线路的绝缘不良时，则触电后的危险性就较大了。

二、两相触电

两相触电是指人体有两处同时接触带电的任何两相电源时的触电。这时，无论电网的中性点是否接地、人体与地是否绝缘，人体都会触电。两相触电情况如图 2-3 所示，在这种情况下，电流由一相导线通过人体流至另一相导线，人体将两相导线短接，因而处于全部线电压的作用之下，通过人体的电流为

$$I_r = \frac{U}{R_r} \qquad (2-2)$$

式中　U——线电压，V。

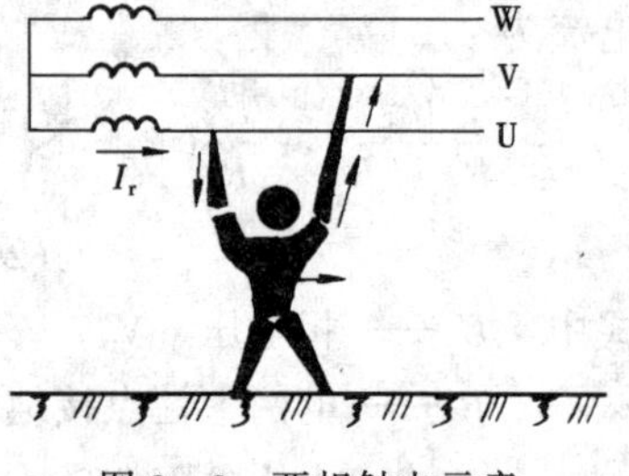

图 2-3　两相触电示意

发生两相触电时，若线电压为380V，则流过人体的电流高达268mA，这样大的电流只要经过0.186s就可能致触电者死亡，故两相触电比单相触电更危险。根据经验，工作人员同时用两手或身体直接接触两根带电导线的机会很少，所以两相触电事故比单相触电事故少得多。

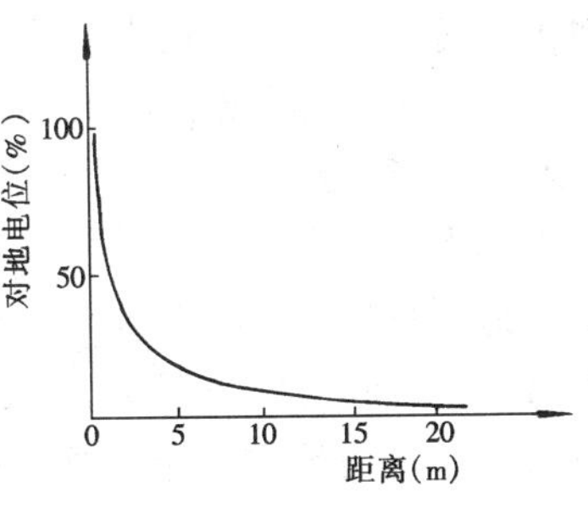

图2-4 对地电位分布

三、跨步电压触电

1. 跨步电压的含义

当电气设备发生接地故障（绝缘损坏）或线路发生一相带电导线断线落在地面时，故障电流（接地电流）就会从接地体或导线落地点向大地流散，形成如图2-4所示的对地电位分布。由图看出，与电流入地点的距离越小，电位越高；与电流入地点的距离越大，电位越低；在远离入地点20m以外处，电位近似为零。如果有人进入20m以内区域行走，其两脚之间（人的跨步一般按0.8m考虑）的电位差就是跨步电压，如图2-5所示。由跨步电压引起的触电，称为跨步电压触电。如高压架空导线断线或支持绝缘子绝缘损坏而发生

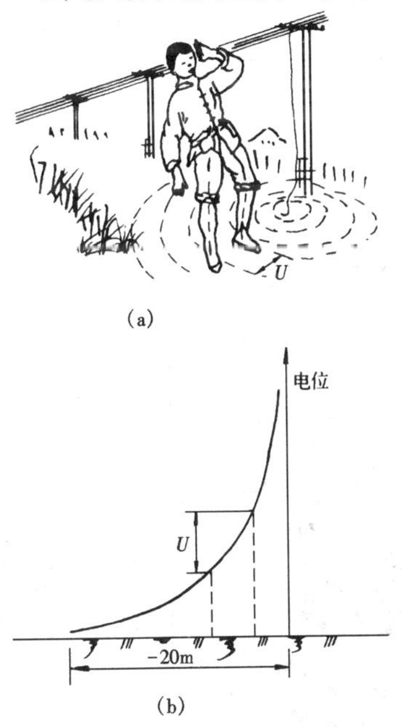

图2-5 跨步电压示意
(a) 示意；(b) 跨步电压 U

对地击穿时，在导线落地点或绝缘对地击穿点处的地面电位异常升高，在此附近行走或工作的人员，就会发生跨步电压触电。

2. 触电后果

人体承受跨步电压时，电流一般是沿着人的下身，即从脚到腿到胯部到脚流过，与大地形成通路，电流很少通过人的心脏等重要器官，看起来似乎危害不大，但是，跨步电压较高时，人就会因双脚抽筋而倒在地上，这不但会使作用于身体上的电压增加，还有可能改变电流通过人体的路径而经过人体重要器官，因而大大增加了触电的危险性。经验证明，人倒地后即使电压持续作用 2s，也会发生致命的危险。

3. 注意事项

（1）电业工人（尤其是线路巡线工）在平时工作或行走时，一定要格外小心。当发现设备出现接地故障或导线断线落地时，要远离断线落地区，如图 2－6 所示。

图 2－6　远离断线落地区

图 2－7　一条腿跳着离开断线落地区

（2）一旦不小心已步入断线落地区且感觉到有跨步电压时，应赶快把双脚并在一起或用一条腿跳着离开断线落地区，如图 2－7所示。

图 2－8　穿绝缘靴（鞋）进入断线落地区救人

(3) 当必须进入断线落地区救人或排除故障时，应穿绝缘靴（鞋），如图 2－8 所示。

4. 跨步电压触电事例

某地农村曾发生一起全家老小被跨步电压电死的事例。某日，大风把供电线吹断且落在水田中，有个农民的小儿子早晨把一群鸭子赶进田中去放养，一只只鸭子游到断线落水处都被电击死去，小儿子去捡死鸭子，走近断线落水处也被电击倒死去。哥哥见弟弟放鸭不回，便去到放鸭处，看到弟弟倒在田中死了，哥哥下田去拉弟弟，也触电倒在田中，爷爷见两个孙子一去不回，亲自到田边看个究竟，怎么！都淹死了？爷爷去拉孙子，也倒在田中死了，爸爸在家等得不耐烦了，到田边去看，怎么死成一串？鸭子怎么会被水淹死？认为有“鬼”，叫了许多邻居来驱鬼壮胆，然后下田去拖爷爷，也触电落水而死，最后，妈妈下田拖爸爸，也触电落水。因为妈妈触电时间不长，离电流入地点最远，触电程度最轻，才被救活，这是一件很特殊的跨步电压触电事例。人在水中触电时，人体表皮及靴鞋也不起作用，故危险性极大。如果他们懂得一些安全用电知识，就绝不会发生全家集体触电死亡的惨景。

四、接触电压触电

1. 接触电压的含义

接触电压是指人站在发生接地短路故障设备的旁边，触及漏电设备的外壳时，其手、脚之间所承受的电压。由接触电压引起的触电称为接触电压触电。

在发电厂和变电所中，一般电气设备的外壳和机座都是接地的，正常时，这些设备的外壳和机座都不带电。但当设备发生绝缘击穿、接地部分破坏，设备与大地之间产生电位差（即对地电压）时，人体若接触这些设备，其手脚之间便会承受接触电压而触电。

2. 接触电压的大小

接触电压 U_j 的大小随人体站立点的位置而异。当人体距离接地体越远时，接触电压越大；当人体站在距接地体 20m 以外处与带电设备外壳接触时，接触电压 U_{j3} 达到最大值，等于带电设备外壳的对地电压 U_d；当人体站在接地体附近与设备外壳接触时，接触电压近于零，如图 2-9 所示。在图中，当一台电动机的绕组碰壳接地时，因为三台电动机的接地线是连在一起的，所以三台电动机的外壳都会带电，而且电位相同，都是相电压，但地面电位分布却不同，因此左边的人所承受的接触电压等于电动机外壳（人手）的电位与该处地面电位（人脚）之差，其数值近于零；右边的人承受的接触电压就是电动机外壳的对地电压，即相电压。但是往往由于人穿鞋（靴）及地板能减小接触电压，故人体受到的实际接触电压要小于带电设备的对地电压。

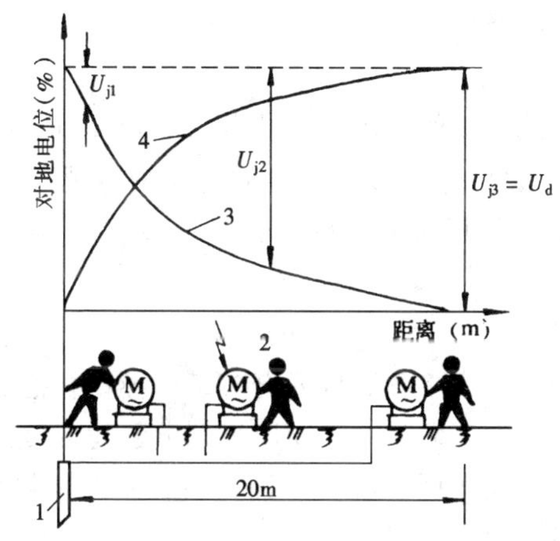

图 2-9 接触电压触电示意

1—接地体；2—漏电设备；3—设备出现接地故障时，接地体附近各点电位分布曲线；4—人体距接地体位置不同时，接触电压变化曲线

在电力各企业和家庭中，人接触漏电设备的外壳而触电是常有的现象，严禁裸臂赤脚去操作电气设备就是基于这个道理。

由接触电压造成的触电事故还多发生在中性点不接地的

3～10kV系统中。当电气设备绝缘击穿，系统中又没有接地保护装置，故障设备不能迅速切除，值班人员需较长时间才能将故障设备查出时，在查找故障期间，工作人员一旦接触到与故障设备处于同一接地网的任一设备外壳时就会触电。为防止接触电压触电，往往要把一个车间、一个变电所的所有设备均单独埋设接地体，对每台电动机采用单独的保护接地。

第五节 静电伤害及安全防护

电气事故不仅仅限于触电事故，还应包括不是电流作用于人体的事故，如静电事故和电磁场伤害事故等。

一、静电的产生

1．静电的含义

由于感应或摩擦使物体内部的电荷重新分布，使物体带有电压（对地而言），由这种形式产生的物体带电现象与一般我们通常使用的电相比是相对静止的电荷，所以我们通常把它叫做静电。

2．静电的产生

当两种物质紧密接触后再分离时，一种物质把电子传给另一种物质后就带正电，而另一种物质得到电子就带负电，这样就产生了静电。如摩擦作用，就使两种物质在不断地接触与分离时，发生电子转移后而产生了静电。

静电电荷的多少不仅仅决定于静电的产生，还决定于静电的消散。如果消散条件良好，即使有静电荷产生，也是积累不起来的。

通常，在电力工业上所引发的静电火灾、爆炸事故以摩擦产生居多；而在电气设备上发生的静电触电事故以感应产生居多。

二、静电的特点和危害

1．特点

静电的特点是：①静电电量虽不大，但静电电压却很高；

②绝缘体对其上电荷的束缚力很强，故在绝缘体上的静电消散的很慢；③在生产中产生的静电，可在与它不相接触的金属导体上感应出电荷，并产生很高的电压；④静电荷会在导体的尖端集中，并形成很强的电场，引起尖端放电。

2. 危害

静电的危害主要体现在以下两个方面：

（1）静电可能引起火灾和爆炸。静电电量虽然不大，但因其电压很高而容易发生火花放电，产生静电火花，使之在有可燃液体作业的场所发生火灾。若静电火花发生在如煤粉、氢气等场所时，就会引起爆炸。

（2）静电电击。人在作业活动过程中，由于衣着等固体物质的接触和分离或人体靠近带静电物体时，由于静电在人体的感应等，均可使人带静电，而带静电荷人体接近接地体时，会发生放电，人即遭到电击，造成伤害。静电电击不是电流持续通过人体的电击，而是由静电放电造成的瞬间冲击性的电击，这种由于静电感应的瞬间电流引起的电击虽然对人体可能不会造成生命危害，但若不采取安全措施，由于瞬时电击刺激的结果，可能使作业人员从高处坠落或摔倒，造成二次事故。

此外，静电电击还可能引起工作人员精神紧张、妨碍工作等。

三、静电的防护

静电的防护主要有以下两个方面的措施：

（1）减少静电的产生，即防止静电带电。为了防止带电，就要防止摩擦带电和感应带电。防止摩擦带电主要包括控制材料和摩擦两个方面；防止感应带电主要采用屏蔽措施。

（2）加强静电消除，限止静电的积累，即防止火花放电。

为了加强静电消除，可采取以下两方面措施，即加速泄漏和静电中和。

1）静电泄漏。其办法包括：

a）接地法。接地是消除静电危害最简单、最常用的办法，它的实质是为静电电荷提供了一条导入大地的通路，在电气设备停电作业现场中，得到了普遍应用，是消除静电的一种行之有效的措施。

b）泄漏法。泄漏法即在绝缘体表面增湿，结成薄水膜，使其表面电阻大为降低，而加速静电的泄漏。如在产生静电的场所安装喷雾器或挂湿布片等。

c）加抗静电剂法。抗静电剂是化学药剂，具有较好的导电性和较强的吸湿性。因此，加入抗静电剂后，能降低材料的体表面电阻、加速静电泄漏、消除静电危险。

2）静电中和法。此法是借用静电中和器装置产生的电子和离子，使物体的静电荷得到相反符号电荷的中和，从而消除静电的危害。

四、现场作业人员对静电的防护

一般来说，由于静电电击造成直接死亡的现象极少发生，所以应避免因受电击而引起二次伤害为目的，这就需要：

(1) 加强现场作业人员对规章制度的执行，使其了解和掌握必要的静电知识。作业时应穿戴必要的防护用品和采取必要的安全措施；在危险场所不要穿羊毛或化纤物品；作业、巡视、检查时，不得携带与工作无关的金属物品。

(2) 在停电的电气设备和线路上工作时，必须按要求挂好接地线，戴好安全帽，高空作业时应系好安全带，挂牢救命绳，必要时还可以挂好个人辅助接地线。

第六节　防止人身触电的技术措施

当电气设备的金属外壳因绝缘损坏而带电时，并无带电象征，人们不会对触电危险有什么预感，这时往往容易发生触电事故。但是只要掌握了电的规律并采取相应措施，很多触电事故还是可以避免的。

人身触电事故的发生一般有下列两种情况：一是人体直接触及或靠近电气设备的带电部分；二是人体触碰平时不带电、因绝缘损坏而带电的金属外壳或金属构架。为防止人身触电事故，除思想上重视、认真执行《电业安全工作规程》之外，还应该采取必要的技术措施，下面介绍几种常用的基本措施。

一、基本概念

1. 接地装置

（1）接地。把电气设备的某一金属部分通过导体与土壤间作良好的电气连接称为接地。

（2）接地体。与土壤直接接触的金属体或金属体组称为接地体（或接地极）。

（3）接地线。连接于接地体与电气设备之间的金属导体称为接地线。

接地线和接地体合称为接地装置，如图 2－10 所示。

2. 电气“地”和对地电压

（1）电气“地”。当电气设备发生接地短路时，在距单根接地体或接地短路点 20m 以外的地方，电位已近于零，电位等于零的地方即称为电气“地”，如图 2－11 所示。

（2）对地电压。电气设备的接地部分(如接地外壳和接地体等)与“大地零电位”之间的电位差,称为接地时的对地电压。

3. 接地电阻

（1）接地体的流散电阻。接地电流自接地体向周围大地流散时所遇到的全部电阻称为流散电阻。

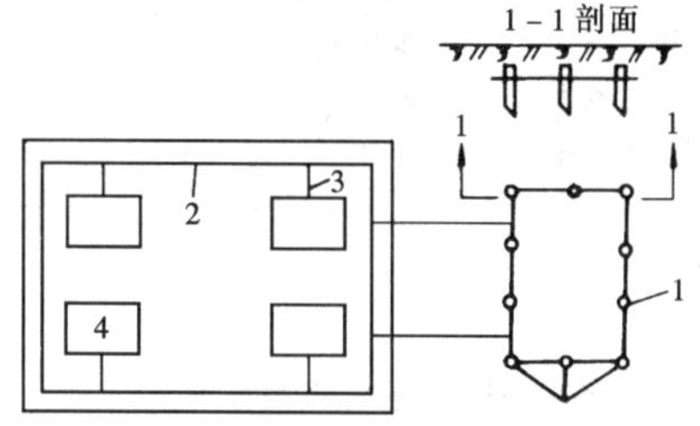

图 2－10　接地装置示意

1—接地体；2—接地干线；

3—接地支线；4—电气设备

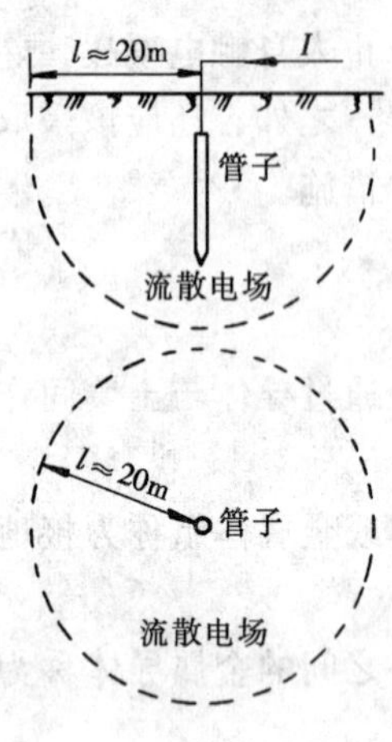

图 2－11 “地”的示意

(2) 接地电阻。接地体的流散电阻和接地线的电阻之和称为接地电阻。

4. 零线和接零

(1) 零线。由变压器和发电机的中性点引出，并接了地的接地中性线称为零线。

(2) 接零。电气设备的某部分（如外壳）直接与零线相连接，叫做接零，如图 2－12 所示。

5. 接地短路和接地短路电流

(1) 接地短路。电气设备的带电部分偶尔与接地金属构架连接或直接与大地发生电气连接，称为接地短路。

(2) 碰壳短路。当电机、电器或线路的带电部分由于绝缘损坏而与其接地的金属结构部分发生连接，称为碰壳短路（或碰壳）。

(3) 接地短路电流。当发生接地短路或碰壳短路时，经接地短路点流入地中的电流，称为接地短路电流（或接地电流）。

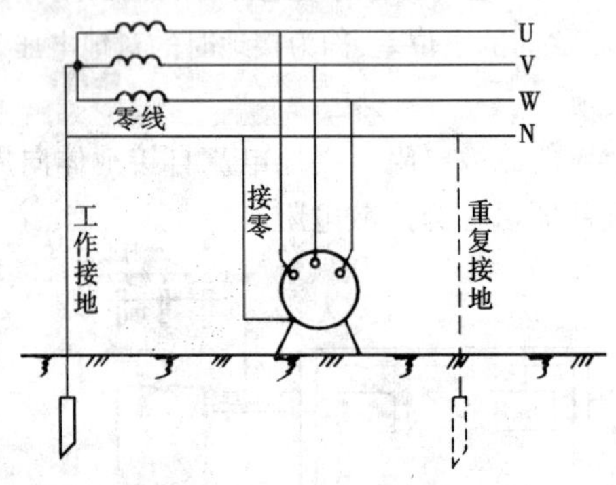

图 2－12 零线和接零示意

二、保护接地

1. 保护接地的含义和适用范围

(1) 含义。为防止人身因电气设备绝缘损坏而遭受触电，将电气设备的金属外壳与接地体连接，称为保护接地。

(2) 适用范围。保护接地适用于中性点不接地的低压电网中。在中性点直接接地的低压电网中，电气设备不采用保护接地是危险的。采用了保护接地，仅能减轻触电的危险程度，但不能完全保证人身安全。

2. 保护接地的作用

(1) 电气设备的外壳无保护接地时，例如电动机因某种原因，其金属外壳带电并长期存在着电压，该电压数值接近于相电压，当人体触及电动机的外壳时，就要发生单相触电事故，如图 2－13 (a) 所示。

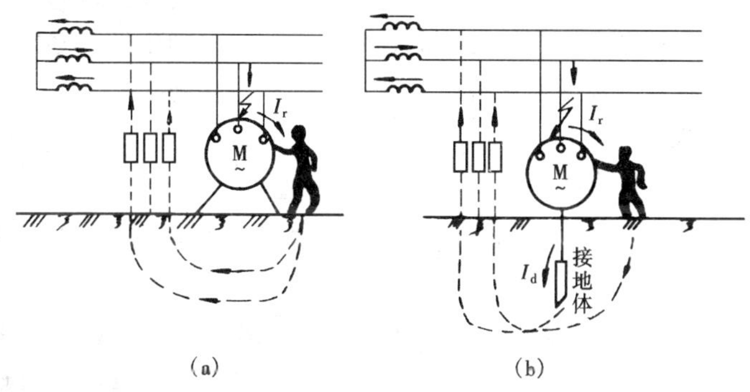

图 2－13　中性点不接地系统的保护接地原理

(a) 无保护接地时；(b) 有保护接地时

(2) 当电动机装设了接地保护时，如图 2－13 (b) 所示，如果电动机外壳带电，则接地短路电流将同时沿着接地体和人体与电网对地绝缘阻抗 Z 形成两条通路，流过每一条通路的电流值将与其电阻大小成反比，即

$$\frac{I_r}{I_d} = \frac{R_d}{R_r} \quad (R_d \gg R_r) \tag{2-3}$$

式中　I_r——流过人体的电流；

I_d——流经接地体的电流；

R_d——接地体的接地电阻；

R_r——人体的电阻。

由式（2－3）可以看出，接地体的接地电阻 R_d 越小，流经人体的电流也就越小，只要把 R_d 限制在适当的范围内（小于 4Ω），就可减小人体的触电危险，起到保护人身安全的作用。

三、保护接零

1. 保护接零的含义和适用范围

（1）含义。为防止人身因电气设备绝缘损坏而遭受触电，将电气设备的金属外壳与电网的中性线（变压器中性线）相连接，称为保护接零。

（2）适用范围。适用于三相四线制中性点直接接地的低压电力系统中。当采用保护接零时，除电源变压器的中性点必须采取工作接地外，零线要在规定的地点采取重复接地。

2. 保护原理

（1）未采取接零措施。在电源中性点已接地的三相四线制中，若电气设备或装置的外壳未采取接零措施，则在设备发生绝缘击穿，外壳带电时［见图 2－14（a）］，尽管中性点接地良好，工作人员仍有触电危险。这是因为设备与地、零线之间没有金属连接，设备外壳上将带有电压。当人体触及设备外壳时，流过人体的电流为

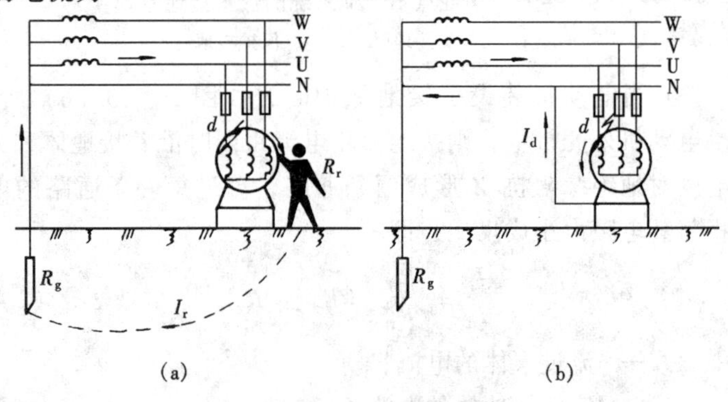

图 2－14　接零保护原理示意

（a）未采用接零措施；（b）已采用接零措施

$$I_r = \frac{U_x}{R_g + R_r}(R_g \ll R_r) \tag{2-4}$$

式中 U_x——相电压；

R_g——中性点接地电阻；

R_r——人体电阻。

若人体电阻 R_r 以 1000Ω 计，R_g 甚小略去不计，则当 U_x 为 220V 时，流过人体电流为

$$I_r \approx \frac{220}{1000} \approx 0.22(\mathrm{A})$$

这个数值显然已大大超过人体所能承受的最大电流值。

（2）已采用接零措施。如图 2-14（b）所示，此时 U 相（d 点）绝缘损坏，导致相线碰到外壳，接地短路电流 I_d 将通过该相和零线构成回路。由于零线阻抗很小，所以单相短路电流很大，可大大超过低压断路器或继电保护装置的整定值，或超过熔断器额定电流的几至几十倍，从而使线路上的保护装置迅速动作，切断电源，使设备外壳不再带电，消除了人体触电的危险，起到保护作用。

3. 对接零装置的要求

（1）零线上不能装熔断器和断路器，以防止零线回路断开时，零线出现相电压而引起触电事故。

（2）在同一低压电网中（指同一台变压器或同一台发电机供电的低压电网），不允许将一部分电气设备采用保护接地，而另一部分电气设备采用保护接零，否则接地设备发生碰壳故障时，零线电位升高，接触电压可达到相电压的数值，这就增大了触电的危险性。

（3）在接三眼插座时，不准将插座上接电源零线的孔同接地线的孔串接，如图 2-15（a）所示，否则零线松掉或折断，就会使设备金属外壳带电；若零线和相线接反，也会使外壳带电，如图 2-15（b）所示；正确的接法是接电源零线的孔同接地的孔分别用导线接到零线上，如图 2-15（c）所示。

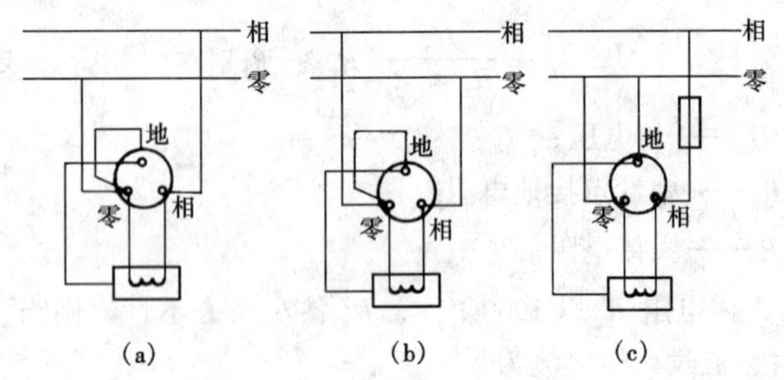

图 2-15　三眼插座接法示意

(a) 零线与地线串联；(b) 零线与相线接反时；(c) 正确接法

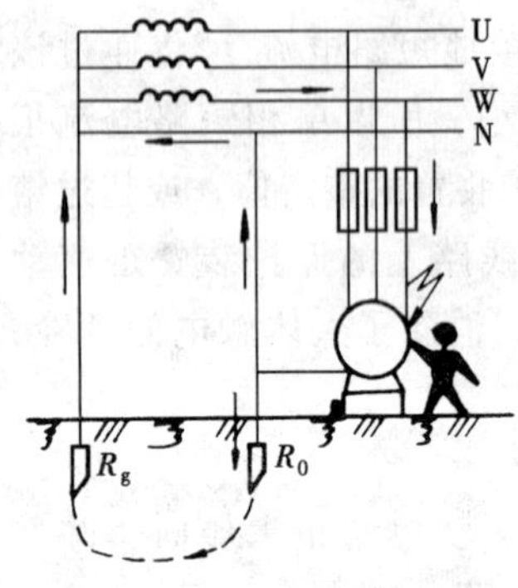

图 2-16　重复接地示意

(4) 除中性点必须良好接地外，还必须将零线重复接地，如图 2-16 所示。所谓重复接地，就是指零线的一处或多处通过接地体与大地再次连接。重复接地可降低漏电设备外壳的对地电压，减小零线断线时的触电危险，缩短碰壳或接地短路持续的时间。

四、工作接地

1. 工作接地的含义

将电力系统中的某一点（通常是中性点）直接或经特殊设备（如消弧线圈、电抗、电阻等）与地作金属连接，称为工作接地。

2. 工作接地的作用

(1) 降低人体的接触电压。在中性点绝缘系统中，当发生一相碰地而人体又触及另一相时，人体所受到的接触电压将达到 $\sqrt{3}U_x$，如图 2-17(a)所示。在中性点接地时，情况就不同了，因中性点的接地电阻 R_g 很小(或近于零)，与地间的电位差亦近于零。当发生一相碰地而人体触及另一相时，人体所受到的接触电压将不再是$\sqrt{3}U_x$，而是接近或等于 U_x，如图 2－17(b)所示。

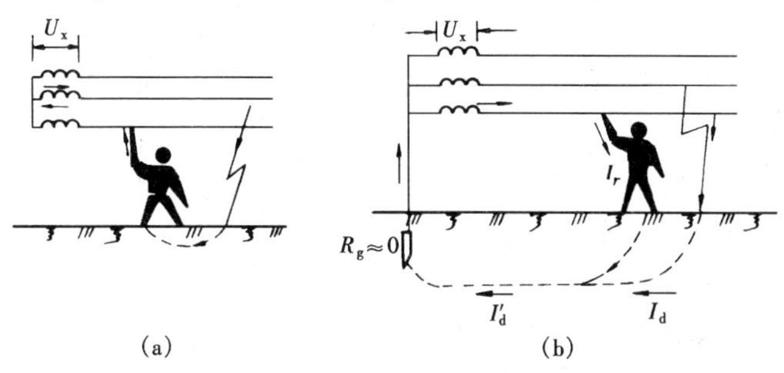

图 2－17　工作接地作用示意

(a) 中性点绝缘系统；(b) 中性点接地系统

(2) 迅速切断电源。在中性点绝缘系统中，当一相碰地时，由于接地电流很小，故保护设备不能迅速动作切断电源，因此接地故障将长时间持续下去，这对人身是很不安全的；在中性点接地系统中，情况就不同了，当一相碰地时，接地电流成为很大的单相短路电流，它能使保护装置迅速动作而切断电源，从而保证人体免于触电，如图 2－14 (b) 所示。

(3) 降低电气设备和输电线路的绝缘水平。这样可降低电气设备的制造成本和输电线的建设费用，从而大大节省投资。

(4) 满足电气设备运行中的特殊需要。如减轻高压窜入低压的危险性。

五、漏电保护断路器的采用

1. 漏电保护断路器的作用

漏电保护断路器又称漏电开关、触电保安器等，它的作用就是防止电气设备和线路等漏电引起人身触电事故，它能够在设备漏电、外壳呈现危险的对地电压时自动切断电源。在 1kV 以下的低压电网中，凡有可能触及带电部件或在潮湿场所装有电气设备的情况下，都应装设漏电保护装置，以确保人身安全。

漏电保护器目前有两大类型：电压型和电流型。目前广泛应用的是反映零序电流的电流型漏电保护装置。

2. 电流型漏电保护断路器工作原理

下面以四极电流型漏电保护断路器（如图 2－18 所示，电磁脱扣、带互感器、零序电流型）为例说明其工作原理：

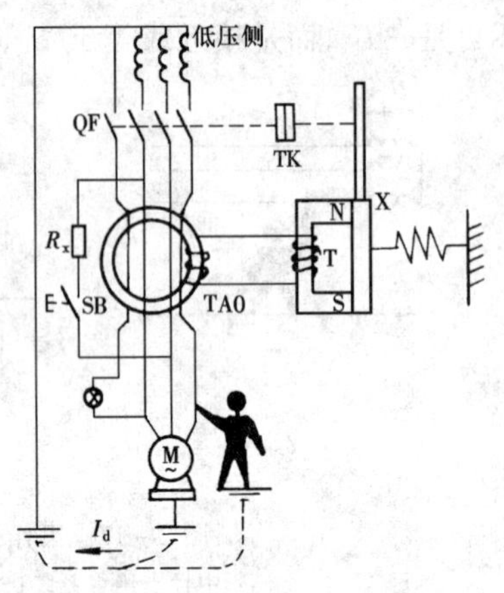

图 2－18　电流型漏电开关原理示意图

（1）正常工作时，各相电流的相量和等于零，因此零序电流互感器 TA0 的环形铁芯所感应磁通的相量和也为零，零序电流互感器的二次绕组中没有感应电压输出，极化电磁铁 T 的线圈没有电流流过，T 的吸力克服弹簧反作用拉力，使衔铁 X 保持在闭合位置，脱扣机构不动作，漏电保护断路器不动作，保持电路正常供电。

（2）当设备漏电或有人单相触电时，通过互感器一次侧各导线电流的相量和不再为零，而是等于漏电流 I_d，这样，环形铁芯中将有交变磁通产生，在互感器二次绕组中，就有感应电压输出，T 线圈中将有交流电流通过，并产生交变磁通与永久磁铁的磁通叠加，叠加的结果使电磁铁去磁，从而使其对衔铁吸力减小，于是衔铁被弹簧的反作用力拉开，脱扣机构 TK 动作，断路器 QF 断开电源。此外，在图 2－18 中，用按钮 SB 和限流电阻 R_x 组成一个试验回路，在使用前可利用断路器上的按钮来检验断路器的动作是否正常。

第七节　电气工作票

一、工作票的作用

工作票是准许在电气设备、电力线路上等工作的书面命令，也是明确安全职责、向工作人员进行安全交底，以及履行工作许可手续，工作间断、转移和终结手续，并实施保证安全技术措施等的书面依据。因此，需要在电气设备（线路）上工作时，应根据工作性质和工作范围的不同，按要求认真填写。

二、工作票的分类及填用范围

1. 分类

对于发、供电单位来说，由于厂、站的电气设备和电力线路设备不同，工作任务及其要求采取的安全措施也不一样，所以工作票的种类也不相同，目前主要有以下四种：

（1）发电厂（变电所）第一种工作票。

（2）发电厂（变电所）第二种工作票。

（3）电力线路第一种工作票。

（4）电力线路第二种工作票。

此外，为了使某些工作的安全措施更加完善和具有针对性，还可以使用专用工作票。例如，用户停电检修工作票、动火工作票等。

2. 填用范围

（1）填用发电厂（变电所）第一种工作票的工作为：

1）在高压设备上工作，需要将该设备停电或部分停电，以及进行高压试验工作时；

2）在高压室内的二次线或照明回路上工作，需要将高压设备停电或做安全措施者；

3）邻近高压设备的工作，因安全距离不够，需要将该设备停电者；

4）电力电缆需要停电的工作。

（2）填用发电厂（变电所）电气第二种工作票的工作为：

1）带电作业和在带电设备外壳上的工作（如工作不能保证安全时，应填用第一种工作票）；

2）控制盘和低压配电盘、配电箱、电源干线上的工作；

3）二次接线回路上的工作，无需将高压设备停电者；

4）转动中的发电机、同期调相机的励磁回路或高压电动机转子电阻回路上的工作；

5）非当值值班员用绝缘棒和电压互感器定相或用钳形电流表测量高压回路的电流；

6）在带电设备外壳及架构上的工作（如工作不能保证安全距离时，应填用第一种工作票）；

7）更换电气表计或试验表计无需将高压设备停电者；

8）不需要停电的电力电缆工作；

9）在高压室内和室外变电所高压设备区内工作，无需将高压设备停电或做安全措施者；

10）通信、远动回路上的工作。

（3）填用电力线路第一种工作票的工作为：

1）在停电线路（或在双回路中的一回停电线路）上的工作；

2）在全部或部分停电的配电变压器台架上或配电变压器室内的工作。所谓全部停电系指供给该配电变压器台架或配电变压器室内的所有电源线路均已全部断开者。

（4）填用电力线路第二种工作票的工作为：

1）带电作业；

2）带电线路杆塔上的工作；

3）在运行中的配电变压器台架低压侧工作或配电变压器室内的工作；

4）低压侧负荷测试。

三、工作票的填写

1. 基本要求

（1）工作票由工作负责人或工作票签发人根据工作需要，用手工填写或应用计算机填票。

（2）填写工作票前，应根据现场设备、系统情况以及进行危险因素分析，制定控制措施。

(3) 填写时和填写后，均应对照模拟图或接线图作一次核对。

(4) 工作负责人虽可以填写工作票，但填写完后应交签发人核对、审查并签发。工作负责人不能签发工作票。

(5) 工作票用手工填写时，一律用钢笔或圆珠笔填写（字体应为仿宋体）一式两份，不得使用铅笔或红色笔，要求书写内容准确、清楚，不得任意涂改，如有个别错别字要修改时，应在要改的字上划三道横线，然后在该字上、下或后面写上改正后的字，禁止在原字上修改，并应注意：①一份工作票涂改处不得超过三处；②工作票中的设备名称和编号、工作地点、接地线装设地点、计划工作时间不能涂改。否则，会使工作票的内容混乱模糊，失去严肃性并可能造成不应有的事故。

2. 工作票的填写说明

(1) 发电厂（变电所）第一种工作票。发电厂（变电所）第一种工作票的格式如表 2－21 所示（由于全国各地区的实际状况，在工作票的格式印制上不尽完全相同，但其基本内容上是一致的）。

电气第一种工作票的填写方法说明如下：

1）工作票左上角处，填写签发人所属单位（厂、分公司、车间、工区、支公司）的名称。

2）“工作负责人（监护人）”栏是组织人员安全地完成工作票上所列工作任务的总负责人。两个及以上班组或复杂的工作，工作负责人应由车间、工区、支公司的负责人担任（或由分公司、厂主管领导批准，并书面公布的人员担任）。不同单位的多个班组工作时，工作总负责人由申请检修工作的单位指派人员担任。

“班组”栏，填写参加工作票上所列工作的所有班组名称。不必填工区（支公司、车间）名称，填写班组名称时必须填全，如“试验一班”不得填写成“试一班”；“检修一班”不得填成“检一班”等。

表 2-21　　　　　　　　电气第一种工作票

______厂（分公司）______车间（工区、支公司）　　　　　　　　编号______

1. 工作负责人（监护人）：班组：______________________________

2. 班、组负责人姓名：______________________________共______人

3. 工作地点及工作内容：______________________________

4. 计划工作时间自____年____月____日____时____分至____年____月____日____时____分

5. 安全措施：

(1) 下列大格由工作票签发人填写。下列小格由工作许可人会同工作负责人到现场逐项核实后，由许可人打“√”。

应拉开关和刀闸，包括填写前已拉开关和刀闸（注明编号）：							
应设接地线（注明确实地点和编号）：							
应设遮栏，应挂标示牌：							

(2) 安全注意事项（补充措施）由工作票签发人填写。

(3) 工作地点保留带电部分和补充安全措施由工作许可人填写。

工作票签发人签名：	
收到工作票时间：　年　月　日　时　分	工作许可人签名：
值班负责人签名：	值班负责人签名：

（发电厂值长签名：______）

6. 许可开始工作时间______年__月__日__时__分。工作负责人签名：______工作许可人签名：______

7. 工作负责人变动：原工作负责人______离去，变更______为工作负责人。新工作负责人签名：______变动时间____年__月__日__时__分。工作票签发人签名：______值班负责人签名：______

8. 工作票延期：有效期延长到__月__日__时__分。工作负责人签名：______工作许可人签名：______

9. 工作终结：工作班人员已全部撤离，现场已清理完毕，全部工作于____月____日____时____分结束

工作负责人签名：______工作许可人签名：______

常设遮栏已恢复。接地线______号、隔板______号、共______组已全部拆除。值班负责人签名：______

10. 备注：______________________________（签注人签名）______

3）“班、组负责人姓名”栏，填写各班组在现场担任工作负责人的姓名。

“共________人”栏，填写包括工作负责人在内的所有工作人员的总数。

4）“工作地点及工作内容”栏，填写工作地点应填写实际工作地点。工作地点一般以一个电气连接部分为限（所谓一个电气连接部分，系指配电装置系统中，可以用刀闸或其他电气装置截然分开的部分）。如在变电所工作，即填“××kV××变电所”名称即可。

工作内容可填写总的工作项目，但要清楚。设备如有双重称号时，应填写双重称号。在开关、母线、架构上工作，应注明电压等级。

5）“计划工作时间”栏，系指开始工作至工作终结交付验收合格为止的时间，不包括停、送电操作时间。但申请计划停电的时间则包括停送电操作时间。

6）“安全措施”栏，是指需要工作许可人员完成的四个部分的安全措施内容：

a）“应拉开关和刀闸”栏，填写应拉开关和刀闸（包括填写时已拉开的开关和刀闸）时，只填设备编号，不填设备名称。在本栏内还填写应拉开的控制、合闸回路电源（熔断器）、PT 二次小开关（熔断器）。填写时，每一大格只能填写一项，不得占用小格。

b）“装设接地线”栏，填写时应包括携带型接地线、接地开关及绝缘隔板；应注明各处装设的确切位置地点、装设的编号；接地开关只填编号，不需填写地点。

c）“应设遮栏，应挂标示牌”栏，应写明在什么地方设遮栏（或围栏、围绳）和悬挂标示牌名称。装设的安全围栏，应做到将检修设备与运行部分可靠、明显地隔离。安全围栏应设置规范（安全围栏不得挂在设备架构上），出入口要有明显标志，安全围栏面向检修人员侧要悬挂“止步、高压危险”的警告标示牌。

表 2-22　　　　　　　　电力线路第一工作票

____厂（分公司）____车间（工区、支公司）　　　　　　　　编号______

1. 工作负责人姓名______班组名称____________________________班组负责人姓名__________________全部工作人员共______人

2. 停电线路名称（双回路应注明双重名称）：____________________________

3. 工作地段（注明分支线总名称，线路起止杆号）：____________________

4. 工作任务：____

____

____

5. 预计工作开始时间____年____月____日____时____分

预计工作终结时间____年____月____日____时____分

6. 应拉开的开关和线路刀闸____

____

____

____

7. 应装设接地线地点：

线路名称及杆号						
接地线组数						

8. 邻近带电线路（设备）和补充安全措施：____________________________

____

____

9. 开工前须得到____许可命令后，将安全措施做完即可布置开工

10. 工作票签发日期：______年____月____日。工作票签发人：______

工作负责人：______

11. 应用电话、电传、微机系统传达工作票：

工作票于______年____月____日____时____分传达

工作票传达人（签发人）：__________工作负责人：__________

12. 何时用何法得到许可命令：于____日____时____分得到________________

____

____的许可命令

13. 每日许可工作和收工时间（由工作负责人填写）

已拉开线路电源开关，许可在工作地段装设地线					工作人员已从杆上撤下，材料工具清理完毕　接地线已全部撤除，报告工作终结				
日	时	分	许可人姓名	通知方式	日	时	分	接收报告人	报告方式

14. 在工作地段已采取下列安全措施：

（1）拉开的线路开关和刀闸：________________________________

____

（2）已验明无电（说明用什么方法）：________________________

____

（3）已装设的接地线。

线路名称及杆号						共几组
地线编号 / 装设时间						
日　时　分						
日　时　分						
日　时　分						
日　时　分						
日　时　分						

15. 工作终结：

（1）线路上所装设的接地线共________组，已全部撤除。

（2）报告全部工作终结时间：____年___月___日___时___分。

（3）报告方法________________________________

（4）接收报告人（工作许可人）：______工作负责人：______工作票签发人：

______

16. 备注：________________________________

____

填注人签名：______　___年___月___日

d）“安全注意事项(补充措施)”栏,由工作票签发人填写,提出对其他安全措施的补充要求或对工作负责人嘱咐的安全注意事项。

（2）发电厂（变电所）第二种工作票。发电厂（变电所）电气第二种工作票的填写均与上述第一种工作票相同。

（3）电力线路第一种工作票。电力线路第一种工作票的格式见表 2－22。

电力线路第一工作票各栏的填法说明如下：

1）工作票左上方填写签发单位的名称。

2）若两个及以上班组工作时，工作票上的工作负责人为总的工作负责人；填写“班组名称”时，应填写参加工作的所有班组，有几个班组要填几个班组的名称；“班组负责人姓名”栏，即填写承担该工作任务所有班组的负责人姓名都应填上，全部工作人员包括工作负责人在内。

3）“停电线路名称”栏，应写明停电线路电压等级、名称和编号。

4）“工作地段”栏，系指施工范围内的地段。如果该地段内包括分支线时，不必把分支线名称填上；如工作地段在分支线上，应填上分支线的名称和起止杆号；如果为全线工作不必填起止杆号，只填全线即可，但联络线必须写明起止杆号。

5）“工作任务”栏，应明确填写所施工的项目，对重点项目应具体填明。对日常规范的项目，只填该项目的名称即可，不必详细填写具体内容，如清扫、检查等。

6）“预计工作开始时间、终结时间”栏，填写时，不包括调度和变电所值班人员的停、送电操作时间，如果由工作负责人组织的操作项目时，则包括停、送电操作时间。

7）“应拉开的开关和线路刀闸”栏，可分二种情况：

a）需要发电厂或变电所采取的安全措施，如拉开断路器、隔离开关，装设接地线等，在此栏内不填写。上述安全措施由调度值班员或发电厂、变电所值班负责人按照《电业安全工作规程（发电厂和变电所电气部分）》的第 91 条规定（停电时，将该线路可能来电的所有断路器、线路隔离开关、母线隔离开关全部拉开，验明无电，在可能来电的各端装设接地线，在线路隔离开关操作把手上挂“禁止合闸，线路有人工作”的标示牌）组织完成后，方可发出许可线路工作的命令。

b）当需要工作负责人组织或指派操作班人员操作线路上的柱上油断路器、跌落式熔断器、隔离开关时，应按照倒闸操作的技术顺序，逐项依次填写。工作票上还应填上该设备的线路名称、杆号。如设备有双重称号，还应填上双重称号。

8）“应装设接地线地点”栏，在表格的上一行填写线路名称和杆号，在相应的下面一行填写在该处所装接地线的组数。

9）“邻近带电线路（设备）和补充安全措施”栏，填写邻近带电线路（设备）和签发人认为有必要补充的安全措施或注意事项。

10）“开工前须得到________的许可命令后，将安全措施做完即可布置开工”栏，在空白处“______”填上接到下达许可工作命令的人员姓名。

(4) 电力线路第二种工作票。电力线路第二种工作票的填写均与第一种工作票相同。

复习题

一、名词解释

1. 电击
2. 电伤
3. 灼伤
4. 电烙印
5. 皮肤金属化
6. 安全电压
7. 接地

8. 接地体

9. 接地线

10. 接地装置

11. 电气"地"

12. 对地电压

13. 零线

14. 接零

15. 接地短路

16. 碰壳短路

17. 重复接地

18. 工作接地

二、填空题

1. 电流对人体的伤害形式主要有______和______两种。

2. 电伤可分为______、______、______三种。

3. 把______及______确定为人体的安全电流值，我国规定的安全电压等级是______、______、______、______、______V（额定值）五个等级。

4. 人体触电的基本方式有______、______、______、______，此外还有______和______等。

5. 通过人体的电流越大，人体的生理反应______，致命的危险性______。

6. 当人体触电时，人体电阻越小，流过人体的电流______，也就越______。

7. 通过人体的电流时间越长，人体电阻______，通过人体的电流______，对人体组织的破坏______，后果______。

8. 电流频率不同，对人体伤害程度也不同，一般来说，______对人体的伤害最为严重。

9. 电流流过人体的途径不同，对人体的伤害程度______。经研究表明，最危险的途径是从______，较危险的途径是从______，危险性较小的途径是从______。

10. 安全距离的大小决定于______、______、______等因素。

三、问答题

1. 什么叫电击？它对人体有何伤害？

2. 什么叫电伤？电伤一般分为哪几类？每一类的后果各是什么？

3. 什么叫安全电压？在电力生产场所使用行灯时的安全电压如何进行选择？

4. 影响电流对人体伤害程度的主要因素有哪些？

5. 什么是单相触电？什么是两相触电？

6. 什么叫跨步电压触电？其触电后果是什么？

7. 什么叫接触电压？接触电压的大小与人体站立点的位置有何关系？

8. 试述保护接地的含义及适用范围。

9. 试述保护接零的含义及适用范围。

10. 试述对接零装置的主要要求。

11. 试述工作接地的作用。

12. 试述漏电保护断路器的作用。

13. 什么叫安全距离？

14. 了解在不同工作环境下作业时的电气安全距离。

15. 什么叫静电？静电的特点有哪些？

16. 试述静电的危害，其防护措施有哪些？

17. 现场作业人员应如何防静电？

18. 试述工作票的作用。

19. 了解四种工作票的填用范围。

20. 试述填写工作票的基本要求。

21. 了解工作票上各栏的填写方法，学会正确填写工作票的方法。

现场紧急救护知识

在电力生产中，尽管人们采取了一系列安全措施，但也只能是减少事故的发生，人们还会遇到各类意外伤害事故，如触电、高空坠落、中暑、烧伤、烫伤等，在工作现场发生这些伤害事故的伤员，在送到医院治疗之前的一段时间内，往往因抢救不及时或救护方法不得当而使伤势加重，甚至死亡。因此，现场工作人员都要学会一定的救护知识，例如：使触电者迅速脱离电源，进行人工呼吸、止血、简单包扎，处理中暑，中毒以及正确转移运送伤员等，以保证不管发生什么类型事故，现场工作人员都能当机立断，以最快的速度、正确的方法进行急救，力争伤员脱离危险甚至起死回生。

根据中华人民共和国行业标准 DL 408—1991《电业安全工作规程》的规定，现场紧急救护的通则如下：

(1) 紧急救护的基本原则是，在现场采取积极措施保护伤员生命，减轻伤情，减少痛苦，并根据伤情需要，迅速联系医疗部门救治。急救的成功条件是动作快，操作正确。任何拖延和操作错误都会导致伤员伤情加重或死亡。

(2) 要认真观察伤员全身情况，防止伤情恶化。发现呼吸、心跳停止时，应立即在现场就地抢救，用心肺复苏法支持呼吸和循环，对脑、心等重要脏器供氧。应当记住在心脏停止跳动后，只有分秒必争地迅速进行抢救，救活的可能性才较大。

(3) 现场工作人员都应定期进行培训，学会紧急救护法，即学会正确解脱电源、心肺复苏、止血、包扎、转移搬运伤员、处理急救外伤或中毒等。

(4) 生产现场和经常有人工作的场所应配备急救箱，存放急救用品，并应指定专人经常检查、补充或更换急救用品。

第一节 触电急救

一、概述

触电事故往往是在一瞬间发生的，情况危急，不得有半点迟疑，时间就是生命。

人的生命终止分为濒死、临床死亡、生理死亡三个阶段。濒死，就是生命处于血压下降、呼吸困难、心跳微弱的危险阶段；临床死亡，就是呼吸、心跳停止；生理死亡，就是组织细胞逐渐死亡。

人体触电后，有的虽然心跳、呼吸停止了，但可能属于濒死或临床死亡。如果抢救正确及时，一般还是可能救活的。

触电者的生命能否获救，其关键在于能否迅速脱离电源和进行正确的紧急救护。经验证明：触电后1min内急救，有60%～90%的救活可能；1～2min内急救，有45%左右的救活可能；如果经过6min才进行急救，那么只有10%～20%的救活可能；超过6min，救活的可能性就更小了，但是还有救活的可能。

人触电以后，往往会出现神经麻痹、昏迷不醒，甚至呼吸中断、心脏停止跳动等症状，从外表看好像已经没有恢复生命的希望了，但只要没有明显的致命内外伤，一般并不是真正的死亡，应视为“假死”。所谓假死状态，即触电者丧失了知觉、面色苍白、瞳孔放大、脉搏和呼吸停止。根据临床表现，可将假死分成三类：①心跳停止，但尚能呼吸；②呼吸停止，心跳尚存在，但脉搏很微弱；③心跳呼吸均停止。

对于假死状态的伤员，如果抢救及时、方法得当、坚持不懈、耐心等待，多数触电者可以“起死回生”。许多实际资料表明，有的伤员心脏停止跳动、呼吸中断后，经过较长时间的抢救，实施人工呼吸，又恢复了知觉。

实例3-1 英国某地9年中对201人及时施行人工呼吸结果统计：①有112人在10min内恢复呼吸；②有153人在20min

内恢复呼吸；③有 165 人在 30min 内恢复呼吸；④有 172 人在 60min 内恢复呼吸；⑤仅有 29 人一直未能恢复呼吸。

实例 3－2 某地区供电局在 5 年时间里，用人工呼吸法在现场成功地救活触电者达 275 人。

实例 3－3 某地大风雨刮断了低压线，造成 4 人触电，其中 3 人当时均已停止呼吸，用人工呼吸法抢救，有 2 人较快救活，另 1 人伤害较严重，经用口对口人工呼吸法及心脏按压法抢救 1.5h，也终于救活了。

实例 3－4 苏联考纳斯市一位大学生在一次音乐会上演奏时，不慎手触失修电线，被电击倒，当场停止了呼吸，幸亏现场有两名医生立即对他进行了人工呼吸、心脏按摩。这些果断措施起了决定性作用，避免了临床死亡转为生理死亡。然后把他抬到医院复苏科，坚持不懈地进行抢救，18 天后，遇难者慢慢睁开了眼睛，创造了触电者“起死回生”的人间罕见奇迹。

以上例子说明，当现场工作人员触电后，只要争分夺秒，就地用心肺复苏法坚持不懈地进行抢救，伤员就有救活的可能。同时及早与医疗部门联系，争取医务人员接替救治，在医务人员未接替救治前，不能放弃现场抢救，更不能只根据没有呼吸或脉搏就擅自判定伤员死亡而放弃抢救。一般来说，触电者死亡后有以下五个特征：①心跳、呼吸停止；②瞳孔放大；③尸斑；④尸僵；⑤血管硬化。如果以上五个特征中有一个尚未出现，都应视触电者为“假死”，还应坚持抢救。如果触电者在抢救过程中出现面色好转、嘴唇逐渐红润、瞳孔缩小、心跳和呼吸逐渐恢复正常，即可认为抢救有效。至于伤员是否真正死亡，只有医生才有权作出诊断结论。

二、触电急救基本原则

（1）当发现有人触电时，切不可惊慌失措，应设法尽快将触电人所接触的带电设备的开关或其他断路设备断开，使触电者脱离电源。迅速脱离电源是减轻伤害和救护触电者的关键和首要工作。

（2）当触电者安全脱离电源后，救护者要熟悉救护方法，施行人工呼吸和胸外心脏按压时，一定要按照规定动作进行操作，只有动作准确，救治才会有效。

（3）抢救触电者一定要在现场或附近就地进行，千万不要长途护送到医院或本部门去进行抢救，这样会延误抢救，影响救治效果。

（4）救治要坚持不懈进行，要有信心、耐心，不要因一时抢救无效而放弃抢救。

（5）救护人员在救治他人的同时，要切记注意保护自己，例如，在触电者未脱离电源之前，救护人员在尚未采取任何安全措施的情况下千万不能用手直接去拉触电人，防止发生救护人触电的事故。

（6）若触电人所处的位置较高，必须采取一定的安全措施，以防断电后，触电者从高处摔下。

（7）救护时应保持头脑冷静清醒，应观察场地和周围环境，要分清是高压还是低压触电，以便做到忙而不乱，并采取相应的正确措施使触电者脱离电源而救护人又不致触电。

（8）夜间发生触电事故，为救护触电伤员而切除电源时，有时照明会同时失电，因此应考虑事故照明、应急灯等临时照明，以利救护。

三、脱离电源

要根据触电现场的具体情况选择脱离电源的方法。

1. 脱离低压电源

使触电者脱离低压电源的主要方法有以下几种：

（1）切断电源。如果电源开关或者插座就在触电地点附近，救护人应迅速拉开开关或者拔掉插头等（见图 3－1）。

（2）割断电源线。如果电源开关或插座离触电地点很远，则可用带绝缘柄的电工钳或者用装有干燥木柄的斧头、锄头、铁锹等利器把电源侧的电线砍断（见图 3－2）。割断点最好选择在靠电源侧有支持物处，以防被砍断的电源线触及他人或救护人。

图 3－1　拉开开关或拔掉插头

图 3－2　割断电源线

(3) 挑、拉电源线。如果电线断落在触电人身上或压在触电人身下，并且电源开关又不在触电现场附近时，救护者可用干燥的木棍、竹竿、扁担等一切身边可能拿到的绝缘物把电线挑开(见图 3 - 3)，或用干燥的绝缘绳索套拉导线或触电者，使其脱离电源。

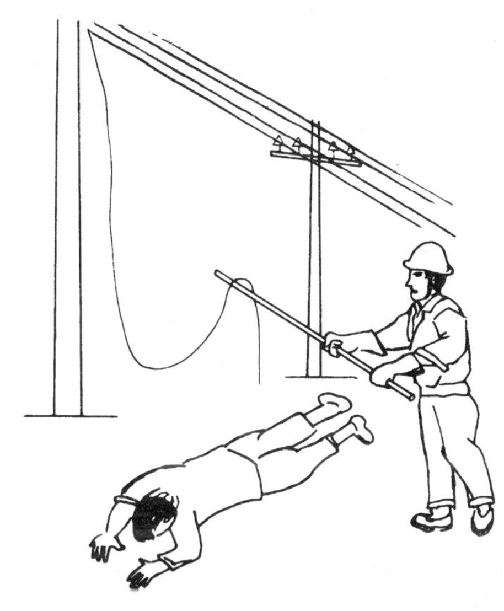

图 3 - 3　挑、拉电源线

(4) 拉开触电者。如果救护人身边什么工具也没有，在场救护人员可戴上绝缘手套或用干燥的衣服、帽子、围巾等物把一只手缠包起来，去拉触电人的干燥衣服。当附近有干燥的木板、木凳时，即可站在其上去拉为更好（可增加绝缘）。但要注意：为使触电者与导电体解脱，救护人最好用一只手去拉（见图3 - 4)，切勿碰触电者触电的金属物体或裸露身躯。

(5) 采取相应措施救护。如果电流通过触电者入地，并且触电者紧握电线，则可设法用干木板塞到触电人身下，使其与地隔离，然后用绝缘钳或其他绝缘器具（如干木把斧头等）将电线剪(切) 断，救护人员在救护过程中也要尽可能站在干木板上或绝

图 3－4　拉开触电者

缘垫上（见图 3－5）。

图 3－5　采取相应措施救护

2. 脱离高压电源

脱离高压电源的方法和低压不同，高压电源情况下使用上述工具是不安全的。如在户外作业，往往触电现场离电源开关很远，救护人不易直接切断电源。高压触电很危险，不懂安全常识或未受过专门培训的人，最好不要冒然去抢救触电者，以免自身难保，脱离高压电源的方法如下：

(1) 如果有人在高压带电设备上触电，救护人员应戴上绝缘手套、穿上绝缘靴拉开电源开关（见图 3 - 6）；用相应电压等级的绝缘工具拉开高压跌落开关，以切断电源。与此同时，救护人员在抢救过程中，应注意自身与周围带电部分之间的安全距离。

图 3 - 6　戴上绝缘手套，穿上绝缘靴救护

(2) 当有人在架空线路上触电时，救护人应尽快用电话通知当地电业部门迅速停电，以备抢救；如触电发生在高压架空线杆塔上，又不能迅速联系就近变电所停电时，救护者可采取应急措施，即采用抛掷足够截面、适当长度的裸金属软导线，使电源线路短路，造成保护装置动作，从而使电源开关跳闸。抛掷前，应将短路线一端固定在铁塔或接地引下线上，另一端系重物。但在抛掷时，应注意防止电弧伤人或断线危及他人安全，同时应做好防止触电者发生高处坠落摔伤的措施（见图 3 - 7）。

(3) 如果触电者触及断落在地上的带电高压导线，在尚未确认线路无电且救护人员未采取安全措施（如穿绝缘靴等）前，不能接近断线点 8 ~ 10m 范围内，以防跨步电压伤人。若要想救

图 3－7　抛掷裸金属线使电源短路

图 3－8　未采取安全措施前不能接近断线

人，救护人可戴绝缘手套，穿绝缘靴，用与触电电压等级相一致的绝缘棒将电线挑开（见图 3 – 8）。

四、对症抢救

当触电者脱离电源以后，应根据触电者伤害的轻重程度，采取以下不同的急救措施：

（1）若触电者神志清醒，只是感到心慌、四肢发麻、全身无力或者虽然曾一度昏迷，但未失去知觉，这时就要使触电者就地安静舒适地躺下休息，让他慢慢恢复正常。在休息中，要注意观察其呼吸和脉搏的变化，这期间暂时不要让触电者站立或走动，以减轻心脏负担。

（2）若触电伤员神志不清，则应将他就地躺平，确保其呼吸道畅通，并呼叫伤员或轻拍其肩部，判定伤员是否丧失意识，但禁止用摇动头部的办法呼叫（见图 3 – 9）。

图 3 – 9　判定伤员意识

（3）如果触电者神志的确丧失，则应及时进行呼吸、心跳情况的判断，采取的办法是看、听、试。看，即看伤员的胸部、腹部有无起伏动作（看看有无气流），方法是救护者的脸贴近触电者的嘴和鼻孔处，也可用一张薄纸片放在触电者的嘴和鼻孔上，查看有无呼吸（纸片动，则有呼吸；纸片不动，呼吸中断）。听，即用耳贴近伤员的口鼻处，听听有无呼气声音；用耳贴在触电人的胸部，听听心脏是否停止跳动。试，即用两手指轻试一侧（左或右）喉结旁凹陷处的颈动脉有无搏动，判断心跳情况。呼吸、心跳情况的判断如图 3-10 所示。

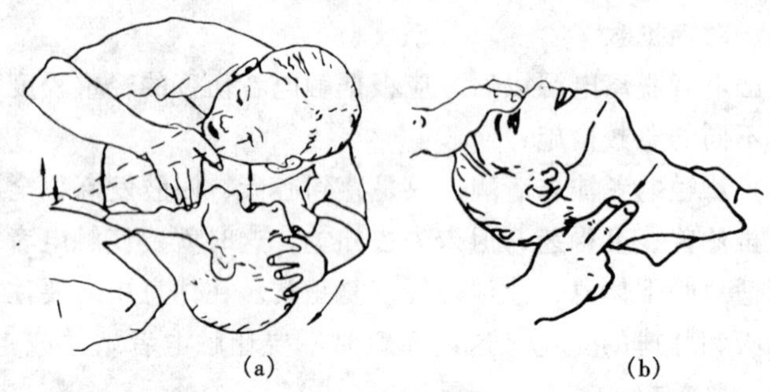

图 3-10　呼吸、心跳情况的判断

(a) 看、听；(b) 试

(4) 如果触电者已丧失意识且呼吸停止，但心脏或脉搏仍跳动，应采用口对口人工呼吸法抢救。

(5) 如果触电者有呼吸，但心脏和脉搏停止跳动，应采用胸外心脏按压法进行抢救。

(6) 如果触电者呼吸和心跳均已停止，则应立即按心肺复苏法支持生命的三项基本措施［即：通畅气道；口对口（鼻）人工呼吸；胸外心脏按压］就地进行抢救。

人工呼吸法和胸外心脏按压法是目前现场救护的主要方法，只要操作正确、坚持不懈，对于一般“假死”状态的触电者来说，救活的可能性还是比较大的。

在进行现场抢救的同时，还应尽快通知医务人员赶至现场急救，同时做好送往医院的准备工作。此外触电者虽经现场抢救已恢复正常返回家里，但仍要注意观察，以免再发生病变。

五、杆上或高处触电急救

当杆上发生人身触电事故时，如果不懂得如何营救，就会束手无策，延误了营救时间；如果营救方法不当，伤员不但得不到正确营救，还可能发生高空坠落摔伤而加重伤情，救护人本身也可能发生触电或摔跌事故。

实例 3-5 某县发生的一起杆上触电死亡事故，就是由于现场工作人员不懂如何营救而造成的。当时一名线路工人在 10kV 高压线路杆上进行检修工作，不慎触电，失去了知觉，而杆下人员不知所措，急得团团转而不会营救，没办法只好跑回电业局去报告。当营救人员赶到现场后，杆上的触电人已死多时。因此，电力企业线路工作人员应当学会杆上营救的基本知识和营救方法。

当发现电杆上的工作人员突然患病、触电、受伤或失去知觉时，杆下人员必须立即进行抢救。首先是使伤员很快脱离电源和高空，将其护降到安全的地面再进行救护，具体营救方法和步骤如下：

（1）脱离电源。当判断杆上人发生触电情况时，首要的一点就是按照前述办法让触电人脱离电源。

（2）做好营救的准备工作。营救人员的自身保护对整个营救工作的成败是很重要的，为此营救人员要准备好必备的安全用具，如绝缘手套、安全带、脚扣、绳子等。另外还要观察电杆情况，看电杆是否倾斜、横担是否牢固。此外，救护人员确认触电者已与电源脱离，且救护人员本身所涉环境安全距离内无危险电源时，方能接触伤员进行抢救。

（3）选好营救位置。一般来说，营救的最佳位置是高出受伤者约 20cm，并面向伤员。固定好安全带后，再开始营救。

（4）确定伤员病情。将触电者扶卧到救护者的安全带上，进行意识、呼吸、脉搏判定。如伤员有知觉，那么可告诉他放心，并将他下放到地面进行护理。

（5）对症急救。如伤员呼吸停止，立即口对口（鼻）吹气 2 次，以后每 5s 再吹气一次；如颈动脉无搏动时（心跳停止），杆上难以进行胸外按压，可用空心拳头（空心拳小指侧肌内部）离胸前上方 25 ~ 30cm 向胸前（心前区）叩击 2 次，如图 3-11 所

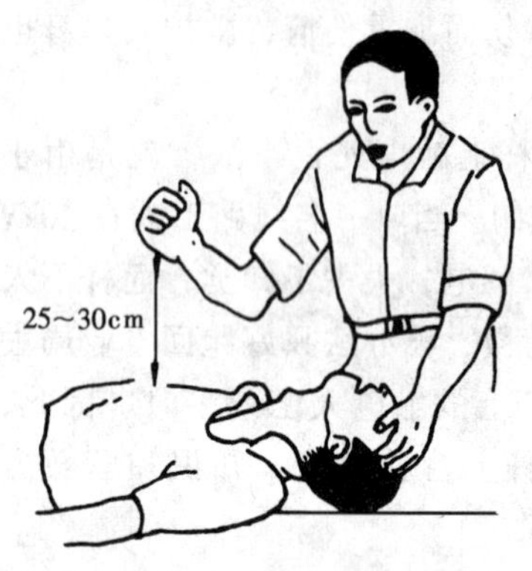

图 3-11 胸前叩击示意

示，以促使心脏复跳。如心跳不恢复，就不要再叩，应与地面联系，将伤员送至地面后，按前述办法进行抢救。

(6) 下放伤员。为使抢救更为有效，应当及早设法将伤员安全送至地面。下放方法是否得当，是抢救伤员成败的关键。下面介绍单人下放和双人下放法：

1) 下放单人时，首先在杆上安放绳索［见图 3-12 (a)］，然后用 3cm 粗的绳子将伤员绑好，将绳子的一端固定在杆子横担上，固定时绳子要绕 2~3 圈，目的是要增大下放时的摩擦力，以免突然将伤员放下，再发生意外。绳子的另一端绑在伤员的腋下，绑的方法是在腋下环绕一圈，打三个半靠结［见图 3-12 (b)］，绳头塞进伤员腋旁的圈内，并压紧［见图 3-12 (c)］，绳子的长度一般应为杆高的 1.2~1.5 倍。最后将伤员的脚扣和安全带松开，再解开固定在电杆上的绳子，缓缓将伤员放下，如图 3-12 (d) 所示。

2) 双人的下放方法基本同单人的下放法，即救护人员上杆后，将绳子的一端绕过横担，绑在伤员的腋下，绳子另一端不是由杆上救护人握住，而是由杆下另一人握住缓缓下放，杆上人可握住绑触电人的一端顺着下放，如图 3-12 (e) 所示。双人下放用的绳子要求长一些，应为杆高的 2.2~2.5 倍，另外要求杆上、杆下救护人员做好配合工作，动作要协调一致，防止杆上人员突然松手，杆下人员没有准备，伤员从杆上快速降下而发生意外。

六、电烧伤

在电力生产、基建中，由于各种原因造成的电烧伤事例是比较多的。

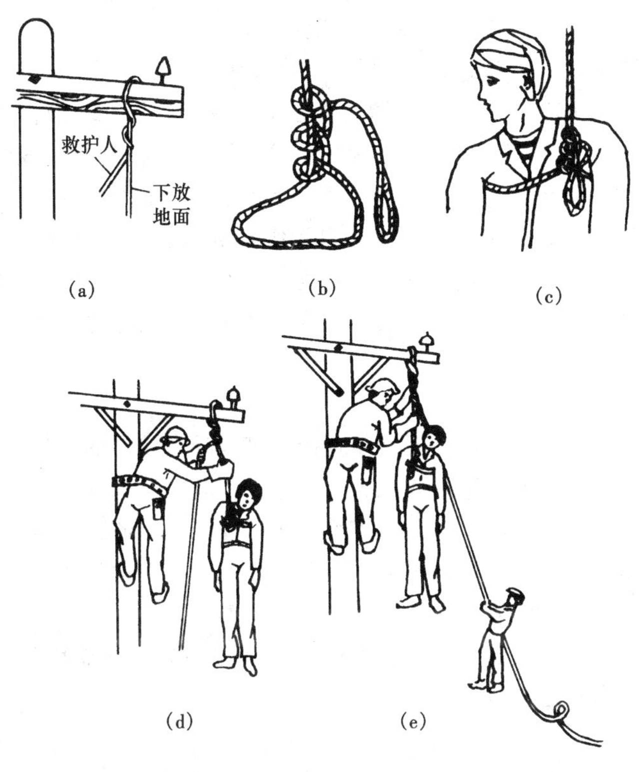

图 3－12　单、双人下放伤员

(d)，(b)，(c) 绳子结法；(d) 单人下放法；(e) 双人下放法

实例 3－6　违反安规，烧伤致残。某变电所主值陈××在进行开关油箱加油时，未查电源是否断开，又未验电、挂接地线，结果触电，烧伤面积达 50%，烧伤深度达Ⅱ～Ⅲ度，左手可能致残。

实例 3－7　某电业局修试工区负责人张××，带领开关班班长杨××等检修金椒变电所 110kVl54 号出线开关，排除冒油缺陷时，没有办理工作票，变电所值班员也未向检修人员交代保留的带电部位，亦无安全措施。杨××在开关平台上穿越 155 号开关室时，手碰到带电的 155 号开关出线下桩头，触电烧伤，人从平台摔下，造成65%的Ⅱ度烧伤。

实例3－8 某市供电局西郊变电所813出线春检，当小组工作负责人李××、成员杨××检修到813线路72号杆时，没有找见杆号（去年新换的，无杆号），没查清杆上的接线情况，检修人员杨××在心有疑虑的情况下攀登电杆，李××在杆下监护，在接近低压线时，杨××用工作帽试试有无电再向上攀登，不放心，又用安全帽试试高压线有无电，在试的一瞬间，814带电侧对杨手指放电，造成杨右手食指烧伤，左脚击穿，送往北京治疗。

1．电烧伤的分类

（1）电接触烧伤。即人体直接与带电导体接触的烧伤，可造成皮肤及其深部组织，如肌肉、神经、血管、骨骼等严重烧伤。

（2）电弧烧伤。当人体接近高压电时，在电源与人体间会发生电弧放电，电弧温度很高，虽然放电时间短，但会深度烧伤人体，甚至将人体躯干或四肢烧断。

（3）火焰烧伤。电弧或电火花使衣服燃烧，从而烧伤人体，这种烧伤较浅，但烧伤面积较大。

2．电烧伤的创面特点

（1）外表皮肤损害面积不大，但内部损害严重，组织会发生凝固性坏死，即具有“口小底大，外浅内深”的特点。

（2）有进口及多处出口，进口处创面大而深，出口处创面较小。

（3）肌肉组织常呈跳跃式坏死，即夹心性坏死。

（4）电流可造成血管壁内膜及肌层变性坏死和血管栓塞，从而引起继发性出血和组织的继发性坏死。

（5）致残率高，平均截肢率为30%左右。

3．电烧伤的现场急救

（1）首先让伤员脱离电源，然后进行伤情判断，检查伤员有无意识，有无呼吸和心跳，有无外伤，然后采取相应措施。

（2）对心跳、呼吸停止者，应进行心肺复苏，要保护好烧伤创面，避免污染。在转送医院前应用消毒灭菌敷料或清洁衣物、被单等包裹创面。电烧伤的临床处理复杂，创面愈合时间长，并发症多，这给现场急救带来不少困难。在现场紧急救护之后要及时送往医院进行补液疗法等。

第二节 心肺复苏法

呼吸和心脏跳动是人存活的基本特征，一旦呼吸停止，肌体则不能建立正常的气体交换而死亡。同样，心脏一旦停止跳动，肌体则因血液循环中止、缺乏氧气和养料而丧失正常功能，也会死亡。在现场若发现伤员心跳和呼吸突然停止，则应采用现场心肺复苏法来进行抢救。只要抢救及时，复苏成功率还是很高的。

现场心肺复苏法就是根据伤员心跳和呼吸突然停止的不同情况，分别采取的一种支持心跳和呼吸的措施。一般心跳停止后必然随之呼吸停止，而呼吸停止后，心肌严重缺氧，心跳也就很快停止。因此，人工呼吸和胸外心脏按压需同时进行。在两者进行之前还必须清理伤员口腔异物、通畅气道。通畅气道、人工呼吸和胸外心脏按压是心肺复苏法支持生命的三项基本措施。

一、通畅气道、清理口腔异物

心肺复苏成功的重要关键是通畅气道。昏迷患者气道阻塞的最常见原因，是舌肌缺乏张力而松弛，舌根向后下坠堵塞气道，会厌堵住气道入口，造成上呼吸道阻塞，如图3－13所示。要对患者进行人工呼吸，就必须开放气道，使舌根抬起离开咽后壁。但在开放气道时，如已见到口内有异物或呕吐物，则应先将其清理掉。

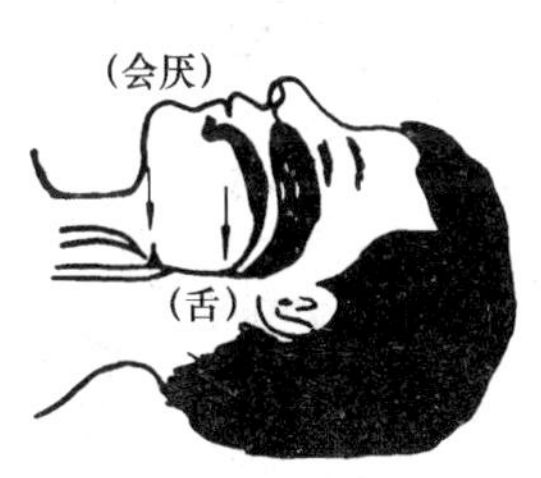

图3－13　舌和会厌阻塞气道示意

(一) 清理口腔异物

造成气道阻塞的原因除舌根坠入咽部外，还有在进食时，有大块食物、假牙、呕吐物等异物进入气道口，造成部分或完全气道阻塞，这时可根据伤员清醒或昏迷状态作不同处理。

1. 清醒者气道阻塞的处理

（1）强行咳嗽法。若伤员用手指抓住自己的脖子或指向咽喉部，则说明气道有部分阻塞，这时可让他尽量反复用力强行咳嗽，使异物慢慢移动而被咳出。

（2）膈下腹部猛压法。让伤员站着或坐着，抢救者站在他的背后，用手臂抱住伤员腰部，一手握拳，使拳头的拇指一边朝向伤员的腹部，位置在正中线脐眼的上方，另一只手紧握第一只手，快速向上猛压，拳头压向他的腹部，一次不行可多次猛压(见图 3–14)。

（3）立位胸部猛压法。立位胸部猛压法如图 3–15 所示。此法适用于肥胖人，其方法是让伤员立位，抢救人站在其背后，两臂通过其腋窝下方，环抱伤员胸部，拳头拇指侧放在胸骨中部(注意离开剑突和肋弓边缘)，然后抢救者用另一只手紧抓着拳头并向后猛压，直至异物排出。

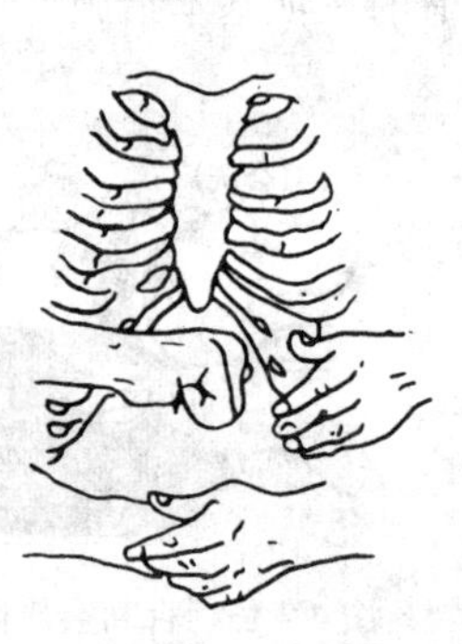

图 3–14　膈下腹部猛压法示意图

图 3–15　立位胸部猛压法

2. 昏迷者气道阻塞的处理

（1）手指清除异物法。如果已经看到伤员口腔内的异物，则应该迅速用两个手指交叉取出或用手指将异物钩出口腔。方法是，抢救者用拇指和其余手指握住伤员的舌和下颌，使口张开，然后将下颌骨和舌头一同上抬，同时将舌头从咽后部向外拉，将阻塞在咽部的异物拉到口腔内，这样可部分地解除阻塞；用另一只手的手指沿口角部颊的内侧插入口腔，深达舌的根部，作钩取动作使异物松动落入口中取出（见图3－16）。

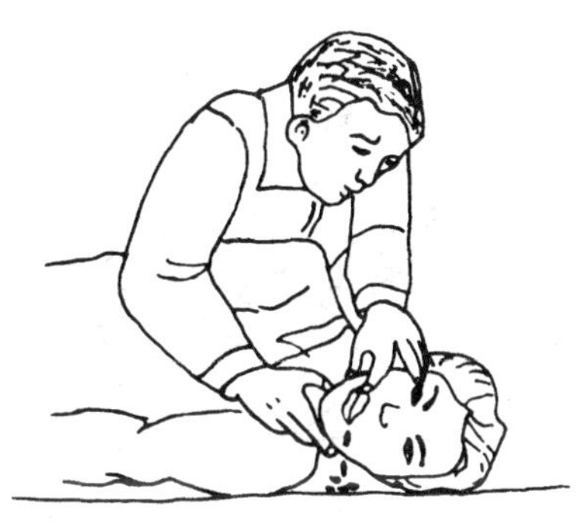

图3－16　用手指清除异物

（2）腹部猛压法。使伤员仰卧位，抢救者跪在其大腿旁，用一只手的掌根置放在正中线脐部稍上方，远离剑突；另一只手直接叠在第一只手上，用迅速向上的动作，猛压腹部，并从腹部的正中向上推，不能推向左侧或右侧，否则就难以达到排出异物的目的（见图3－17）。

（二）通畅气道

异物从口腔清除掉后，即可进行通畅气道，其方法主要有以下两种：

（1）仰头抬颏法。这是一种简单、安全、易学和有效的一种方法。其方法是，将患者仰面躺平，抢救者位

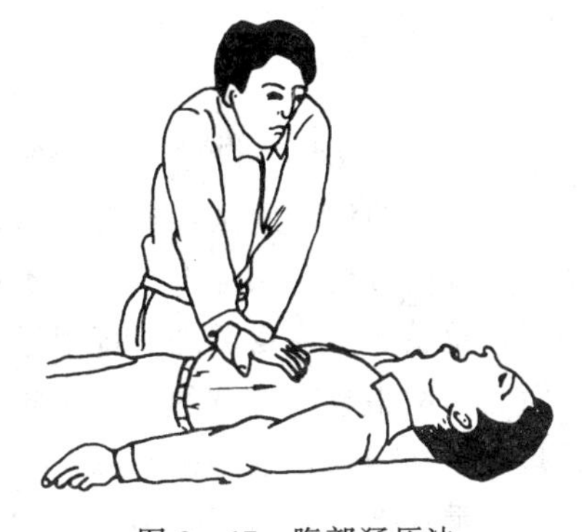

图3－17　腹部猛压法

于伤员肩部呈跪状，用一只手放在伤员前额上，手掌用力向后压；另一只手的手指放在颏下将其下颏骨向上抬起，两手协同使下面的牙齿接触到上面牙齿，从而将头后仰，舌根随之抬起，呼吸道即可通畅。但应注意：在抬颏时不要将手指压向颈部软组织的深处，否则会阻塞气道。禁止用枕头或其他物品垫在伤员头下，否则头部抬高前倾，也会加重气道阻塞（见图 3－18）。

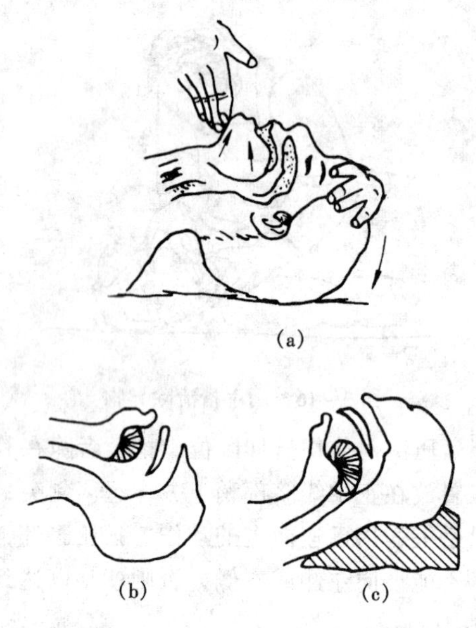

图 3－18　仰头抬颏法

（a）仰头抬颏；（6）气道通畅；（c）气道阻塞

（2）托颌法。此法对通畅气道也非常有效。由于托颌可不必使头后仰，因此对颈部有损伤者更适用。其方法是，将伤者仰面躺平，抢救者跪在伤员的头部附近，两肘关节支撑在伤者仰卧的平面上，两手放在伤员的下颌两侧，以食指为主，用力将下颌角托起。在操作中，不得将头部从一侧转向另一侧或使头部后仰，以免加重颈椎部损伤（见图 3－19）。

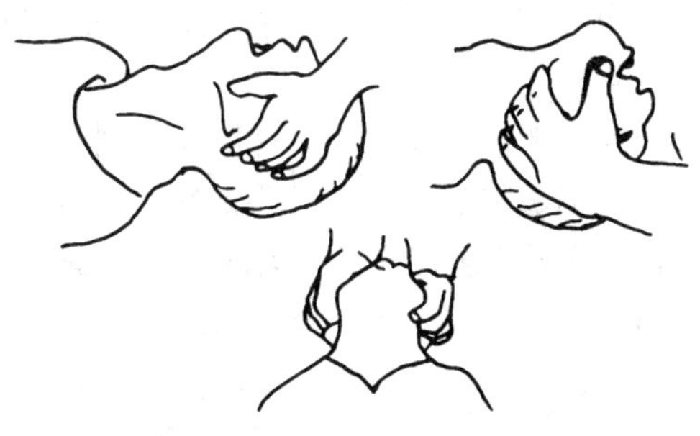

图 3-19　托颌法

二、人工呼吸

（一）口对口人工呼吸法

口对口人工呼吸就是采用人工机械动作（抢救者呼出的气通过伤员的口或鼻对其肺部进行充气以供给伤员氧气），使伤者肺部有节律地膨胀和收缩，以维持气体交换（吸入氧气，排出二氧化碳），并逐步恢复正常呼吸的过程，如图 3-20 所示。

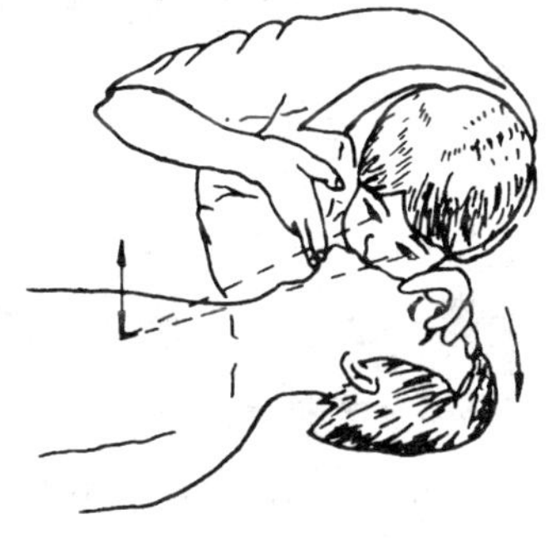

图 3-20　口对口人工呼吸法

1. 准备工作

（1）按上所述做好清理口腔异物、通畅呼吸道的工作。

（2）解开衣领扣、松开上身的紧身衣，解开裤带、摘下假牙，以使胸部能自由扩张。

（3）维持好现场秩序，以便抢救。

2. 操作步骤

（1）头部后仰。当上述准备工作完成后，让伤员头部尽量后仰、鼻孔朝天，避免舌下坠导致呼吸道梗阻［见图 3-21（a）］。

（2）捏鼻掰嘴。救护人站在伤员头部的左（或右）边，用放在前额上的拇指和食指捏紧其鼻孔，以防止气体从伤员鼻孔逸出；另一只手的拇指和食指将其下颌拉向前下方，使嘴巴张开，准备接受吹气［见图3－21（b)]。

(3）贴嘴吹气。救护人深吸一口气屏住，用自己的嘴唇包绕封住伤员的嘴，在不漏气的情况下，作两次大口吹气，每次1～1.5s，同时观察伤员胸部起伏情况，以胸部略有起伏为宜，表示吹气适量［见图3－21（c)]。

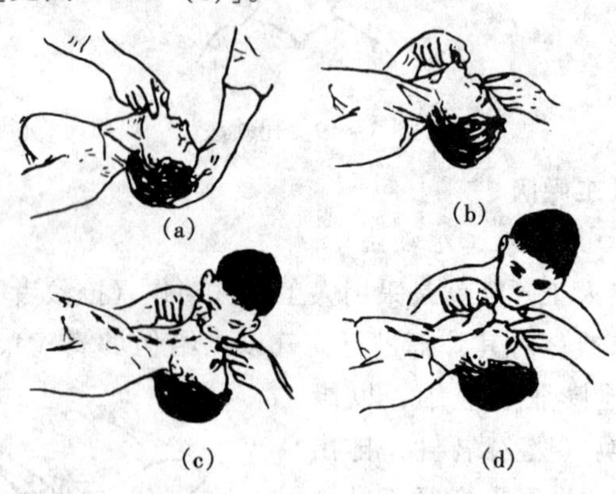

图3－21　口对口人工呼吸的操作步骤

(a）头部后仰；(b）捏鼻掰嘴；

(c）贴嘴吹气；(d）放松换气

(4）放松换气。吹完气后，救护人的口立即离开病人的口，头稍抬起，捏鼻子的手放松，让病人自动呼气［见图3－21（d)]。

在吹完两口气后，每隔5s吹一次（吹2s，放松3s)，依次不断，一直到呼吸恢复正常。

3.检查效果

(1）胸部有起伏则效果好，无起伏可能是气道有阻塞，应检查气道；

(2）呼气时感到有气体逸出，效果为好。

如果伤员牙关紧闭，不便做口对口人工呼吸时，则应用小木片或小金属片从其嘴角伸入牙缝慢慢撬开其嘴。

（二）口对鼻人工呼吸

伤员如有严重的下颌和嘴唇外伤、牙关紧闭、下颌骨折等难以做到口对口密封时，可采用此法。其操作方法是：

(1) 抢救者用一只手放在伤员前额上使其头部后仰，用另一只手抬起伤员的下颌并使口闭合。

(2) 抢救者作一深吸气，用嘴唇包绕封住伤员鼻孔，并向鼻内吹气。

(3) 抢救者的口部移开，让伤员被动地将气呼出，依次反复进行，其他注意点同口对口法。

三、胸外心脏按压法

现场抢救危急伤员（呼吸停止、心跳停止）时除开放气道、人工呼吸（救生呼吸）外，还必须使心脏搏出血液进行循环。

胸外心脏按压法就是采用人工机械的强制作用（即在胸外按压心脏），迫使心脏有节律地收缩，从而达到恢复心跳、恢复血液循环，并逐步恢复正常的心脏跳动。

胸外心脏按压法主要是有节奏地按压胸骨下半部，它可使胸腔内压力普遍增加并对心脏产生直接压力，改善心、肺、脑和其他器官的血液循环（见图 3－22）。

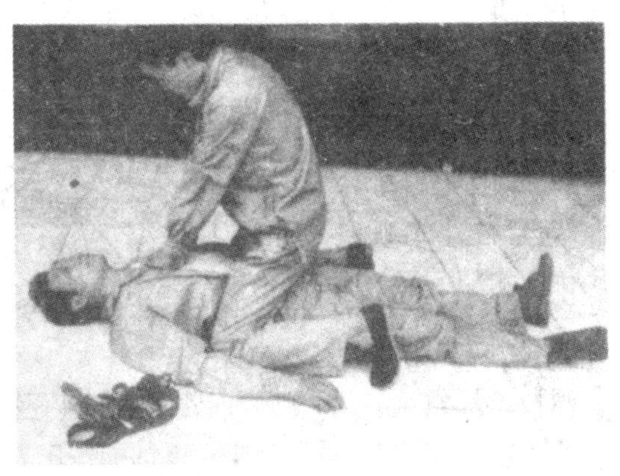

图 3－22　胸外心脏按压法

（一）准备工作

（1）在进行胸外心脏按压前，应先测试颈动脉有无脉搏。如有脉搏，进行胸外按压就可能导致严重的并发症；如无脉搏，应在进行两次人工呼吸后立即进行胸外心脏按压。

（2）伤员应仰面躺平在平硬处（地面、地板或木板上），头部放平，如头部比心脏高，则会减小流向头部的血流量。下肢可抬高 30cm 左右，以帮助静脉回流。

救护者跪在伤员的肩旁，两脚分开，准备按压。

（二）操作步骤

1. 确定胸外心脏按压的正确部位

按压部位的正确与否，是保证胸外心脏按压实施效果好坏的重要前提，并可防止胸肋骨骨折和各种并发症的发生。

（1）找切迹。救护者靠近病人，手的食指和中指并拢，沿胸廓下方肋缘向上直达肋骨与胸骨接合处，沿线称为切迹（见图 3－23）。

（2）正确按压部位。一只手的中指置于切迹顶部，剑突与胸骨接合处，食指紧挨着中指置于胸骨的下端，另一只手的掌根紧挨着食指放在胸骨上，掌根处即为正确的胸外按压部位（见图 3－24）。

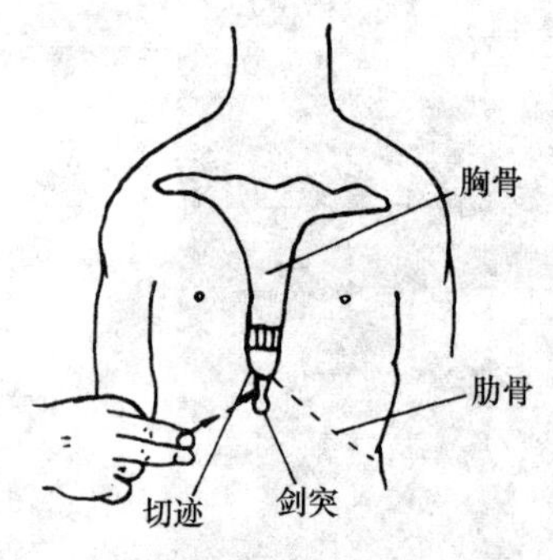

图 3－23　找切迹

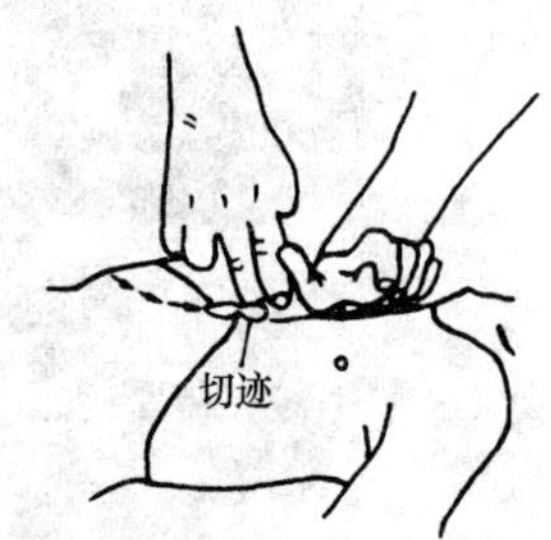

图 3－24　正确按压部位

2. 按压的正确姿势

（1）正确按压部位确定后，将第一只手从切迹处移开，叠放在另一只手的手背上，使两手相叠，以加强按压力量（见图3－25）。

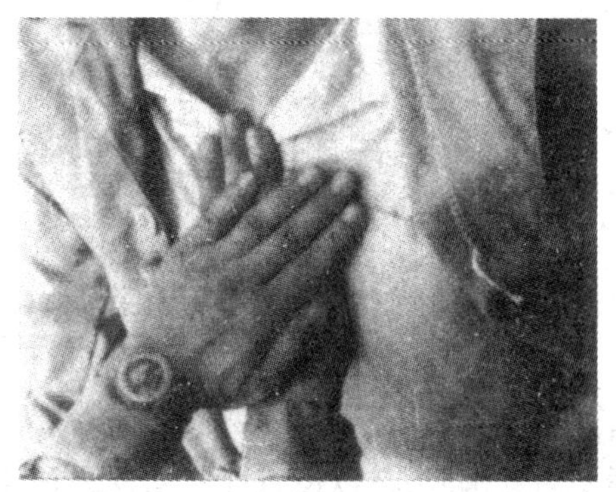

图3－25 两手相叠，加大按压力量

（2）救护人跪在地面上，身体尽量靠近伤员；腰部稍弯曲，上身略向前倾，两臂刚好垂直于正确按压部位的上方，使压力每次均直接压向胸骨，肘关节要绷直不屈曲，手指翘起，离开胸壁和肋骨，只允许掌根接触按压部位（见图3－26）。

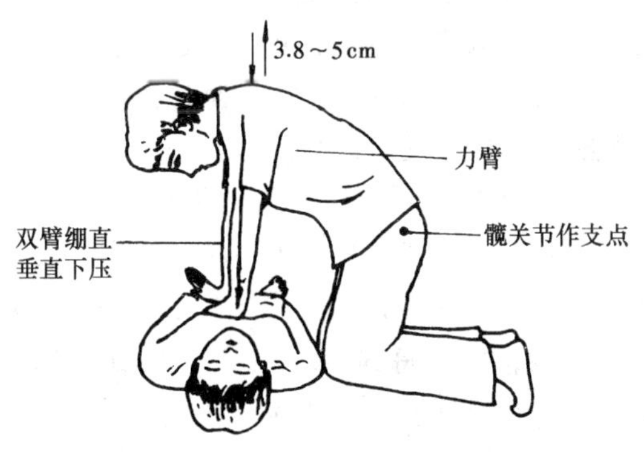

图3－26 按压的正确姿势

3. 进行按压

（1）操作时，利用上身的重量，以髋关节为活动支点，掌根用适当的力量冲击地垂直向下按压［见图3－27（a)］。

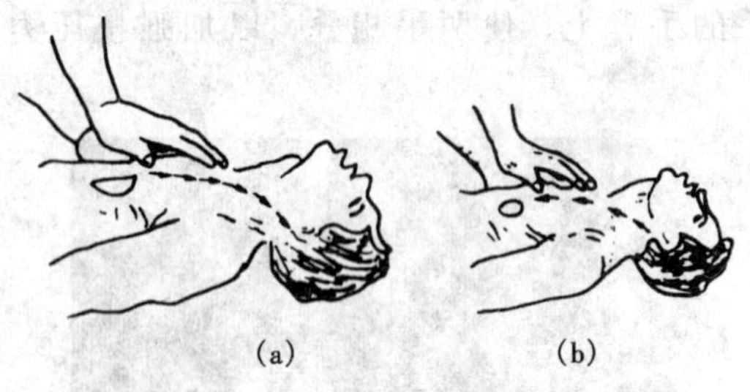

图 3－27　按压操作

(a) 向下按压；(b) 迅速放松

(2) 压陷的深度一般为 3.8～5cm，然后掌根要立即全部放松（但双手不要离开胸膛），以使胸部自动复原，让血液回流入心脏［见图 3－27（b）］。

(3) 按压的速度以每分钟 80～100 次为宜，放松时间与按压时间相等，各占 50%。假如按压时间长，放松时间短，就缩短了心脏舒张时间，影响血液回流。

四、救护过程中的注意事项

(1) 若伤员呼吸、心跳都停止了，则采用人工呼吸和胸外心脏按压交叉救护。其操作节奏为：单人抢救时，每按压 15 次后，吹气 2 次（15∶2），反复进行；双人抢救时，每按压 5 次后，由另一人吹气 1 次（5∶1），反复进行。

(2) 在抢救过程中，应用上述介绍的看、听、试的方法，在 5～7s 时间内，对伤员的呼吸和心跳是否恢复进行再判定。若判定颈动脉已有搏动但无呼吸，则暂停胸外心脏按压，可再进行两次口对口人工呼吸，接着每 5s 吹气 1 次。如脉搏和呼吸均未恢复，则继续用人工呼吸和胸外心脏按压法进行抢救。

(3) 抢救应在现场就地坚持进行，不要为图方便而随意移动伤员。只有在条件不允许时，才可将伤员抬到可靠地方进行急救。在将伤员移动和送往医院途中，抢救工作也不要中止，除非伤员呼吸和心跳完全恢复正常或者明显死亡。如抢救多时后，呼吸、心跳仍旧停止，瞳孔不缩小、对光照无反应，背部、四肢等部位出现红色尸斑，皮肤青灰、身体僵冷，且经医生确认死亡时，方可中止抢救。

(4) 移动伤员或将其送往医院时，应使伤员平躺在担架上，并在其背部垫以平硬的阔木板，不得一人抱双臂、一人抬双腿抬着走。

(5) 伤员好转初期，应严密监护，不能麻痹，随时准备再次抢救，以防心跳、呼吸在恢复的初期再次骤停，在此期间应让伤员安静休养。

第三节 外伤救护

在电力生产、基建中，除人体触电造成的伤害以外，还会发生高空坠落、机械卷轧、交通挤轧、摔跌等意外伤害造成的局部外伤，因此在现场中，还应会作适当的外伤处理，以防止细菌侵入，引起严重感染或摔断的骨尖刺破皮肤、周围组织、神经和血管，而引起损伤扩大。及时、正确的救护，才能使伤员转危为安，任何迟疑、拖延或不正确的救护都会给伤员带来危害。因此，电力工人应该了解现场外伤救护的基本常识，学会急救的简单方法，以减少伤员的痛苦，避免可能发生的伤残，从而达到现场自救、互救的目的。

一、基本要求

(1) 外伤急救原则上是先抢救、后固定、再搬运，并注意采取措施防止伤情加重或污染，需要送医院救治的，应立即做好保护伤员的措施，然后送医院救治。

(2) 抢救前，先使伤员安静、躺平，判断全身情况和受伤程度，如有无出血、骨折和休克等。

(3) 有外伤出血时，应立即采取止血措施，防止因出血过多而休克。如外观无伤，但伤员已呈休克状态，神志不清，或处于昏迷状态，此时要考虑胸腹部内脏或脑部受伤的可能性。

(4) 为防止伤口感染，应用清洁布片覆盖伤口。救护人员不得用手直接接触伤口，更不得在伤口内填塞任何东西或随便用药。

二、止血急救

(一) 止血的意义

血液是存在于心脏和血管里的液体，它借助心脏收缩、舒张的力量，在血管内循环流动。血液的功能是保证全身各组织和脏器有正常机能和新陈代谢的进行。一般成人的血液占其体重的8%左右，约 4500～5000mL。在电力生产、基建和日常生活中，很难避免创伤出血，但只要是小伤口、出血量少，对人体健康并无多大影响。但如果是较大的动脉血管受到损伤，则会大出血。如果抢救或处理不当，伤员就可能出血过多而危及生命。一般，急性失血 10%（相当于 450～500mL）时，伤员除了心跳略快以外，并无其他特殊症状；当失血量达总血量的 20%以上时，即可出现头晕、头昏、脉搏增快、血压下降、出冷汗、肤色变白、尿量减少等症状；如果失血量达总血量的 40%～50%，则会出现脸色惨白、神志不清、脉搏细弱无力，可能危及生命。在现场工作中，若发生创伤伴有大出血情况，则必须抓紧时间，迅速、准确、有效地予以止血，这对于抢救伤员生命具有极为重要的意义。

(二) 损伤性出血的分类

所谓损伤性出血是指由于人体受到损伤，血液从损伤部位的血管外流。

1. 以血管分类

(1) 动脉出血。其特点是出血呈鲜红色，出血速度快且量多，不易凝固，血流从断裂动脉血管内呈喷射状流出。

(2) 静脉出血。出血呈暗红色，速度较慢或点滴出血，容易控制。

(3) 毛细血管出血。出血血流很慢，呈渗血状，大约在 6～8min 左右均能自行凝固停止。

2. 以损伤类型分类

（1）外出血。就是指受外伤时血液从损伤的血管流向体外。

（2）内出血。指血管破裂后血液积滞在体腔内、体外看不到的出血。如腹部发生外伤后肝脾破裂、骨盆骨折引起腹膜出血等。

（三）止血方法

现场发生的创伤大部分是外出血，也有时是内出血的。在现场进行急救主要是针对外出血的，故这里只讲述外出血的止血法。外出血的常用止血方法主要有以下几种：

1. 抬高患肢位置法

适用于肢体小出血，其方法是将患肢抬高，使其超过心脏位置，目的是增加静脉回流和减少出血量。

2. 加压包扎止血法

加压包扎是一种常用的有效止血法，大多数创伤性出血经加压包扎均能止住或减少出血，其方法是：

（1）先用数块面积大于伤口面积的灭菌纱布覆盖在伤口上，然后用手指或手掌用力加压，假如出血量不多，经直接加压止血后大多能够奏效。现场无消毒纱布时可用清洁的手帕或布片代替，也可从衣服上剪下最清洁的部分，用以代替纱布加压包扎。然后将出血肢体抬高。

（2）加压 10～30min 后，一般都能止血。出血停止后不必调换原来的纱布（或其他包垫物），让血染的纱布留在原处不动，以防更换时引起再出血。如怀疑尚有少量渗血，则可在原纱布上再重叠放置纱布数块，略加压力包扎，然后送医院再进行处理。这个方法用于四肢止血是合适和安全的，上肢出血加压包扎示意如图 3－28 所示。

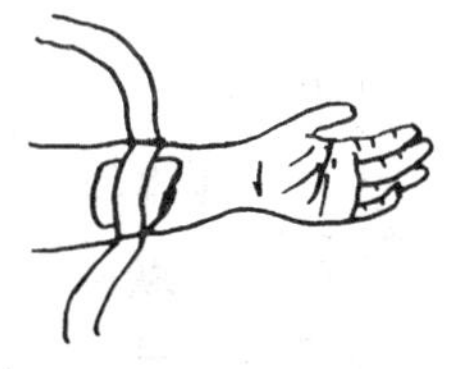

图 3－28　上肢出血加压包扎示意

3. 指压止血法

指压止血法就是用手指压迫“止血点”止血。“止血点”就是身体的主要动脉经过而又靠近骨骼的“搏动”部位。这是最方便而又及时的临时止血法，适用于现场止血急救。具体做法是，在伤口的靠近心脏端找到出血肢、体部位的止血点，用手指用力向骨头压迫，这样就会阻断血流来源而达到急救止血的目的。此法适用于面部、颈部和四肢动脉的出血。

（1）面部出血。供应侧面部血液的血管是颜面动脉，当此处出血时，应用手指压住下颌角（下巴颌）前一横指处的血管（见图 3－29）。

（2）颈部出血。用四个手指并拢，在颈部凹陷处可以触及颈动脉的搏动，手指放在搏动处，拇指放在伤员颈后部，前后手指共同用力，将颈动脉向颈椎方向加压（手指要固定于搏动点上，不能揉搓，见图 3－30）。

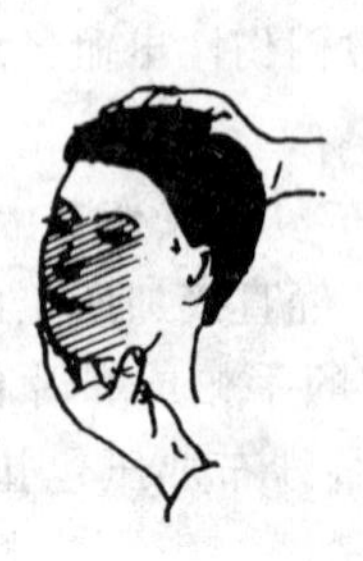

图 3－29　面部止血示意

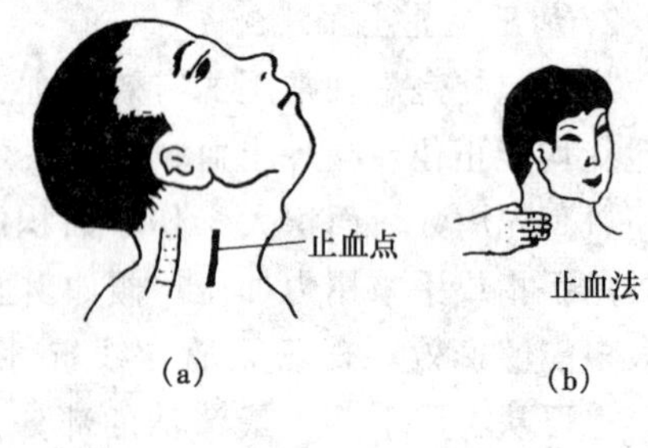

图 3－30　颈部止血示意
(a) 止血点；(b) 止血法

（3）上肢出血。上肢止血时，首先要找到肱动脉的止血点位置，上肢止血点见图 3－31（a）。若上臂出血，其止血法为，一手抬高患肢；另一手四个手指将肱动脉压向肱骨上，见图 3－31（b）。若前臂出血，则将患肢抬高，用四个手指压在肘窝处肱二头肌内侧的肱动脉，见图 3－31（c）。

（4）下肢出血。下肢出血时，首先要找到股动脉止血点位置。止血点在腹股沟的中点稍下方（用手指可试出股动脉的搏动），下肢止血点部位见图 3－32（a）。若大腿出血，则可用双

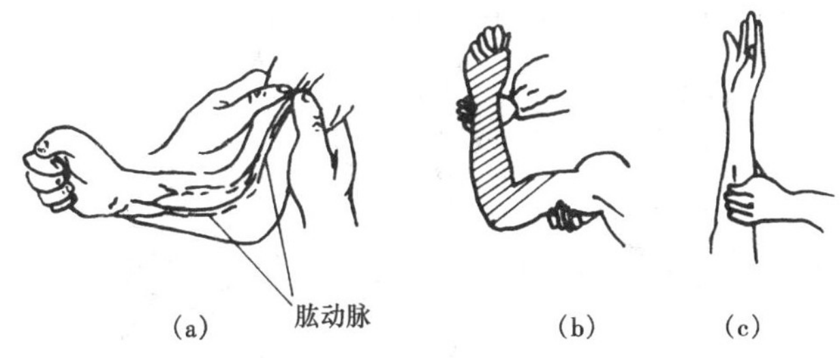

图 3－31　上肢出血止血示意

（a）前臂止血点；（b）上臂止血；（c）前臂止血

手拇指向后用力压迫大腿出血止血点部位（股动脉），见图 3－32（b）。

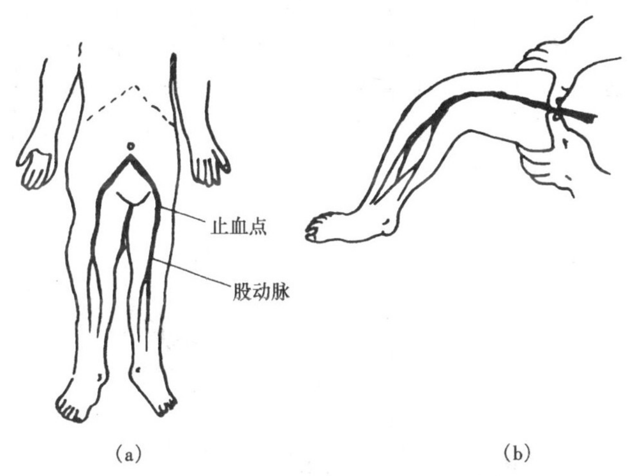

图 3－32　下肢出血止血方法

（a）股动脉止血点；（b）大腿出血止血点及指压法

（5）肩、腋部出血。用拇指压迫同侧锁骨上窝，将锁骨下动脉压向第一肋骨［见图 3－33（a）］。

（6）手指出血。将患肢抬高，用食指、拇指分别压迫手指两侧的指动脉［见图 3－33（b）］。

（7）脚出血。用两手拇指分别压迫足背动脉和内踝与跟腱之间的胫后动脉［见图 3－33（c）］。

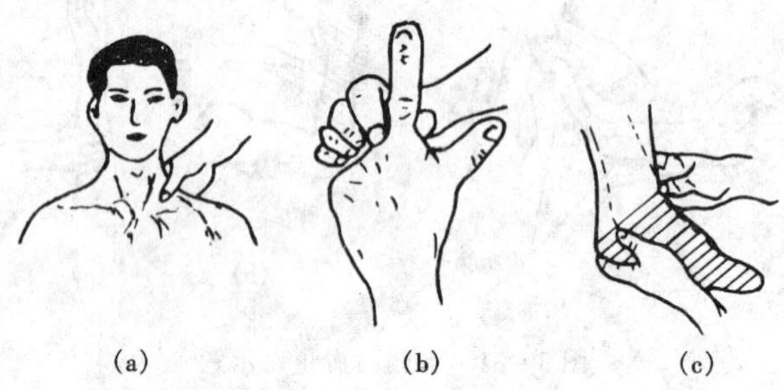

图 3－33　其他部位止血示意

（a）肩、腋止血；（b）手指止血；（c）脚止血

高处坠落、撞击、挤压的受伤者，可能有胸腹内脏破裂和出血现象。如果伤员外表无出血情况，但有面色苍白、脉搏细弱、气促、四肢厥冷、神志不清等现象时，则应让伤员迅速躺平，抬高下肢，如图 3－34 所示。还应注意保暖，并速送医院救治。其间可给伤员饮用少量糖盐水。

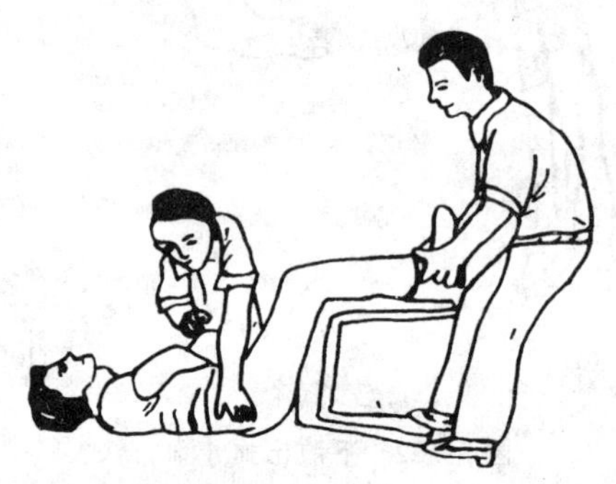

图 3－34　抬高下肢示意

（四）现场伤口的简单包扎

1. 包扎的目的

伤口是细菌侵入人体的门户，哪怕只是破一个小口，病菌也会乘机侵入人体生长、繁殖、放出毒素，使伤口感染，如果不及

时包扎，轻者伤口化脓，重者全身感染，甚至危及人的生命安全。因此，当现场有人受伤后，在送往医院之前施行一些简单的包扎是很有必要的。

2. 对包扎的要求

首先动作要轻，不要碰撞伤口，以免增加伤员的疼痛和出血；其次包扎要迅速，松紧合适、方法得当；还要注意不得用水冲洗伤口、去掉血迹，也不准用手和脏物触摸伤口。

3. 包扎步骤

首先要弄清伤口位置和受伤情况，然后依不同伤情进行对症救护和包扎。使伤口暴露，并检查伤情，再进行包扎。在伤口暴露过程中，如需脱衣服时，应先脱未受伤的一侧，然后再脱负伤的一侧。若伤情严重不能脱衣时，亦可沿衣缝将衣服剪、撕开。若衣服已粘在伤口上，则不能用力拉，也不要用水浸湿揭下，在紧急情况下，可在衣服外面包扎。

4. 包扎材料

包扎伤口的常用材料是绷带、三角巾、四头带。如果现场无这些材料，则可临时用干净的手绢、毛巾、衣物代替。包扎时要用干净的一面接触伤口，然后尽快去医院（卫生所）更换消毒敷料进行重新包扎。

（1）制作三角巾。用一块 $1m^2$ 正方形的棉布，对角剪开即成两条三角巾，也可折叠成条带或燕尾巾，如图 3-35 所示。

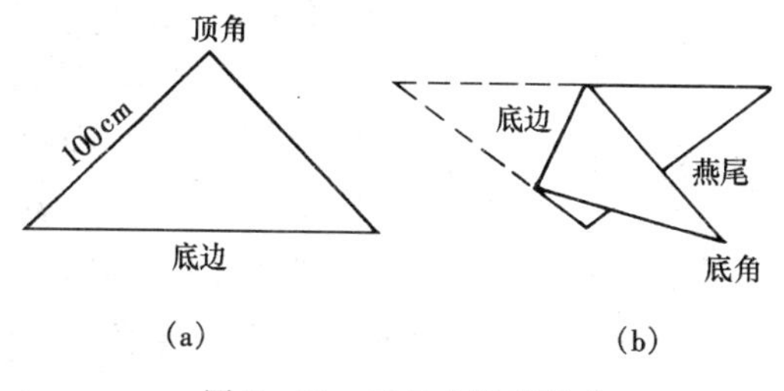

图 3-35 三角巾及燕尾巾

(a) 三角巾；(b) 燕尾巾

(2) 制作四头带。把一段绷带或一条长方形棉布的两端从中线剪开，即制成四头带。

5. 不同部位的简单包扎

(1) 头面部伤。包扎头面部伤时，可用三角巾或四头带，打结时尽可能打在以下部位，即下颌下、后脑勺下或前额的眉弓处，以免包扎松落，见图 3-36。

(a)

(b)

(c)

(d)

图 3-36 不同部位的简单包扎

(a) 下颌；(b) 鼻；(c) 前额；(d) 后脑勺

(2) 膝关节包扎。用三角巾折成适合于伤部宽度的条带，斜放在伤口，用条带两端分别压住上、下两边，缠绕肢体一周，然后在肢体内侧或外侧打结，此法同样也适用于上肢包扎，见图 3-37。

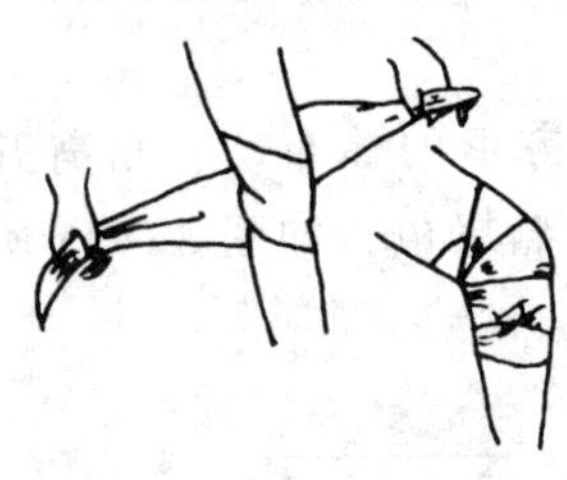

图 3-37 膝关节包扎

三、骨折急救

骨骼是人体中最坚硬的组织，略带有弹性，它除作为身体的支架外，还起着保护人体脏器的作用。人体的骨组织里含有坚硬的石灰质和具有韧性的胶质，其化学成分以钙磷为主，约占骨成分的 70%。随着年龄的增长，胶质逐渐减少，石灰质逐渐增多，因此，骨的脆性增加，一旦受到外力作用，如撞击、高处摔下、挤压等，就会发生骨折。骨折时，不但骨骼本身受到破坏，骨附近的其他软组织，如纤维、韧带、肌肉、神经、血管等也会受到不同程度的损伤。

（一）骨折的分类

人体全身有206块骨，均可能发生各类骨折。所谓骨折，就是骨质或骨小梁发生完全或不完全的断裂。现介绍骨折的主要分类。

1. 按骨折端与皮肤、肌肉的关系分

（1）闭合性骨折。骨折端未刺出皮肤，与外界空气不相通，见图3－38（a）。

（2）开放性骨折。骨折端刺出皮肤、肌肉，与外界空气相通，见图3－38（b）。

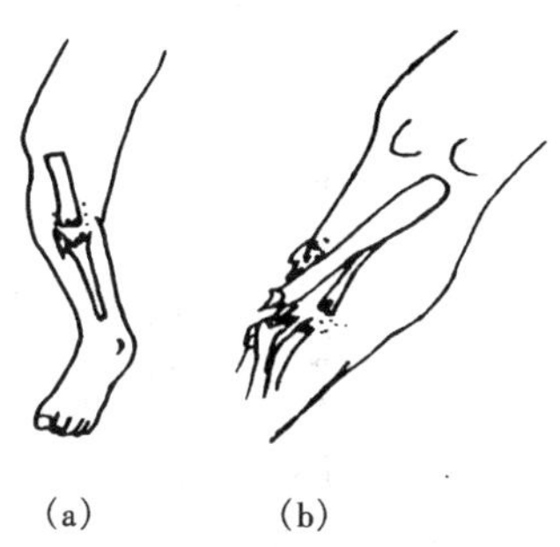

（a）　　（b）

图3－38　闭合性与开放性骨折

（a）闭合性骨折；（b）开放性骨折

2. 从骨折断裂的程度分

（1）完全性骨折；

（2）不完全性骨折。

此外，以骨折发生的部位及骨折形状分类的情况见图3－39。

（二）骨折的症状与判断

如果发现有人因摔伤、挤伤而出现以下症状时，就可初步确定是发生了骨折。

1. 局部症状

（1）有局部痛感。如果有局部压痛或间接叩击振动痛感，可能是骨折端刺激骨膜及其周围软组织的神经末梢所致，一般，疼痛的部位可能就是骨折的部位。

（2）局部畸形。若受伤处出现缩短、旋转或成角畸形，如图3－40所示，这可能是由于外力作用、肌肉收缩、肢体重量作用等，骨骼完全折断和骨折端发生不同程度的移位。

（3）局部软组织肿胀且呈现青紫色。这是由于骨折出血和渗出液所致。此外，骨折错位和重叠，在外表上也形成局部肿胀。

（4）骨擦音或骨擦感。伤员自己动作时，骨折端互相摩擦，可听到骨擦音或有骨擦感。

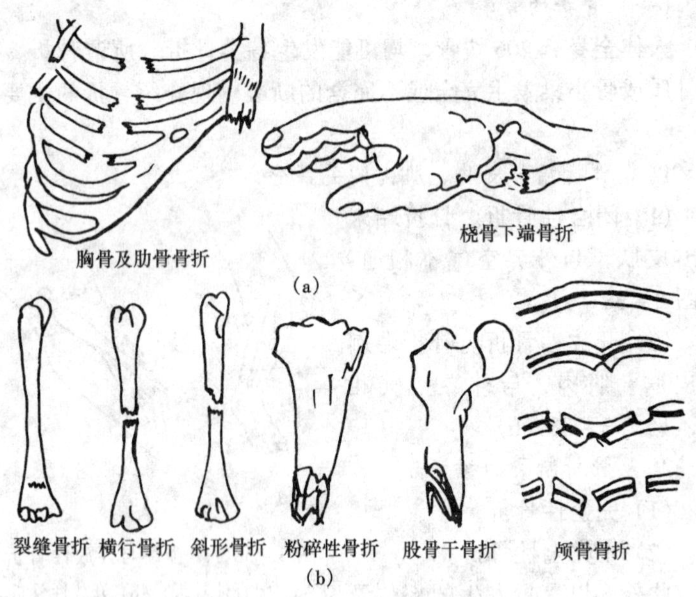

图 3－39　骨折类型示意

(a) 胸、肋骨、桡骨下端骨折；(b) 各种骨折形状

(5) 功能受限。如下肢骨折，则不能站立；若肋骨骨折，则呼吸困难、剧痛；若关节附近骨折，将不能伸屈；脊椎骨折时，不能坐立等。

2. 全身症状

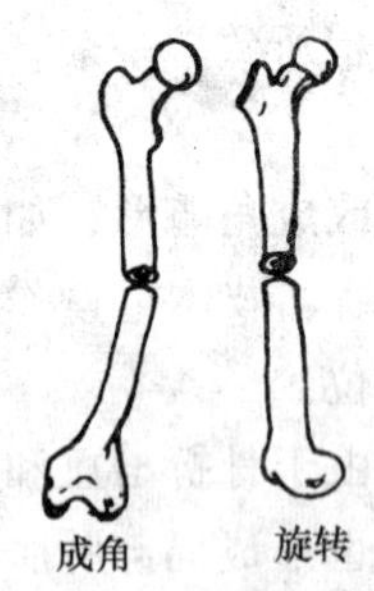

图 3－40　旋转和成角移位畸形示意

(1) 休克。当脊椎骨折、骨盆骨折、大的管形骨发生骨折后，伤员常由于失血量大而发生休克。

(2) 体温升高。经常在骨折二三天出现体温升高，一般体温不应超过 39℃，如超过时，应检查是否有其他并发症，如伤口感染、其他器官受损等。

(3) 肢体瘫痪。主要是神经组织被骨折端压迫损伤所致。

在现场发现伤员出现上述症状时，要想到可能是发生了骨折，应做好骨折急救工作，然后送医院进行救治。

（三）骨折的现场急救

1. 骨折急救的基本原则

（1）现场急救的目的是防止伤情恶化，为此，千万不要让已经骨折的肢体活动，不能随便移动骨折端，以防锐利的骨折端刺破皮肤、周围组织、神经、大血管等。首先，应将受伤的肢体进行包扎和固定。

（2）对于开放性骨折的伤口，最重要的是防止伤口污染。为此，现场抢救者不要在伤口上涂任何药物，不要冲洗或触及伤口，更不能将外露骨端推回皮内。

（3）抢救者应保持镇静，正确地进行急救操作，应取得伤员的配合。现场严禁将骨折处盲目复位。

（4）待全身情况稳定后再考虑固定、搬运。骨折固定材料常采用木制、塑料和金属夹板。如果现场没有现成的夹板，则可就地取材，采用木板，竹竿、手杖、伞柄、木棒、树枝等物代替。骨折固定时，应注意要先止血，后包扎，再固定。选择的夹板长度应与肢体长度相对称。夹板不要直接接触皮肤，应采用毛巾、布片垫在夹板上，以免神经受压损伤。

（5）现场骨折急救仅是将骨折处作一临时固定处理，在处理后应尽快送往医院救治，下面介绍几个部位的骨折现场急救法。

2. 几个部位骨折的急救

（1）上臂部肱骨发生骨折。使受伤上臂紧贴胸廓，并在上臂与胸廓之间用折叠好的围巾或干毛巾衬垫好；将肘关节屈曲90°，使前臂依托在躯干部，用三角巾一条将前臂悬挂于颈项部；取一与上臂长度相当的木板一条置于上臂外侧，在木板与上臂之间用毛巾等物衬垫；最后用绷带（或其他布条）两条将上臂与胸廓上下环行缚住（见图3－41）。

（2）前臂部尺骨、桡骨骨折。取与前臂长度相当的木板两块，用毛巾等柔软衣物衬垫好后，一条置于前臂掌侧，一条置于前臂的背侧；用绷带（或其他布条）三条将两块木板扎缚好，大拇指须暴露于外；夹板固定后，使肘关节屈曲 90°，再用三角巾一块将前臂悬挂在颈项部（见图 3－42）。

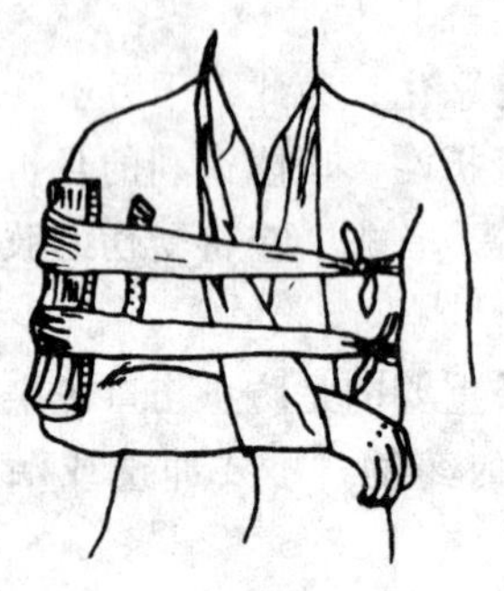

图 3－41　上臂部肱骨骨折处理

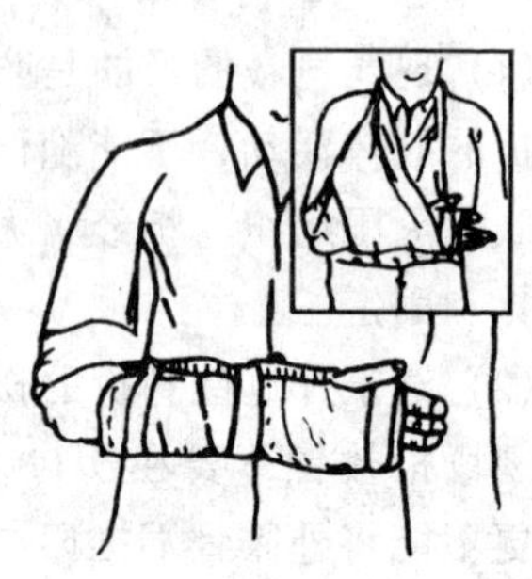

图 3－42　前臂部尺骨骨折处理

（3）大腿部股骨骨折。由一人使骨折的上下部肢体保持稳定不动，另一人在断骨远端沿骨的长轴方向向下方轻轻牵引，不得旋转；用折好的被单放在两腿之间，将两下肢靠拢；用与下肢等长的短夹板一块放在伤肢内侧；用自腋窝起直达足跟的长夹板一块放在伤肢的外侧；用宽布带将两侧夹板包括躯干多处进行固定；最后将固定好的伤员再固定于木板上，同时用枕头将下肢稍微垫高（见图 3－43）

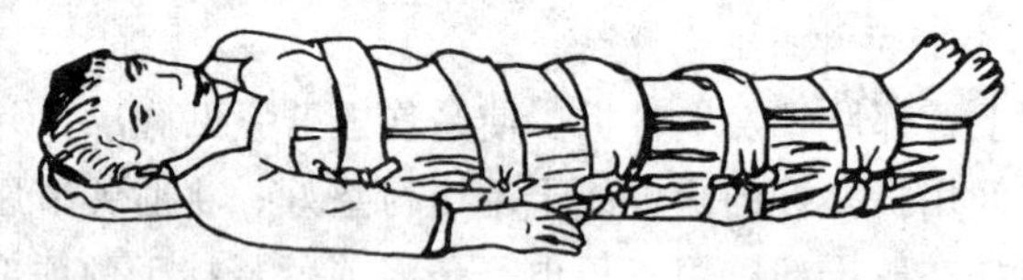

图 3－43　大腿部股骨骨折处理

（4）小腿部胫、腓骨骨折。胫骨及腓骨在膝关节以下，再下部分即为踝关节及蹠、趾骨。固定方法为，用两块夹板分别置于小腿内、外侧，骨折突出部分要加垫；自膝关节以上至踝关节以下进行固定；最后用绷带卷或布卷、毛巾等物放在腘窝下方以支持腘窝（见图 3-44）。

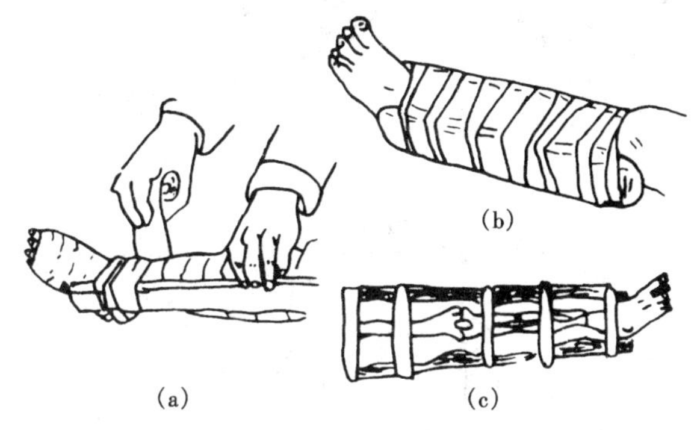

图 3-44　小腿部胫、腓骨骨折处理

(5) 颈椎骨折。让伤者躺平，不要抬头、摇头、转动、搀扶活动、行走或翻身脱衣，否则，转动头部可能立刻导致伤员瘫痪，甚至突然死亡；救护者可位于伤员头部，两手稳定垂直地将头部向上牵引，并将可脱卸的环形颈圈或小枕置于伤员的颈部，以维持牵引不动；用较厚的（或多册）书籍或沙袋等堆置头部两侧，使头部不能左右摇动；用绷带将伤员额部连同书籍等再次固定于木板担架上（见图 3-45）。

3. 伤员的搬运

在现场进行止血、包扎或骨折固定之后，要搬运伤员去医院救治，搬运的方法正确与否对伤员的伤情及以后的救治效果好坏都有直接关系。

搬运伤员的原则是，让伤员舒适、平稳，而且力争将有害影响减低到最小程度。

(1) 将一般伤员搬上担架的做法。两担架员跪下右腿，一人用手托住伤员头部和肩部，另一只手托住腰部；另一人一只手托住骨盆，另一只手托住膝下；二人同时起立，把伤员轻放于担架上（见图 3-46）。

现场无正式担架时，可临时用自制担架，其式样如图 3-47

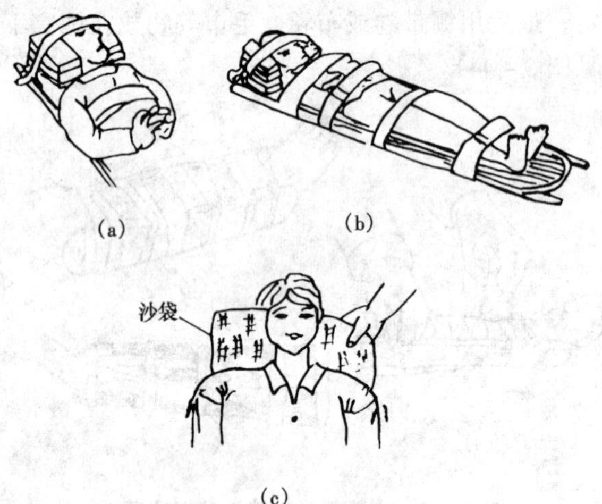

图 3－45　颈椎骨折处理

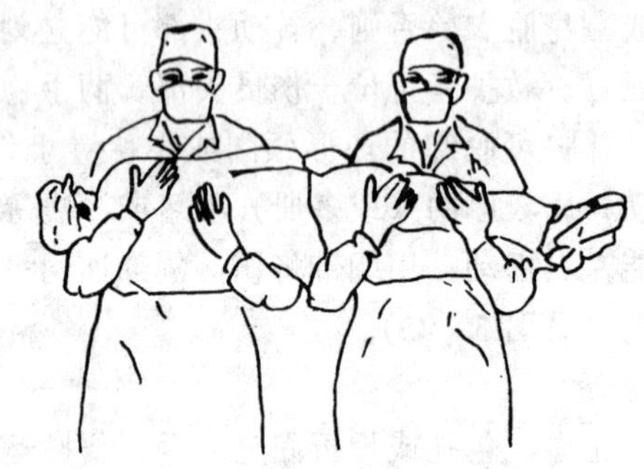
图 3－46　搬伤员的做法

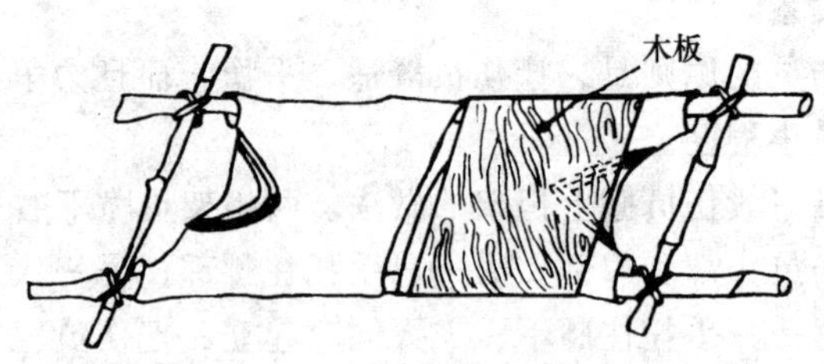

图 3－47　临时担架示意

所示。

（2）颈椎骨折伤员的搬运。对这种病人的搬运更需注意，一不小心可能造成立即死亡。搬运方法是，由 3～4 人一起搬动，其中一人专管头部牵引固定，使头部保持与躯干成直线位置，以维持颈部不动；其余三人蹲在伤员的同侧，其中两人托住躯干，一人托住下肢，一齐起立，将伤员轻放在担架上（见图 3－48）。

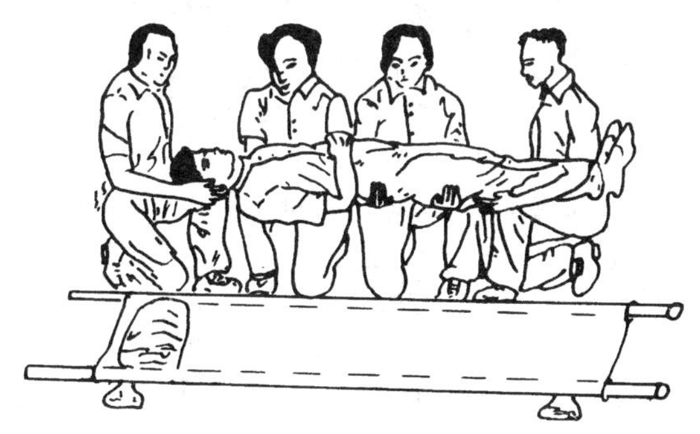

图 3－48　颈椎骨折伤员的搬运

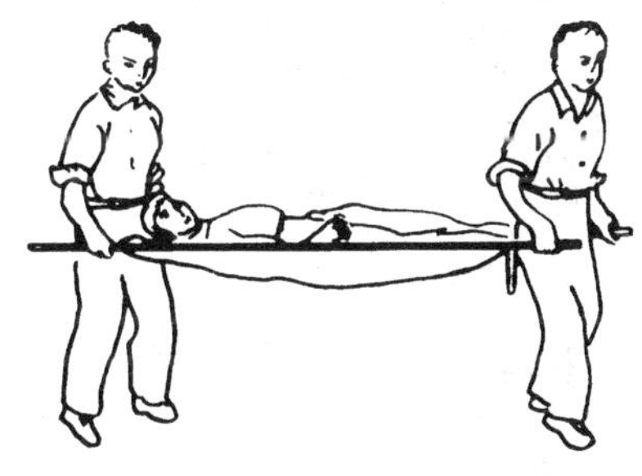

图 3－49　平地搬运的方法

（3）伤员的运送。使伤员平躺在担架上，并将其腰部束在担架上，防止跌下。平地运送时，伤员头部在后（见图 3－49）；上楼、下楼、下坡时，让伤员头部在上（见图 3－50）；没有采用任何工具和保护措施的情况下运送，伤员易加重伤情甚至死亡（见图 3－51）。

在运送伤员的过程中，应严密观察伤员，以防止病情突变。

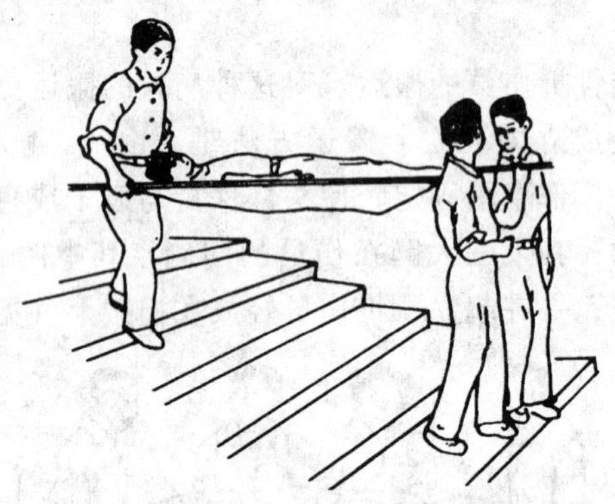

图 3－50　上楼、下楼时的搬运方法

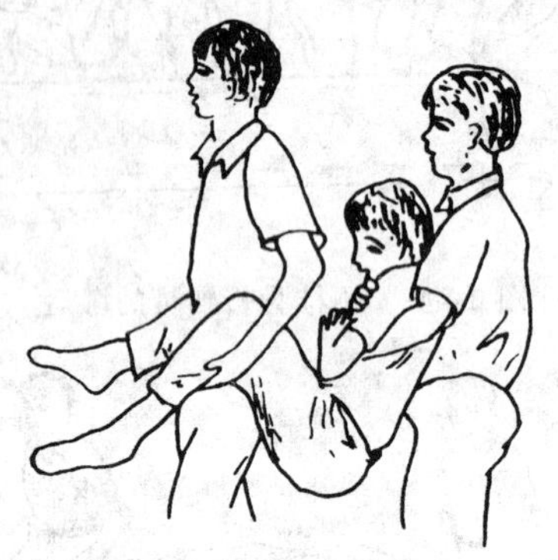

图 3－51　错误搬运法

第四节　烧　伤　急　救

在电力生产和基建中，工作人员往往会遇到各种烧伤危害，掌握有关烧伤方面的基本知识，学会一些现场烧伤急救方法是很有必要的。

一、基本知识

1. 皮肤的生理功能

皮肤是人体面积最大的组织，是人体保护自己的第一道防线。皮肤能阻止病菌或其他有害物侵入体内。皮肤具有感觉、调节体温、分泌等生理功能，以及使肌体与外界环境隔开，维持肌体与环境相适应的功能。

皮肤损伤（如烧伤）可导致全身多脏器的损害，严重者可危及生命。

2. 烧伤分类

（1）热力烧伤，如火烧伤，高温液体和蒸汽烧伤。

（2）化学烧伤，如酸、碱和其他腐蚀物的烧伤。

（3）电烧伤，如高、低压电流及雷电的烧伤。

（4）放射性物质灼伤。

3. 烧伤面积的估算

烧伤面积可用手掌法和九分法估算。手掌法适用于估算小面积烧伤；九分法适用于估算大面积烧伤。现主要介绍手掌法，将伤员自己的手五指并拢，其手掌加手指的面积是其全身体总面积的1%，烧伤面积可用该面积上的手掌数进行估算，如图 3－52 所示。

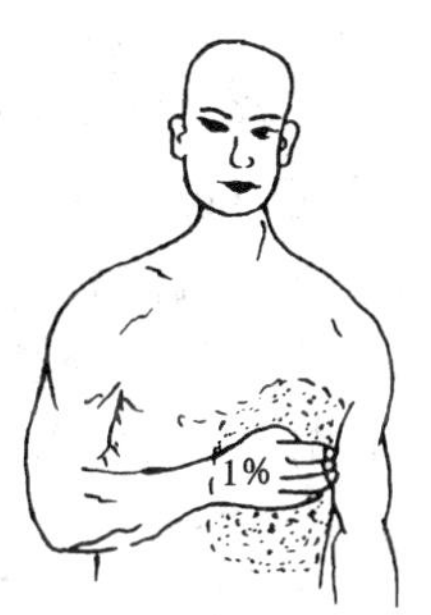

图 3－52　手掌法估算面积示意

4. 烧伤深度的判断

烧伤深度一般可用三度四分（Ⅰ、Ⅱ、Ⅲ三度；Ⅰ、浅Ⅱ、深Ⅱ、Ⅲ四分）法进行判断。烧伤深度鉴别见表 3－1。

表 3－1　　烧伤深度鉴别

<table>
<tr><th colspan="2">深　度</th><th>损伤程度</th><th>临床表现</th><th>愈　后</th></tr>
<tr><td colspan="2">Ⅰ度
红斑型</td><td>表皮层</td><td>痛、红斑、轻度肿胀</td><td>可自行愈合，不留疤痕</td></tr>
<tr><td rowspan="2">Ⅱ度
（水泡型）</td><td>浅Ⅱ度</td><td>真皮浅层</td><td>剧痛、水泡形成、基底红润、水肿</td><td>无感染可自行愈合</td></tr>
<tr><td>深Ⅱ度</td><td>真皮深层有皮肤附件残留</td><td>有或无水泡、基底苍白，水肿明显</td><td>可痂下愈合或需植皮</td></tr>
<tr><td colspan="2">Ⅲ度</td><td>全层皮肤，并可累及皮下组织，甚至肌肉骨骼</td><td>皮革样，失去弹性和知觉，苍白或炭化样焦痂</td><td>愈合后有疤痕和功能损害，需植皮</td></tr>
</table>

5. 烧伤程度的判断

临床上常用轻度、中度、重度、特重度烧伤来表示烧伤的严重程度。伤员伤情的严重程度主要根据烧伤总面积和烧伤深度所占的面积来判断：

（1）轻度烧伤。烧伤总面积小于10%的Ⅱ度烧伤。

（2）中度烧伤。烧伤总面积为11%～30%或Ⅲ度烧伤面积小于10%。

（3）重度烧伤。烧伤总面积为31%～50%或Ⅲ度烧伤面积为10%～20%。

（4）特重度烧伤。烧伤总面积大于50%或Ⅲ度烧伤面积大于20%。

二、烧、烫伤急救

这里所说的烧、烫伤主要是指热力烧伤，如火焰、沸水、蒸汽对皮肤、肌体的烧、烫伤。

烧伤急救的原则是，先使伤员迅速脱离致伤源，及时进行抢救，做好转院准备工作。

1. 脱离致伤源

（1）火焰烧着衣服时，伤员应立即卧倒在地打滚灭火，或跳入附近较清洁的小河、水池中，切勿站立喊叫，更不可奔跑，以免风助火威，烧得更旺；不应用手拍打火焰，以防手部遭受深度烧伤，如图3－53所示。

（2）抢救者可用水灭火，或用毯子、大衣、棉被等压灭火焰。汽油烧伤时，应立即用数层湿布或浸湿的衣被等覆盖伤面，以隔绝空气助燃。

（3）热液、沸水烫伤时，应立即脱去或剪去烫湿的衣服，否则衣服上的热将继续作用于创面而使其创面加深。

（4）对中小面积的轻度烧伤，可立即用冷水冲洗，因为冷水有明显的镇痛作用。具体做法是，把创面立即浸入自来水或冷水中，亦可用毛巾浸冷水后敷于创面，至少冷敷30min以上，直到创面不再感觉疼痛。此法不适用于大面积烧伤。

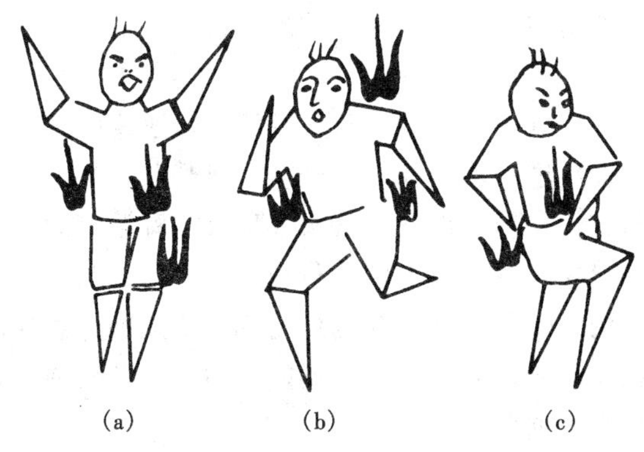

(a) (b) (c)

图 3-53 火焰烧伤时的错误做法示意

(a) 站立喊叫；(b) 奔跑；(c) 用手拍打火焰

2. 镇静止痛

烧伤后，伤员会烦躁不安和感觉疼痛，故应予以镇静止痛。对于小面积烧伤，可口服止痛片，大面积烧伤时应由医务人员负责止痛和补液。

3. 保持呼吸道通畅

对火焰等造成吸入性损伤者或因气道阻塞而呼吸困难者，应采用仰头抬颏法，使其保持气道通畅，有条件时应争取给氧。

4. 保护创面

为防止创面污染和加重损害，可用三角巾、清洁衣服、被单等包裹创面；在现场对烧伤创面不需涂任何药物，如龙胆紫、红汞一类有色的外用药，以免影响对创面深度的判断，增加入院后手术清创的困难。另外，要注意冬季保暖，夏季防晒。

5. 伤员的转运

伤员经现场急救之后，必须迅速转送本单位医务部门或就近医院作进一步诊治，在转送过程中要注意以下几点：

(1) 轻、中度烧伤者的休克发生率一般较低，重度烧伤者的休克发生率较高，故重度烧伤者应在 8h 之内、特重度烧伤者应在 1~4h 之内转送到医院烧伤专科诊治。

（2）转送途中应由医务人员护理，按时注射平衡液或生理盐水，保持呼吸气道通畅。

（3）转送工具要求平稳，防止颠簸。转送途中病人最好横放车内，如车辆狭窄，不能横放，则应让足朝前，头朝后，转送汽车速度不易太快；特重度伤员需去外地大医院治疗时，有条件最好联系飞机运送，在飞机上的放位也应按足前、头后位，可防止飞机起飞时的惯性使伤员血液涌向足部，造成脑部急性缺血而突然死亡。在飞机降落时，伤员应调换方向，即取头前、足后位。

三、化学烧伤急救

化学烧伤事故在电力生产和基建中也时有发生，一般以硫酸、硝酸烧伤为多。强酸、强碱及其他腐蚀性物质，因容器破损或因爆破泄漏外溢，直接对人体起腐蚀作用，引起灼痛、烧伤。

1．化学烧伤的特点

（1）化学烧伤常造成对肌体组织的持续性损伤，如凝固性坏死，毛细血管中血栓形成。

（2）化学烧伤常伴有化学中毒，如毒性大，即使中小面积烧伤，也会造成死亡。

（3）挥发性化学物质的气体、烟雾等可造成呼吸系统损伤。

2．化学烧伤的现场急救

（1）抢救者事先要了解情况，然后作出判断。抢救者和伤员均不得直接用手去接触被溅染的衣服或皮肤，也不要用毛巾、布片擦拭。

（2）伤员应立即脱去受溅染的衣服、鞋袜等。用大量流动水冲洗创面，冲洗时间应在20min以上。

（3）石灰烧伤者必须在顺风处先除净粉末和泡沫，再用水彻底冲洗。

（4）对酸类（如硫酸、硝酸、盐酸等）可先用流水冲洗20min，然后用淡肥皂水或50%小苏打水冲洗，再用清水冲去中和液。

（5）碱性物烧伤处，先用流水冲洗20min，然后用1%枸橼酸液冲洗，再用水将中和液冲洗干净。

（6）石炭酸烧伤处，先用酒精清理，然后再用流水冲洗。

（7）磷烧伤处，先用大量水冲洗创面，越彻底越好，然后用1%硫酸铜溶液冲洗，磷即形成黑色颗粒而利于清掉，清掉后再用2%碳酸氢钠溶液冲洗创面。

（8）化学物质溅入眼内常使眼球受伤，急救方法是立即用清洁瓶子装水冲洗眼睛。应从眼的内角开始冲洗，不能直接冲击角膜；也可将眼睛张开，淹没于脸盆水内，头部左右摇动以代替冲洗。现场不作充分冲洗而急送医院是非常错误之举。冲洗时间不应少于10min。

第五节　中暑、中毒、溺水急救

在水电建设、线路施工的野外作业中，作业点往往离河流、湖泊较近或需路经河流、湖泊，夏季在炎热的高温环境下连续作业，冬季夜间住宿取暖条件较差，在这些情况下，如果一时不慎，就容易发生溺水、中暑、煤气中毒伤亡事故，只要急救方法得当，伤员一般是能够脱离生命危险的。

一、中暑急救

（一）中暑及其原因

中暑多发于炎热的夏季和高温的环境，为“急性热”所致的疾病。

1．症状

中暑初感全身乏力、头晕、胸闷、大汗、口渴，进一步发展为恶心、呕吐、脉搏增快、昏迷、体温增高、痉挛等。

2．原因

发生中暑的具体原因比较复杂，它与气候条件、劳动强度、人体健康状况等有关，归纳起来主要有以下几个方面：

（1）气温在35℃及以上时，人体内热量蓄积过多、散热困难，体温调节发生障碍而造成中暑。

(2) 在高温下作业，劳动强度过大，人体产生热量增加，体内蓄热较多时也会发生中暑。

(3) 持续劳动时间过长，人体产热和受热较多时，人体会因体温调节机能障碍而中暑。

(4) 睡眠不足和过度疲劳使肌体各器官正常生理机能下降，体温调节能力降低，水盐代谢易发生紊乱，因而发生中暑。

(5) 年老者、体弱者、孕妇、产后妇女，以及处于病后恢复期的人，他们对高温的适应能力及体温的调节能力都比健康人差，这些人在高温环境下工作，容易发生中暑。

(二) 中暑的类型

中暑可分为三种类型，即热痉挛、日射病和热射病。

(1) 热痉挛。长时间在高温环境下工作时，由于饮食中盐分不足，出汗过多引起体内失去大量盐分，这时人体四肢部分的肌肉以及腹部的肌肉会发生痉挛、疼痛。

(2) 日射病。长时间在烈日下和高温强热辐射环境下作业时，工作人员头部被曝晒过久，日光中的紫外线会使颅脑受热充血。

(3) 热射病。在高温、通风不良的环境下工作时，体内热量积聚过多，散热受阻、闭汗，甚至体温调节发生障碍，严重时体温明显上升、抽搐、昏迷、大小便失禁、呼吸循环衰竭而死亡。中暑虽分以上三种类型，但常见的是混合型发病，也可能分别发病。

(三) 中暑现场急救

(1) 首先将患者迅速撤离高温环境，移到附近阴凉通风处，解开衣服、卧平休息，同时可用扇子或电风扇向患者吹风，帮助散热。

(2) 用冷水擦洗患者全身、头部及腋窝；用冷水浸湿毛巾置于患者额部，并让其饮淡盐水或含盐清凉饮料。

(3) 对肌肉痉挛者可用中等力量按摩痉挛部。

(4) 对体温升高、神志不清、抽搐等重度中暑者应迅速采取降温措施，如用冷水浸湿的被单包裹全身并及时替换；不停吹风，以增加对流；有条件时可将冰块装入小塑料袋，并用毛巾包好放置于腋窝下；将冰屑装入塑料袋做成帽状包绕头部，但眼和耳廓应小心遮盖保护，以免冻伤。

（5）在将神志不清的中暑患者送往医院途中，应严密观察其呼吸、脉跳情况，保持降温措施，以防止病情突变。

为了预防中暑，大家要熟知中暑原因，从各方面加以注意，如体弱者尽量少从事高温作业；在工作时要做好个人防护，如戴草帽或白色安全帽，出汗过多时多喝含盐饮料等。

二、煤气中毒急救

煤气里含有多种气体，其中主要成分是CO，CO对人体的危害是很严重的。如果人体处在CO浓度为0.05%左右的空气中，仅2~3h，人体就会中毒；如果CO的浓度大于0.06%，人体很快就出现中毒症状，甚至死亡。中毒原因是，当CO进入人体后，便与血红蛋白结合，这部分血红蛋白就不能从空气中吸收氧气，并妨碍其他血红蛋白释放氧给组织，这时人体组织因缺少氧气而中毒，严重时因缺氧而窒息死亡。

1. 煤气中毒程度

煤气中毒常以急性中毒方式出现，临床上按其病情可分为轻、中、重度三级。

（1）轻度中毒。其症状为头晕、眼花、剧烈头痛、颞部有压迫感和搏动感，还有恶心、呕吐、心悸、四肢无力，但无昏迷。

（2）中度中毒。除上述症状外，还表现为初期多汗、烦躁、步态不稳、皮肤苍白、意识朦胧，甚至昏迷。

（3）重度中毒。患者迅速进入昏迷状态，时间可持续数小时至几昼夜，往往出现牙关紧闭、强直性全身痉挛、大小便失禁等。

2. 煤气中毒急救

当发现有人煤气中毒时，应尽快急救，急救方法如下：

（1）对于轻度中毒者，只要将其抬到空气新鲜、通风良好而又温暖的地方，休息一段时间，就会很快好转。

（2）对于中度中毒者，如昏迷时间不长，可将其抬到空气新鲜的地方进行抢救，一般数小时后也可恢复清醒，但仍可能有头痛、乏力、嗜睡现象等。经数日治疗、休息后可以恢复正常。

（3）对于重度中毒者，可将其抬到空气新鲜的地方进行抢救，并注意保暖和安静，呼吸、心跳停止者，可进行心肺复苏急救，并立即抬到医疗部门作进一步治疗。

三、溺水急救

当人体坠落水中被淹没时，水进入呼吸道，氧气不能进入气道，冷水或吸水的刺激又引起反射性咽喉及气道的痉挛。若不及时抢救，会引起窒息缺氧和心跳停止。

当发生溺水事故后，应尽可能迅速地将溺水者救出水，以改善溺水者的呼吸功能并尽量减少缺氧时间，然后再进行一些必要的急救，只要及时抢救、方法得当，一般是能够转危为安的。急救的具体方法是：

（1）对于溺水者来说，尽量保持镇静，切勿恐慌，尽力自救。当头部在水面上时，要尽量后仰，脸向上，用嘴呼吸，尽量让鼻孔露出水面的机会多一些，以争取时间、等待救援。

（2）对于近岸淹溺者，如果他仍在挣扎，救护者应迅速伏卧或站在岸边，用现场所能立即找到的棍、棒、竹竿、绳子、救生圈等，采取抛、拖、拉的办法，使溺水者自己用手抓住，救护人把他拽到岸上。拖、拉过程中，救护人一定要站立稳固，以免在匆忙中被拖落水（见图 3 – 54）。

（3）受过水中救护训练或自己确有能力者，可进入水中接近溺水者进行急救，其方法是，救护人尽量脱去衣服和鞋袜，以减轻自己的负担，同时也可防止溺水者紧抓（衣服）不放；救护者应迅速游到溺水者的背后，用一只手拖住他的头部，或从他的背部托住腋窝，然后以仰泳的姿势将其拖到岸边（见图 3 – 55）。

（4）当溺水者抓住了救护人的双手时，救护人双手可以向上向外翻，即可挣脱溺水者的纠缠，如 3 – 56（a）所示；如被

图 3－54　站在岸边救护溺水者

溺水者抱住身体，则可用手猛推其下颌，使其松手，如图 3－56（b）所示。

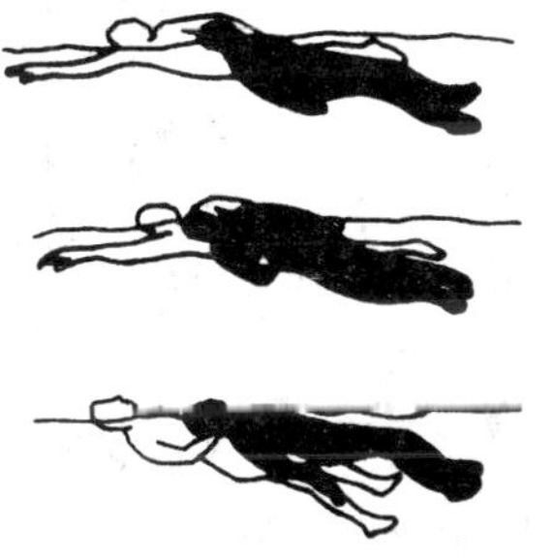

图 3－55　水中救护姿势

（5）当溺水者从水中救出后，应及时清除其口、鼻内的泥沙、杂草和分泌物（手指交叉法），摘下活动假牙，解开衣扣、腰带以保持气道通畅。

（6）迅速排除呼吸道及胃中积水，方法是，救护人一腿跪地，另一腿屈膝而立，将溺水者俯伏在救护人的膝盖上，使其头部下垂，按压其腹、背部，使积水排出，也可采用其他方法进行“控水”，如图 3－57 所示。根据实践经验和理论研究，溺水者吸入淡水后，吸收很快，只能倒出一部分水，所以，不要因倒水浪费时间而耽误心肺复苏的进行。

（7）如果溺水不重，溺水者尚有知觉时，可用手指或羽毛刺激其喉咙，以促其呕吐，然后让他喝少量浓茶、热汤。在冬季，应脱去湿衣，注意保暖，然后让其安静休养。

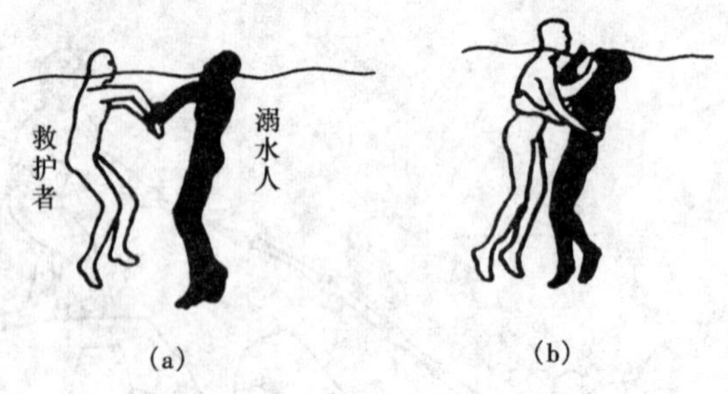

图 3－56　救护溺水者的自身保护

(a) 抓住双手；(b) 抱住身体

(8) 倒水后，溺水者仍失去知觉，心跳、呼吸停止时，应立即在岸边按心肺复苏法进行急救，送医院途中也必须继续进行急救。

图 3－57　控水方法示意

第六节　冻　伤　急　救

在野外作业时，低温寒冷会使人的肌体受侵袭而损伤，特别是人体的暴露部位，如手、足、耳廓、鼻尖等都很容易冻伤，因此人们亦应了解冻伤方面的有关知识，学会一些紧急救护方法，以便现场救护伤员和保护自己的人身安全。

一、冻伤原因

（1）在严寒大风环境里作业，人体产生的热量会很快散失。如果人体长时间静止不动，衣、鞋袜太紧，穿衣单薄等，人体局部血液循环会发生障碍，热量来源减少而发生冻伤。

（2）人体疲劳、营养不良时，其抵抗力下降，对外界温度变化的调节和适应能力也降低，这时容易冻伤。

二、冻伤分类

（1）冻疮。多见于人体暴露部位，受冻后产生痒痛和灼痛，痊愈后不留疤痕。

（2）冻伤。寒冷作用引起的局部组织损伤。

（3）冻僵。人在寒冷环境里体温下降至25℃以下出现的严重损伤，此时全身关节、肌肉僵硬，神志昏迷，甚至死亡。

三、现场急救

在现场可按冻伤的轻重程度给予不同的急救处理。

1. 轻、中度冻伤的处理

可将冻伤部位缓缓升温，如手足冻伤时，可将手放于腋下，下肢用厚大衣或皮衣包住，切忌采用火烤、雪擦等办法；使伤员尽快脱离寒冷环境，去到温暖室内，有条件时喝些热饮料或少许烧酒。

2. 重度冻伤的处理

（1）立即抬至室内，采取全身保暖措施，如盖棉被、毛毯，并用热水袋、电热毯等加温。

（2）能进食者可喝些姜汤、热茶、糖水等温热饮料。

（3）将潮湿衣服、鞋袜立即脱掉或齐缝剪去，换上干燥柔软的衣服。

（4）冻僵肢体不要强行屈曲，搬移时动作要轻，以免骨折。

（5）观察脉搏、呼吸情况。停止者应立即进行心肺复苏，要注意全身冻伤者的呼吸和心跳，有时十分微弱，不应误认为死亡。

（6）现场抢救后，尽快转送医院继续救治。

第七节 动物咬伤急救

在野外作业时，除易发生冻伤外，还会受到动物咬伤的伤害，这里所说的动物咬伤主要是指毒蛇咬伤和疯狗咬伤。目前国内毒蛇约有 47 种，危害较大的有十多种，如眼镜蛇、银环蛇、蝮蛇、五步蛇、烙铁头蛇、竹叶青蛇等，大部分生长在我国长江以南及东南沿海一带。毒蛇一般是头大颈细，头呈三角形，有毒牙和毒腺，如图 3－58 所示。当人被毒蛇咬伤后，如急救不及时，则有生命危险。此外，当人被带有狂犬病毒的狗咬伤后会得狂犬病，此病对人危害极大，故在户外作业时要警惕、防止发生动物咬伤事故。一旦发生后，要采取紧急救护措施，以减轻伤情、防止发生人身死亡事故。

图 3－58 毒蛇示意图

一、毒蛇咬伤急救

蛇有眼睛，但视觉不发达，一般它看不清远距离的物体，只能看到较近的物体。蛇看不清静止的物体，但能看到活动的物体，故当人走近蛇时，容易被蛇咬伤。

当人被毒蛇咬伤后，毒腺中的毒液顺着蛇上腭前面的两颗毒牙注入人体。如蛇毒直接进入血液循环，可在短时间内引起死亡。毒蛇咬伤后在咬伤的地方常会看到两个牙痕。

1. 毒蛇咬伤后的症状

(1) 疼痛感。咬伤后数分钟即可出现剧烈疼痛、烧灼感、刺痛、麻木，疼痛持续不减且逐渐加剧。

(2) 浮肿。浮肿是毒蛇咬伤后的常见现象，一般在 20～30min 内出现，6～12h 浮肿明显。

(3) 出现红斑。咬伤早期为小面积发红，之后毒素扩展，红斑明显可见。毒素多时，有出血性水泡，局部皮肤变为暗红色，称为紫绀。

毒蛇咬伤后，常出现全身乏力、呕吐、腹痛、呼吸困难、流涎、脉变、出血，甚至休克、呼吸循环衰竭。

2. 现场急救

(1) 伤员首先要镇静，不要乱走乱动，以防毒素扩散。

(2) 咬伤大多在四肢，应迅速从伤口上端向下方反复挤出毒液，然后在伤口上方（近心端）用布带、草绳、手帕扎紧，绑扎紧度要适当，以能阻断静脉血和淋巴液回流，而不妨碍动脉血的供应为限。

(3) 用肥皂水冲洗伤口，清除附近残留的毒液，并再次自上而下排毒或用拔火罐、吸奶器等方法吸毒，毒液吸完之后，伤口处要采用湿敷，以利毒液继续流出。

(4) 经现场救护后，应将伤员用救护车或抬送医院进行药物封闭及服药。一般被蝮蛇咬伤者服用上海蛇药；被眼镜蛇、竹叶青蛇等咬伤者可服用南通蛇药。如在现场将毒蛇打死，可将毒蛇一同送往医院，以供治疗参考。

二、狗咬伤急救

狗咬伤后，首先应判别是疯狗咬伤还是一般狗咬伤，因为疯狗咬伤后会发生“狂犬病”，对人危害极大。

1. 疯狗的判断

疯狗表现为性情突变，狂躁易怒，无论昼夜均不安静，且头低、耳垂、张嘴、流涎、尾向下拖、直向前行、遇人乱咬。

2. 狂犬病的表现

当人被疯狗咬伤或抓伤后，病犬唾液中的病毒即从伤口进入人体，并侵入神经中枢。受伤后到发病的潜伏期长短不同，一般为2～16周，最长者可达数年之久，主要与病毒量、伤口深浅和伤口部位有关，故不能掉以轻心、麻痹大意，以为没事而放弃救治。疯狗咬伤症状表现为：

(1) 咬伤一段时间后，原已痊愈的伤口又会有痛痒感或麻木感，全身疲乏无力、低热。

(2) 两月后，病情加重，患者出现“恐水症”，即感觉很渴，但由于咽喉的疼痛性痉挛，不能吞咽，因此怕看见水，同时怕光、头痛、恶心、发热。

(3) 病情发展，进而出现烦躁不安、全身痉挛、幻视、幻听、进一步可出现瘫痪、昏迷、呼吸和心力衰竭而死。

3. 现场急救

(1) 立即用20%肥皂水充分冲洗伤口和伤口附近的唾液，然后再用清水反复冲洗，冲洗时间不得短于20～30min，并且一边冲洗，一边挤压出血，以利排毒。

(2) 冲洗后，可用50%～70%酒精或烧酒涂擦，如无大出血者，不要立刻进行止血、包扎。

(3) 现场处理后，立即送往医院进行狂犬病疫苗注射，这是唯一最可靠的、生命能得到保障的防治办法。只要怀疑咬人的狗有狂犬病，就应尽早进行预防注射，因为疫苗注射15天后即可在人体内产生自动免疫性，也就形成了抗毒素。注射时间及剂量遵医嘱。

复习题

一、名词解释

1. 溺死

2. 临床死亡

3. 生理死亡

4. 电接触烧伤

5. 电弧烧伤

6. 止血点

7. 闭合性骨折

8. 开放性骨折

9. 热痉挛

10. 日射病

11. 轻度烧伤

12. 中度烧伤

13. 重度烧伤

二、填空题

1. 触电者如有______、______、______、______、______五个特征中的一个尚未出现时，都应视为“假死”，应及时予以抢救。

2. ______、______和______是心肺复苏法支持生命的三项基本措施。

3. 口对口人工呼吸法的操作步骤是______、______、______、______。

4. 外出血的常用止血法有______、______、______等。

5. 若伤员出现______、______、______、______、______局部症状时，就可以初步确定是发生了骨折。

6. 烧伤主要有______、______、______和______等四种类型，烧伤常根据______面积和______面积分为轻度烧伤______、______、______烧伤。

7. 中暑可分为______、______、______三种类型。

8. 骨折固定的原则是先______后______再______。

9. 当溺水者抓住了救护人的双手时，救护人______，即可挣脱溺水者的纠缠；如被溺水者抱住身体，则可______，使其松手。

10. 冻伤可分为______、______、______三种类型。

三、问答题

1. 现场紧急救护的通则是什么?

2. 试述触电急救的基本原则。

3. 使触电者脱离低压电源的主要方法有哪些?

4. 使触电者脱离高压电源的方法有哪些?

5. 试述当发现有人在杆上式高处触电时，下放伤员的具体方法。

6. 试述电烧伤的现场急救方法。

7. 什么是口对口人工呼吸法和胸外心脏按压法?

8. 试述在心肺复苏法救护过程中的注意事项。

9. 试述对外伤救护的基本要求。

10. 什么是指压止血法? 其具体做法是什么?

11. 试述现场伤口包扎的目的和要求。

12. 试述骨折急救的基本原则。

13. 试述搬运骨折伤员的原则以及搬运一般伤员的方法。

14. 如何进行小面积烧伤的估算?

15. 试述化学烧伤的急救方法。

16. 试述中暑的症状及其主要原因。

17. 试述中暑现场急救方法。

18. 试述煤气中毒的急救方法。

19. 试述对溺水者的急救方法。

20. 试述冻伤的现场急救方法。

21. 试述毒蛇咬伤的现场急救方法。

22. 试述疯狗咬伤的现场急救方法。

四、技能操作题

1. 杆上或高处触电的单人下放法操作。

2. 进行清醒者气道阻塞的“膈下腹部猛压法”和“立位胸部猛压法”的处理操作。

3. 进行口对口人工呼吸法的操作。

4. 进行通畅气道的“仰头抬颏法”和“托颌法”的操作。

5. 进行胸外心脏按压法的操作。

6. 进行人体“上肢出血”、“下肢出血”、“手指出血”和“脚出血”的指压止血法操作。

7. 进行人体“头面部”、“膝关节”伤的简单包扎操作。

8. 进行人体前臂部的尺骨、桡骨和小腿部的胫骨、腓骨骨折的急救操作。

9. 进行将一般骨折伤员搬上担架和运送的操作。

10. 进行溺水急救时，救护者自身保护和控水方法的操作。

第四章

安 全 用 具

第一节　安全用具的作用和分类

一、安全用具的作用

在电力系统中，根据各专业和工种的不同，人们要从事不同的工作和进行不同的操作，而生产实践又告诉我们，为了顺利完成任务而又不发生人身事故，操作工人必须携带和使用各种安全用具，如对运行中的电气设备进行巡视、改变运行方式、检修试验时，需要采用电气安全用具；在线路施工中，人们离不开登高用安全用具；在带电的电气设备上或邻近带电设备的地方工作时，为了防止工作人员触电或被电弧灼伤，需使用绝缘安全用具，等等。所以，安全用具是防止触电、坠落、电弧灼伤等工伤事故，保障工作人员安全的各种专用工具和用具，这些工具是人们作业中必不可少的。

二、安全用具的分类

安全用具可分为绝缘安全用具和一般防护安全用具两大类。绝缘安全用具又分为基本安全用具和辅助安全用具两类。

1. 绝缘安全用具

(1) 基本安全用具。是指那些绝缘强度大、能长时间承受电气设备的工作电压，能直接用来操作带电设备或接触带电体的用具。属于这一类的安全用具有：高压绝缘棒、高压验电器、绝缘夹钳等。

(2) 辅助安全用具。是指那些绝缘强度不足以承受电气设备或线路的工作电压，而只能加强基本安全用具的保安作用，用来防止接触电压、跨步电压、电弧灼伤对操作人员伤害的用具。不能用辅助安全用具直接接触高压电气设备的带电部分。属于这一类的安全用具有：绝缘手套、绝缘靴（鞋）、绝缘垫、绝缘台等。

2. 一般防护安全用具

一般防护安全用具是指那些本身没有绝缘性能，但可以起到防护工作人员发生事故的用具。这种安全用具主要用作防止检修设备时误送电，防止工作人员走错间隔、误登带电设备，保证人与带电体之间的安全距离，防止电弧灼伤、高空坠落等。这些安全用具尽管不具有绝缘性能，但对防止工作人员发生伤亡事故是必不可少的。属于这一类的安全用具有：携带型接地线、防护眼镜、安全帽、安全带、标示牌、临时遮栏等。此外，登高用的梯子、脚扣、站脚板等也属于这类安全用具的范畴。

第二节 基本安全用具

一、绝缘棒

绝缘棒又称绝缘杆、操作杆，如图 4 - 1 所示。

1. 主要用途

绝缘棒用来接通或断开带电的高压隔离开关、跌落开关，安装和拆除临时接地线以及带电测量和试验工作。

2. 结构及规格

绝缘棒的结构主要由工作部分、绝缘部分和握手部分构成，如图 4 - 2 所示。

(1) 工作部分一般由金属或具有较大机械强度的绝缘材料（如玻璃钢）制成，一般不宜过长。在满足工作需要的情况下，长度不应超过 5 ~ 8cm，以免操作时发生相间或接地短路。

(2) 绝缘部分和握手部分是用浸过绝缘漆的木材、硬塑料、胶木等制成的，两者之间由护环隔开。绝缘棒的绝缘部分须光洁、无裂纹或硬伤，其长度根据工作需要、电压等级和使用场所而定，如 110kV 以上电气设备使用的绝缘棒，其长度部分为 2 ~ 3m。

(3) 为了便于携带和保管，往往将绝缘棒分段制作，每段端

图 4－1　绝缘棒

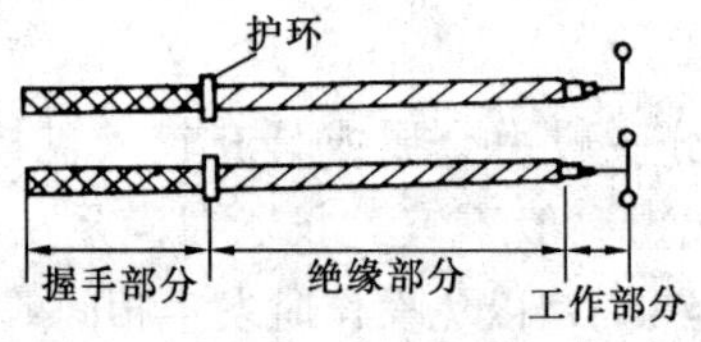

图 4－2　绝缘棒结构

头有金属螺丝，用以相互镶接，也可用其他方式连接，使用时将各段接上或拉开即可。

3. 使用和保管注意事项

(1) 使用绝缘棒时，工作人员应戴绝缘手套和穿绝缘靴

(鞋)，以加强绝缘棒的保安作用。

(2) 在下雨、下雪天用绝缘棒操作室外高压设备时，绝缘棒应有防雨罩，以使罩下部分的绝缘棒保持干燥。

(3) 使用绝缘棒时要注意防止碰撞，以免损坏表面的绝缘层。

(4) 绝缘棒应存放在干燥的地方，以防止受潮。一般应放在特制的架子上或垂直悬挂在专用挂架上，以防弯曲变形。

(5) 绝缘棒不得直接与墙或地面接触，以防碰伤其绝缘表面。

绝缘棒的保管如图 4-3 所示。

图 4-3　绝缘棒的保管

4. 检查与试验

(1) 绝缘棒一般应每三个月检查一次。检查时要擦净表面，检查有无裂纹、机械损伤、绝缘层损坏。

(2) 绝缘棒一般每年必须试验一次，试验项目及标准见表

4－1。

表4－1　　绝缘棒试验项目

名　称	电压等级（kV）	周　期	交流耐压（kV）	时　间（min）
绝缘棒	6～10	每年一次	44	5
	35～154		4倍相电压	
	220		3倍相电压	

二、绝缘夹钳

1. 主要用途

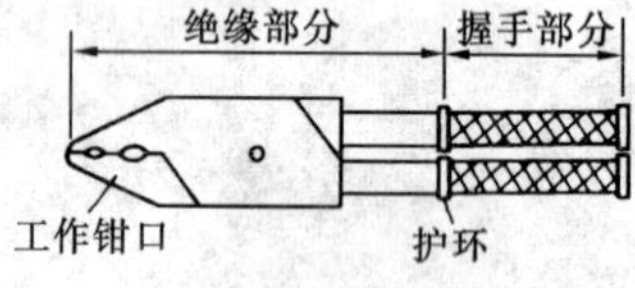

图4－4　绝缘夹钳

绝缘夹钳是用来安装和拆卸高压熔断器或执行其他类似工作的工具，主要用于35kV及以下电力系统，如图4－4所示。

2. 主要结构

绝缘夹钳由工作钳口、绝缘部分（钳身）和握手部分（钳把）组成。各部分所用材料与绝缘棒相同，只是它的工作部分是一个强固的夹钳，并有一个或两个管形的钳口，用以夹紧熔断器。它的绝缘部分和握手部分的最小长度不应小于表4－2数值，主要依电压和使用场所而定。

表4－2　　绝缘夹钳的最小长度　　（m）

电　压（kV）	户内设备用		户外设备用	
	绝缘部分	握手部分	绝缘部分	握手部分
10	0.45	0.15	0.75	0.20
35	0.75	0.20	1.20	0.2

3. 使用和保管注意事项

（1）绝缘夹钳上不允许装接地线，以免在操作时，由于接地线在空中游荡而造成接地短路和触电事故。

（2）在潮湿天气只能使用专用的防雨绝缘夹钳。

(3) 作业人员工作时，应戴护目眼镜、绝缘手套和穿绝缘靴（鞋）或站在绝缘台（垫）上，手握绝缘夹钳要精力集中并保持平衡。

(4) 绝缘夹钳要保存在专用的箱子里或匣子里，以防受潮和磨损。

4. 试验与检查

绝缘夹钳和绝缘棒一样，应每年试验一次，其耐压试验标准见表4－3。

表4－3　　绝缘夹钳耐压试验标准

名　称	电压等级（kV）	周　期	交流耐压（kV）	时　间（min）
绝缘夹钳	35及以下	每年一次	3倍线电压	5
	110		260	
	220		400	

三、高压验电器

验电器又称测电器、试电器或电压指示器，它可分为高压和低压两类，见图4－5。

图4－5　验电器

根据所使用的工作电压，高压验电器一般制成10kV和35kV两种。

1. 用途

验电器是检验电气设备、电器、导线上是否有电的一种专用安全用具。当每次断开电源进行检修时，必须先用它验明设备确实无电后，方可进行工作，见图4－6。

2. 结构

验电器可分为指示器和支持器两部分（见图4－7）。

(1) 指示器是一个用绝缘材料制成的空心管，管的一端装有金属制成的工作触头1，管内装有一个氖灯2和一组电容器3，

图 4-6　验电器的用途

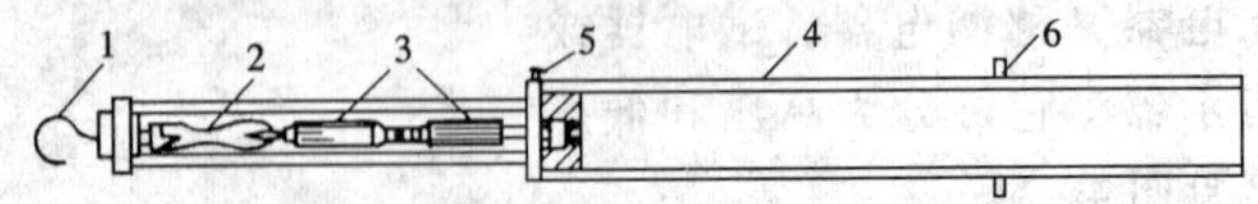

图 4-7　验电器结构

1—工作触头；2—氖灯；3—电容器；4—支持器；
5—接地螺丝；6—隔离护环

在管的另一端装有一金属接头，用来将管接在支持器上。

(2) 支持器 4 是用胶木或硬橡胶制成的，分为绝缘部分和握手部分（握柄），在两者之间装有一个比握柄直径稍大的隔离护环 6。

3. 使用注意事项

(1) 必须使用电压和被验设备电压等级相一致的合格验电器。验电操作顺序应按照验电“三步骤”进行，即在验电前，应将验电器在带电的设备上验电，以验证验电器是否良好，然后再在已停电的设备进出线两侧逐相验电。当验明无电后再把验电器在带电设备上复核一下，看其是否良好。

（2）验电时，应戴绝缘手套，验电器应逐渐靠近带电部分，直到氖灯发亮为止，验电器不要立即直接触及带电部分。

（3）验电时，验电器不应装接地线，除非在木梯、木杆上验电，不接地不能指示者，才可装接地线。

（4）验电器用后应存放于匣内，置于干燥处，避免积灰和受潮。

4. 检查与试验

（1）每次使用前都必须认真检查，主要检查绝缘部分有无污垢、损伤、裂纹；检查指示氖泡是否损坏、失灵。

（2）对高压验电器应每半年试验一次，一般验电器的试验分发光电压试验和耐压试验两部分，试验标准见表 4－4。

表 4－4　验电器的试验标准

验电器额定电压（kV）	发光电压试验		耐压试验			
	氖气管起辉电压（kV）	氖气管清晰电压（kV）	接触端和电容器引出端之间		电容器引出端和护环边界之间	
			试验电压（kV）	试验时间（min）	试验电压（kV）	试验时间（min）
10 及以下	2.0	2.5	25	1	40	5
35 及以下	8.0	10	35	1	105	5

四、GHY 型高压回转验电器介绍

GHY 型高压回转验电器是由原上海供电局引进消化吸收国外先进技术研制的一种新型高压验电器，如图 4－8 所示。

1. 测试原理

它是利用带电导体尖端放电产生的电风（即通过电晕放电产生的电晕风）来驱使指示叶片旋转，从而检测是否有电的（故也称风车式验电器）。

2. 结构、型号及动作原理

GHY 高压回转验电器主要由回转指示器和长度可以自由伸

图 4－8　GHY 型高压回转验电器

缩的绝缘棒组成。使用时，将回转指示器触及线路或电气设备，若设备带电，指示叶片则旋转；反之则不旋转。因此醒目明显、便于识别。

根据不同的使用电压，GHY 验电器有三种型号，其有关数据见表 4－5。

表 4－5　　验电器型号及有关数据

型　号	使用电压（kV）	指示器颜色	配用绝缘棒
GHY－10	6～10	绿	0.9m　2 节
GHY－35	35	黄	0.9m　2 节
GHY－110	110～220	红	1.2m　4 节

3. 适用范围

这种验电器具有灵敏度高、选择性强、信号指示鲜明、操作方便等优点，不论在线路、杆塔上或变电所内都能够正确、明显地指示电力设备有无电压，它适用于6kV及以上的交流电压。

4. 使用方法及注意事项

(1) 使用前，应按所测验设备（线路）的电压等级，选用合适型号的回转指示器和绝缘棒。

(2) 使用前，应观察回转指示器叶片有无脱轴现象（脱轴者不得使用)，然后将回转指示器握在手中轻轻摇晃，其叶片应稍有摆动。

(3) 在现场设备停电的情况下使用验电器时，在使用前，需用GFS型高压发生试验器对回转指示器进行检验，证实良好后方可使用。

(4) 把检验过的回转指示器旋在绝缘棒上固定，并用绸布将其表面拭净，然后转动至所需角度，以便使用时观察方便。

(5) 根据电力设备所需测试的电压等级，将绝缘棒拉伸至规定长度。绝缘棒上标有红线，红线以上部位表示内有电容元件，且属带电部分，该部分应按《安全工作规程》要求与邻近导体或接地体保持必要的安全距离。

(6) 使用验电器时，工作人员的手必须握在绝缘棒护环以下的部位，不准超过护环。

(7) 在测试时，应逐渐靠近被测设备。一旦指示器叶片开始正常回转，即说明该设备有电，应随即离开被测设备。叶片不能长期回转，以保证验电器的使用寿命。

(8) 本验电器在多回路平行架空线上对其中任一回路进行验电时，均不受其他运行线路感应电压的影响。当电缆或电容器上存在残余电荷电压时，回转指示器叶片仅短时缓慢转动几圈，即自行停转，因此它可以准确鉴别设备停电与否。

(9) 回转指示器应妥善保管，不得强烈振动或冲击，也不准擅自调整拆装。

(10) 回转验电器只适用于户内或户外良好天气下使用，在雨、雪等环境下禁止使用。

(11) 每次使用完毕，在收缩绝缘棒及取下回转指示器放入包装袋之前，应将表面尘埃拭净，并存放在干燥通风的地方，避免受潮。

(12) 为保证使用安全，验电器应每半年进行一次预防性电气试验。

五、低压验电器

低压验电器又称试电笔或验电笔。

1. 用途

这是一种检验低压电气设备、电器或线路是否带电的一种用具，也可以用它来区分火（相）线和地（中性）线。试验时氖管灯泡发亮的即为火线。此外还可以用它区分交、直流电，当交流电通过氖管灯泡时，两极附近都发亮，而直流电通过氖管灯泡时，仅一个电极发亮。

2. 结构

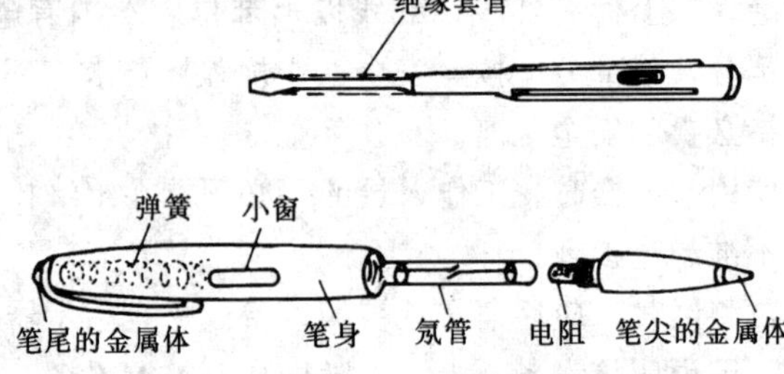

图 4－9　低压验电器的结构

低压验电器的结构如图 4－9 所示。在制作时为了工作和携带方便，常做成钢笔式或螺丝刀式。但不管哪种形式，其结构都类似，都是由一个高值电阻、氖管、弹簧、金属触头和笔身组成。

3. 使用

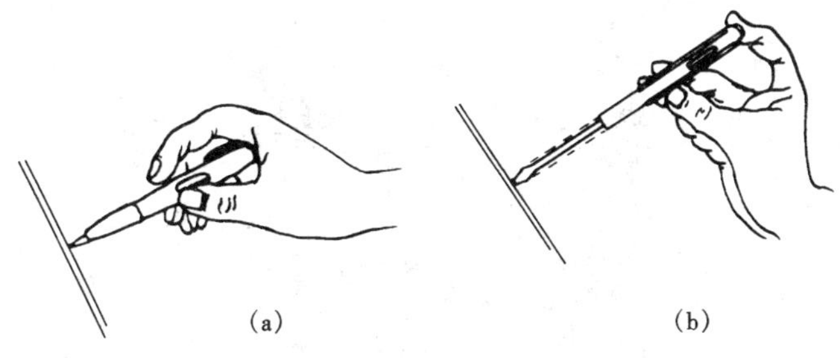

图 4－10 验电笔的使用

(1) 使用时，手拿验电笔，用一个手指触及金属笔卡，金属笔尖顶端接触被检查的带电部分，看氖管灯泡是否发亮（见图 4－10)。如果发亮，则说明被检查的部分是带电的，并且灯泡愈亮，说明电压愈高。

(2) 低压验电笔在使用前、后也要在确知有电的设备或线路开关、插座上试验一下，以证明其是否良好。

(3) 低压验电笔并无高压验电器的绝缘部分，故绝不允许在高压电气设备或线路上进行试验，以免发生触电事故，只能在 100～500V 范围内使用。

第三节 辅助安全用具

一、绝缘手套

1. 作用

绝缘手套是在高压电气设备上进行操作时使用的辅助安全用具，如用来操作高压隔离开关、高压跌落开关、油开关等；在低压带电设备上工作时，把它作为基本安全用具使用，即使用绝缘手套可直接在低压设备上进行带电作业。绝缘手套可使人的两手与带电物绝缘，是防止同时触及不同极性带电体而触电的安全用品（见图 4－11)。

2. 式样及技术数据

绝缘手套用特种橡胶制成，其式样如图 4－12 所示。

图 4-11 绝缘手套

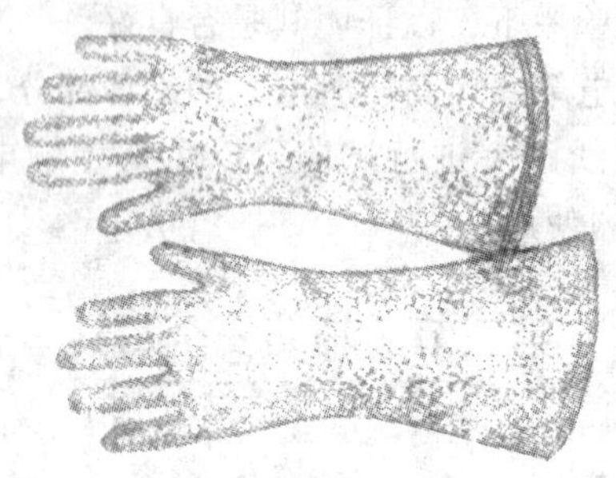

图 4-12 绝缘手套式样

现以天津市劳动保护橡胶厂生产的绝缘手套为例列出绝缘手套的技术数据见表 4-6。

由表 4-6 可知，有 12kV 和 5kV 两种绝缘手套，且都是以其试验电压而命名的。

3. 使用及保管注意事项

（1）每次使用前应进行外部检查，查看表面有无损伤、磨损或破漏、划痕等。如有砂眼漏气情况，应禁止使用。检查方法是，将手套朝手指方向卷曲，当卷到一定程度时，内部空气因体积减小、压力增大，手指鼓起，为不漏气者，即为良好（见图4－13）。

表4－6　　绝缘手套的技术数据

项　　目		单　　位	12kV绝缘手套	5kV绝缘手套
试验电压		kV	12	5
使用电压			1kV以上为辅助安全用具，1kV以下为基本安全用具	1kV以下为辅助安全用具
物理性能	扯断强度	MPa（兆帕）	15.68以上	15.68以上
	伸长率	%	600以上	600以上
	硬　度	邵氏	35±5	35±5
规格	长度	mm	380±10	380±10
	厚度	mm	1～1.5	1±0.4

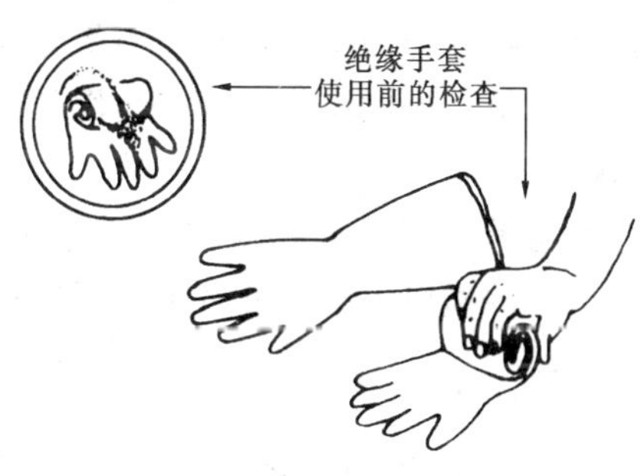

图4－13　手套使用前的检查

（2）使用绝缘手套时，里面最好戴上一双棉纱手套，这样夏天可防止出汗而操作不便，冬天可以保暖。戴手套时，应将外衣袖口放入手套的伸长部分里。

（3）绝缘手套使用后应擦净、晾干，最好洒上一些滑石粉，以免粘连。

（4）绝缘手套应存放在干燥、阴凉的地方，并应倒置在指形支架上或存放在专用的柜内，与其他工具分开放置，其上不得堆压任何物件。

(5) 绝缘手套不得与石油类的油脂接触，合格与不合格的绝缘手套不能混放在一起，以免使用时拿错。

4. 试验及标准

绝缘手套每半年试验一次，其试验标准见表 4－7。

表 4－7　　绝缘手套试验标准

名　称	电压等级（kV）	周　期	交流耐压（kV）	泄漏电流（mA）	时　间（min）
绝缘手套	高　压	每六个月一次	8	≤9	1
	低　压		2.5	≤2.5	

二、绝缘靴（鞋）

1. 作用

绝缘靴（鞋）的作用是使人体与地面绝缘。绝缘靴是高压操作时用来与地保持绝缘的辅助安全用具，而绝缘鞋用于低压系统中，两者都可作为防护跨步电压的基本安全用具。

2. 式样及规格

绝缘靴（鞋）也是由特种橡胶制成的。绝缘靴通常不上漆，这是和涂有光泽黑漆的橡胶水靴在外观上所不同的，其式样如图 4－14 所示。

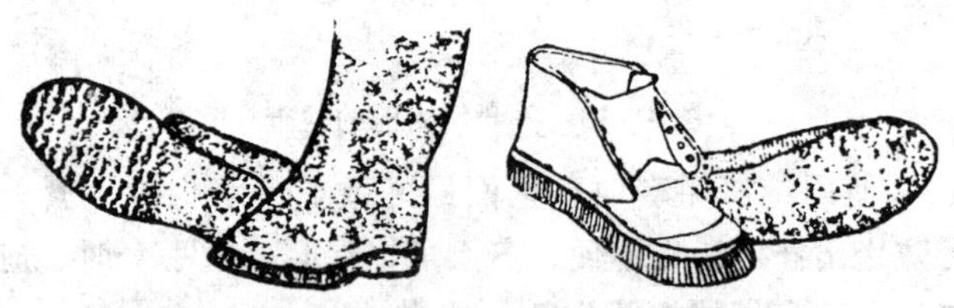

图 4－14　绝缘靴（鞋）的式样

绝缘靴有以下规格：37～41 号，靴筒高 230±10mm；41～43 号，靴筒高 250±10mm。绝缘鞋的规格为 35～45 号。

3. 使用及保管注意事项

(1) 绝缘靴（鞋）不得当作雨鞋或作其他用，其他非绝缘靴

（鞋）也不能代替绝缘靴（鞋）使用。

(2) 为了使用方便，一般现场至少配备大、中号绝缘靴各两双，以便大家都有靴穿用。

(3) 绝缘靴（鞋）如试验不合格，则不能再穿用。对绝缘鞋，可从其大底面磨损程度作初步判断。当大底面磨光并露出黄色面胶（绝缘层）时，就不能再穿用了。

(4) 绝缘靴（鞋）在每次使用前应进行外部检查，查看表面有无损伤、磨损或破漏、划痕等。如有砂眼漏气，应禁止使用。

(5) 绝缘靴（鞋）应存放在干燥、阴凉的地方，并应存放在专用的柜内，要与其他工具分开放置，其上不得堆压任何物件。

(6) 不得与石油类的油脂接触，合格与不合格的绝缘靴（鞋）不能混放在一起，以免使用时拿错。

4. 试验标准

绝缘靴的试验标准见表 4 – 8。

表 4 – 8　　绝缘靴的试验标准

名　称	电压等级	周　期	交流耐压 (kV)	泄漏电流 (mA)	时　间 (min)
绝缘靴	高　压	每六个月一次	15	≤7.5	1

三、绝缘垫

1. 作用

绝缘垫的保安作用与绝缘靴基本相同，因此可把它视为是一种固定的绝缘靴。绝缘垫一般铺在配电装置室等地面上以及控制屏、保护屏和发电机、调相机的励磁机等端处，以便带电操作开关时，增强操作人员的对地绝缘，避免或减轻发生单相短路或电气设备绝缘损坏时，接触电压与跨步电压对人体的伤害；在低压配电室地面上铺绝缘垫，可代替绝缘鞋，起到绝缘作用，因此在 1kV 及以下时，绝缘垫可作为基本安全用具；而在 1kV 以上时，仅作辅助安全用具（见图 4 – 15）。

图 4-15 绝缘垫

2. 规格

绝缘垫也是由特种橡胶制成的，表面有防滑条纹或压花，有时也称它为绝缘毯。绝缘垫的厚度有 4、6、8、10、12mm 五种，宽度常为 1m，长度为 5m，其最小尺寸不宜小于 0.75m×0.75m。

3. 使用及保管注意事项

(1) 在使用过程中，应保持绝缘垫干燥、清洁，注意防止与酸、碱及各种油类物质接触，以免受腐蚀后老化、龟裂或变粘，降低其绝缘性能。

(2) 绝缘垫应避免阳光直射或锐利金属划刺，存放时应避免与热源（暖气等）距离太近，以防急剧老化变质，绝缘性能下降。

(3) 使用过程中要经常检查绝缘垫有无裂纹、划痕等，发现有问题时要立即禁用并及时更换。

4. 试验及标准

绝缘垫每两年应试验一次。

(1) 试验标准。在 1kV 及以上场所使用的绝缘垫，其试验电压不低于 15kV。试验电压依其厚度的增加而增加，见表 4-9；使用在 1kV 以下者，其试验电压为 5kV，试验时间都为 2min。

表 4-9　绝缘垫的试验标准

序　号	绝缘垫厚度（mm）	试验电压（kV）	时间（min）
1	4	15	2
2	6	20	2
3	8	25	2
4	10	30	2
5	12	35	2

(2) 试验接线及方法。绝缘垫试验接线如图 4-16 所示。试

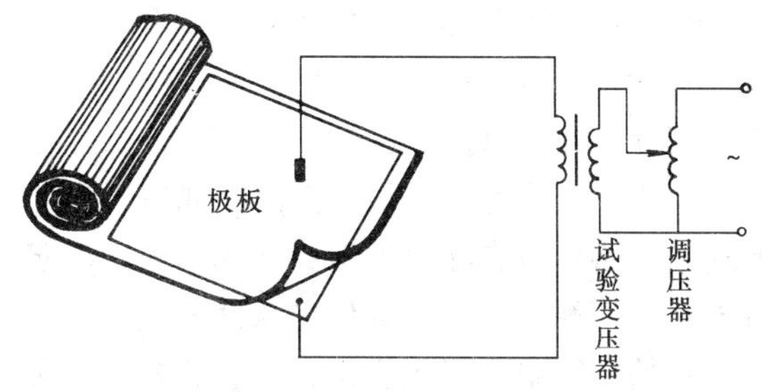

图 4－16　绝缘垫试验接线

验时使用两块平面电极板，电极距离可以调整，以调到与试验品能接触时为止。把一整块绝缘垫划分成若干等分，试了一块再试相邻的一块，直到所划等分全部试完为止。试验时先将要试的绝缘垫上下铺上湿布，布的大小与极板的大小相同，然后再在湿布上下面铺好极板，中间不应有空隙，然后加压试验，极板的宽度应比绝缘垫宽度小 10～15cm。

四、绝缘台

1. 作用

绝缘台是一种用在任何电压等级的电力装置中作为带电工作时的辅助安全用具，其作用与绝缘垫、靴相同（见图 4－17）。

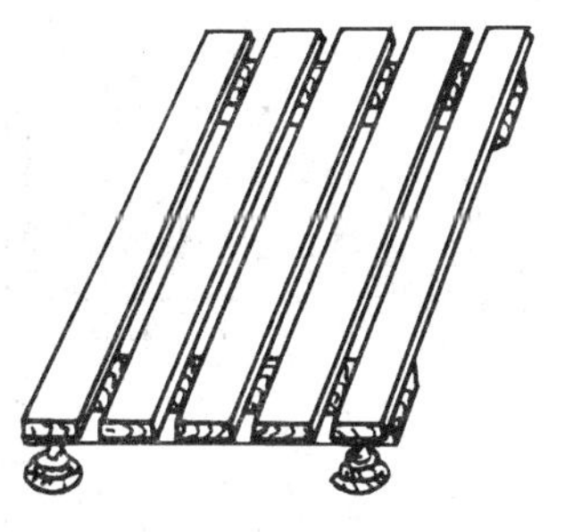

图 4－17　绝缘台

2. 制作及规格

绝缘台的台面用干燥、木纹直，且无节疤的木板或木条拼成，相邻板条留有一定的缝隙，以便于检查绝缘支持瓷瓶是否有损坏。台面板四脚用绝缘支持瓷瓶与地面绝缘并作台脚之用。

绝缘台最小尺寸不宜小于 0.8m×0.8m，最大尺寸不宜超过 1.5m×1.0m，以便于检查。台面板条间距不宜大于 2.5cm，以免鞋跟陷入。绝缘瓷瓶高度不得小于 10cm，台面板边缘不得伸出绝缘子以外，以免绝缘台倾翻，使作业人员摔倒。为增加绝缘台的绝缘性能，台面木板（木条）应涂绝缘漆。

3. 使用及保管注意事项

（1）绝缘台多用于变电所和配电室内。如用于户外，应将其置于坚硬的地面，不应放在松软的地面或泥草中，以避免台脚陷入泥土中造成站台面触及地面而降低绝缘性能。

（2）绝缘台的台脚绝缘瓷瓶应无裂纹、破损，木质台面要保持干燥清洁。

（3）绝缘台使用后应妥加保管，不得随意登、踩或作板凳坐用。

4. 试验及标准

绝缘台一般三年试验一次。

（1）试验标准。绝缘台试验标准与使用电压等级无关，一律加交流电压 40kV，持续时间为 2min。

（2）试验接线及方法。绝缘台试验接线见图 4 – 18 所示。

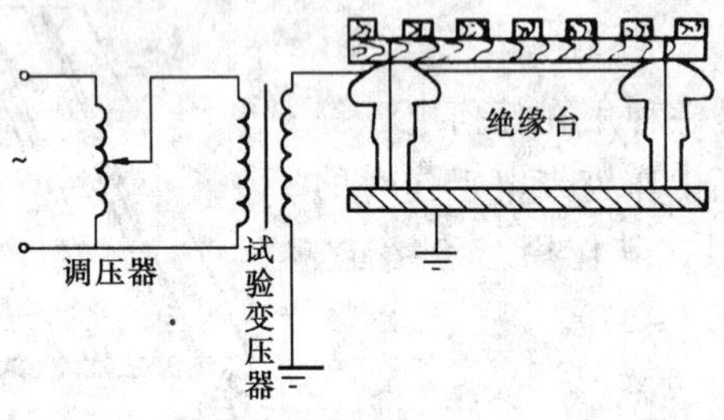

图 4 – 18　绝缘台试验接线

绝缘台是整体进行试验的。把绝缘台瓷瓶上下部分接在试验变压器的二次（高压）侧，电压加在上下部分之间；缓慢调电压直至升到试验电压为止，并持续 2min；在试验过程中若发现有跳火花情况，或试后除去电压用手摸试瓷瓶有发热现象时，则为不合格。

第四节　防护安全用具

为了保证电力工人在生产中的安全和健康，除在作业中使用基本安全用具和辅助安全用具以外，还应使用必要的防护安全用具，如安全带、安全帽、防护眼镜等，这些防护用具的作用是其他安全用具所不能替代的。

一、安全带

1. 安全带的作用

安全带是高空作业工人预防坠落伤亡的防护用品，它广泛用于发电、供电、火（水）电建设和电力机械修造部门。在发电厂进行检修时或在架空线路杆塔上和变电所户外构架上进行安装、检修、施工时，为防止作业人员从高空摔跌，必须使用安全带予以防护，否则就可能出事故（见图 4－19）。

图 4－19　安全带

实例 4－1　6m 坠落险身亡，只因未系安全带。1993 年 2 月 17 日，某电业局线路检修班在 10kV 跨越 × 市海滨线的作业中，作业班长令一青工登杆合闸送电。该青工没有找着安全带便爬上杆子约 6m 处，用绝缘棒合好两相刀闸，正待侧身去合上第三相刀闸时，不慎失足摔跌到水泥地面上，造成头部颅底骨折，险些丧命。

实例 4－2　安全带未系好，造成脊椎骨骨折。某供电局一 35kV 线路停电检修，工作负责人孙 × 与工人陆 × 等三人在 76 号杆塔做恢复塔头线的工作。到达现场后陆 × 等束好安全带（并未检查是否真正束好），站在下横担处转身准备验电时，突然双手向上一抓，人和验电笔一起从 9.8m 处坠落下去，造成休克。到医院检查，脊椎骨压缩性骨折，双下肢失去知觉。事后调查分析发现：陆 × 身上的安全带围绳弹簧搭扣已不在左边环里，而是误扣在衣服上。系安全带时未检查是否扣好是这次事故的直接原因。

2. 类型与结构

安全带是由带子、绳子和金属配件组成的。根据作业性质的不同，其结构形式也有所不同，主要有围杆作业安全带、悬挂作业安全带两种，见图 4－20，它们的结构如图 4－21、图 4－22 所示。

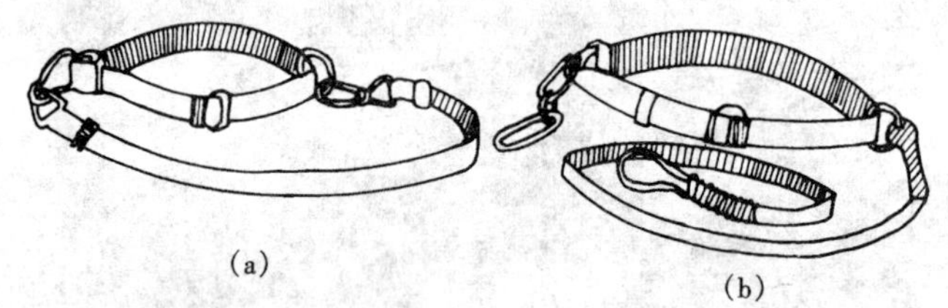

图 4－20　安全带类型

（a）围杆带；（b）悬挂带

3. 适用范围

围杆作业安全带适用于电工、电信工等杆上作业；悬挂作业安全带适用于建筑、安装等工作。

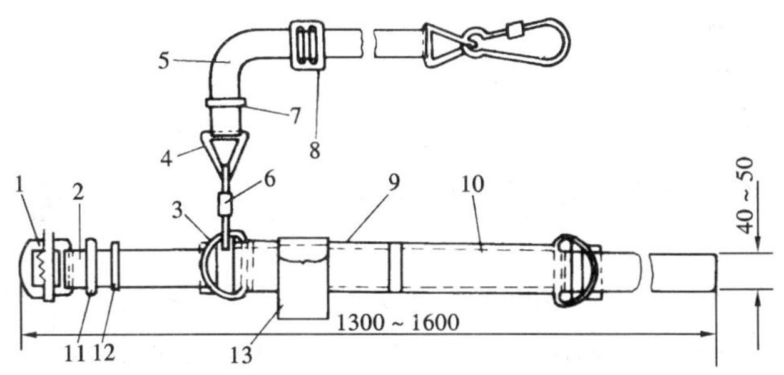

图 4－21　DW_1Y 电工围杆单腰带

1—腰带卡子；2—腰带；3—半圆环；4—三角环；5—围杆带；6—挂钩；7、11、12—箍；8—三道联；9—护腰带；10—缝线；13—袋

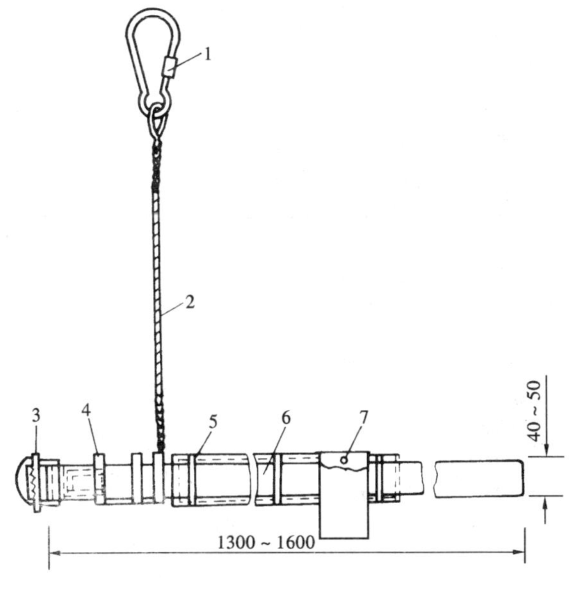

图 4－22　J_1XYI 型悬挂单腰带

1—大挂钩；2—安全绳；3—腰带卡子；4—箍；5—护腰带；6—腰带；7—袋

4. 材料

安全带和绳必须用锦纶、维尼纶、蚕丝等材料制作。但因蚕丝原料少、成本高，故目前多以锦纶为主要材料。电工围杆带可用黄牛革制作，金属配件用普通碳素钢或铝合金钢制作。

5. 质量标准

安全带的质量指标主要是破断强度，即要求安全带在一定静拉力试验时不破断为合格；在冲击试验时，以各配件不破断为合格。安全带的带、绳和金属配件的破断拉力见表 4 - 10、表 4 - 11。

表 4 - 10　　带、绳的破断拉力

名　　称	破断拉力（kgf①）			
	电　工	电信工	架子工	高空作业
腰　　带	1200	1200	—	1200
	—	—	1500	—
围杆带和绳	1200	1200	—	—
围　腰　带	—	1500	—	—
背　　带	—	—	700	1000
吊、胸、腿带	—	—	—	700
安全绳	—	—	1500	1500

① 1kgf（公斤力）= 9.80665N（牛）。

表 4 - 11　　金属配件的破断拉力

名　　称	破断拉力（kgf①）			
	电　工	电信工	架子工	高空作业
挂　　钩	1200	1200	1200	1200
圆　　环	1200	1200	1200	1200
半　圆　环	1200	—	—	1200
活梁卡子 59 × 38	1120	1120	1120	1120
活梁卡子 39 × 30	—	—	—	600
固定卡子	—	—	600	600
三角挂环	1120	—	—	—
调节挂环	—	1120	—	—

① 1kgf = 9.80665N。

6. 使用和保管注意事项

（1）安全带使用前，必须作一次外观检查，如发现破损、变质及金属配件有断裂者，应禁止使用，平时不用时也应一个月作一次外观检查。

（2）安全带应高挂低用或水平拴挂。高挂低用就是将安全带的绳挂在高处，人在下面工作；水平拴挂就是使用单腰带时，将安全带系在腰部，绳的挂钩挂在和带同一水平的位置，人和挂钩保持差不多等于绳长的距离。切忌低挂高用，并应将活梁卡子系紧。

（3）安全带使用和存放时，应避免接触高温、明火和酸类物质，以及有锐角的坚硬物体和化学药物。

（4）安全带可放入低温水中，用肥皂轻轻擦洗，再用清水漂干净，然后晾干，不允许浸入热水中，以及在日光下曝晒或用火烤。

（5）安全带上的各种部件不得任意拆掉，更换新绳时要注意加绳套，带子使用期为 3～5 年，发现异常应提前报废。

7. 试验及标准

安全带的试验周期为半年，试验标准见表 4－12。

表 4－12　　安全带试验标准

名　称		试验静拉力（N）	试验周期	外表检查周期	试验时间（min）
安全带	大皮带	2205	半年一次	每月一次	5
	小皮带	1470			—

二、安全帽

（一）作用

安全帽是用来保护使用者头部或减缓外来物体冲击伤害的个人防护用品，广泛应用于电力系统生产、基建修造等工作场所，预防从高处坠落物体（器材、工具等）对人体头部的伤害。如在发电厂锅炉、汽（水）轮机以及变电构架、架空线路安装及检修时，为防止杆塔上工作人员和工具器材、构架相互碰撞而头部受伤，或杆塔、构架上工作人员失落的工具和器件击伤地面人员，因此无论高处作业人员及地面上配合人员都应戴安全帽，见图4－23。

图4－23　安全帽

实例4－3　安全帽救了一条命。某电力局送变电工区更换花河子电杆，杆上作业人员未将紧线钳扳手放好，中午在杆下休息时，扳手从杆上掉下，恰好落在正在杆下休息的××工人的头上，幸好该工人头上戴了安全帽，才避免了一场人身伤亡事故的发生。

实例4－4　某供电局送电工区检修班对一条35kV线路的两基杆进行加高戴帽工作，当将杆帽吊至杆顶，杆上工作人员用撬杠将杆帽固定在杆尖的螺丝孔内，并用穿心螺丝进行加固时，不慎将固定在杆帽的撬杠顶掉。撬杠从 16m 的高空直落杆下，正好砸到站在杆下拉绳子的工人头上，撬杠将安全帽砸了一个长约 19cm、宽 4cm 的大洞，帽沿也被砸掉一块，该工人也几乎被砸倒在地，若不是头上戴了安全帽，其后果是不堪设想的。

实例 4－5 某电厂龙门吊车检修工作正在进行，突然一阵大风将一块约 4kg（千克）重的风化水泥块从近 10m 高的卸煤沟棚房房檐下吹落，刚好砸在正在地面作业的检修工张××头上，当即将张砸倒在地。幸亏张戴了安全帽，否则后果不堪设想。

可见，安全帽虽小，作用却大，在关键时刻，一顶小小的安全帽起了重要作用，救了他们三人的命。

（二）保护原理

安全帽对头颈部的保护基于两个原理：

（1）使冲击载荷传递分布在头盖骨的整个面积上，避免打击一点；

（2）头与帽顶空间位置构成一能量吸收系统，可起到缓冲作用，因此可减轻或避免伤害。

（三）普通型安全帽

1. 结构

普通型安全帽主要由以下几部分构成：

（1）帽壳。安全帽的外壳，包括帽舌、帽沿。帽舌位于眼睛上部的帽壳伸出部分；帽沿是指帽壳周围伸出的部分。

（2）帽衬。帽壳内部部件的总称，由帽箍、顶衬、后箍等组成。帽箍为围绕头围部分的固定衬带；顶衬为与头顶部接触的衬带；后箍为箍紧于后枕骨部分的衬带。

（3）下颏带。为戴稳帽子而系在下颏上的带子。

（4）吸汗带。包裹在帽箍外面的吸汗材料。

（5）通气孔。使帽内空气流通而在帽壳两侧设置的小孔。

帽壳和帽衬之间有 2～5cm 的空间，帽壳呈圆弧形，其式样如图 4－24 所示。帽衬做成单层的和双层的两种，双层的更安全。安全帽的重量一般不超过 400g（克）。帽壳用玻璃钢、高密

图 4-24 普通型安全帽

度低压聚乙烯（塑料）制作，颜色一般以浅色或醒目的白色和浅黄色为多。

2. 技术性能

(1) 冲击吸收性能。试验前按要求处理安全帽。用 5kg 重的钢锥自 1m 高度落下，打击木质头模（代替人头）上的安全帽，进行冲击吸收试验，头模所受冲击力的最大值不应超过 4.9kN (500kgf)。

(2) 耐穿透性能。用 3kg 重的钢锥自 1m 高处落下，进行耐穿透试验，钢锥不与头模接触为合格。

(3) 电绝缘性能。用交流 1.2kV 试验 1min，泄漏电流不应超过 1.2mA。

此外，还有耐低温、耐燃烧、侧向刚性等性能要求。冲击吸收试验的目的是观察帽壳和帽衬受冲击力后的变形情况；穿透试验是用来测定帽壳强度，以了解各类尖物扎入帽内时是否对人体头部有伤害。

安全帽的使用期限视使用状况而定。若使用、保管良好，可使用 5 年以上。

（四）电报警安全帽

电报警安全帽是我国近几年研制的一种新型产品，重庆康融电器厂生产的 DBM－Ⅲ－$\frac{A}{B}$ 型就是其中的一种，其式样如图4－25所示。

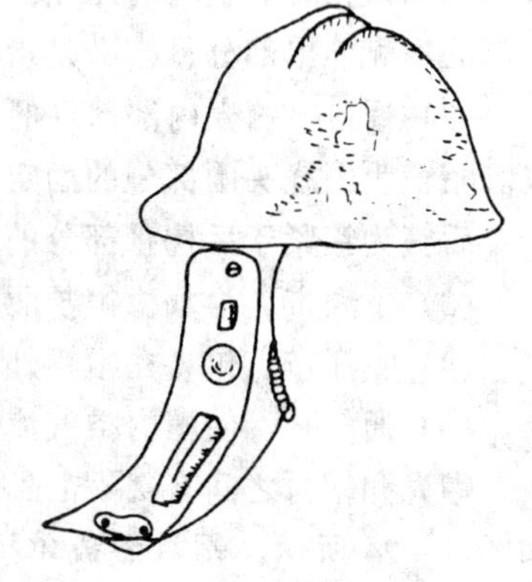

图 4-25 电报警安全帽

1. 作用

电力工人在有触电危险的环境里进行维修高、低压供电线路或检修、安装电气设备作业时，如接近带电设备至安全距离，安全帽则会自动报警，从而起到提示作业人员，避免人身触电事故发生的作用。通过现场使用证实，此安全帽在报警距离内报警正确可靠，除具有普通安全帽的作用外，还具有非接触性检验高、低压线路是否断电和断线等功能。报警安全帽的开始报警距离见表 4－13。

表 4－13　电报警安全帽的开始报警距离

线电压（kV）＼开始报警距离 h (m)＼型号	DBM－Ⅲ－A（h ± 30%）	DBM－Ⅲ－B（h ± 20%）
6	1	—
10	1.3	0.9
35	3.4	1.7
110	—	3.0
220	—	4.2

2. 主要技术数据

（1）报警电流为 0.3 ~ 1.5mA；

（2）电源为 3V CR2032 锂电池，寿命一年以上；

（3）使用温度为 10 ~ +50℃；

（4）使用环境的相对湿度小于 90%；

（5）380V、220V 电压开始报警距离小于 0.2m。

3. 使用范围

DBM－Ⅲ－A 型电报警安全帽供电力系统检修 220V ~ 35kV 线路使用，也能检测各种用电器是否带电、漏电等。DBM－Ⅲ－B 型电报警安全帽供电力系统工人检修高压供电线路用。

4. 使用方法

（1）每次使用电报警安全帽前，选择灵敏开关于高或低档，然后按一下安全帽的自检开关。若能发出音响信号，即可使用。

（2）头戴或手持电报警安全帽检修架空电力线路和用电设备

时，在报警距离范围内，若能发出报警声音，表明带电，否则不带电。

(3) 将 DBM－Ⅲ－A 型电报警帽接近电气设备机壳时，若发出报警信号，表明机壳带电或漏电。

5. 注意事项

(1) 在接近高压报警距离范围时，必须再按一下帽内自检开关。若能发出自检声音，方可进入高压区域作业。

(2) 当发现自检报警音调明显降低时，表明电池已快耗尽，可换新的电池。更换时应注意极性。

(3) 安全帽应放置在室内干燥、通风并远离电源线 0.5m 不漏电的地方。

(4) 当环境湿度大于 90% 时，报警距离准确度要受影响，使用时请加注意。

三、携带型接地线

1. 作用

当对高压设备进行停电检修或进行其他工作时，接地线可防止设备突然来电和邻近高压带电设备产生感应电压对人体的危害，还可用以放尽断电设备的剩余电荷（见图 4－26）。

2. 组成

携带型接地线由以下几部分组成：

(1) 专用夹头（线夹）。有连接接地线到接地装置的专用夹头 4、连接短路线到接地线部分的专用夹头 5 和短路线连接到母线的专用夹头 1，如图 4－27 所示。

(2) 多股软铜线。其中相同的三根短的软铜线 2 是接向三根相线用的，它们的另一端短接在一起；一根长的软铜线 3 是接向接地装置端的。多股软铜线的截面应符合短路电流的要求，即在短路电流通过时，铜线不会因产生高热而熔断，且应保持足够的机械强度，故该铜线截面不得小于 $25mm^2$。铜线截面的选择应视该接地线所处的电力系统而定。电力系统比较大的，短路容量也大，这时应选择较大截面的短路铜线。

图 4-26　携带型接地线示意

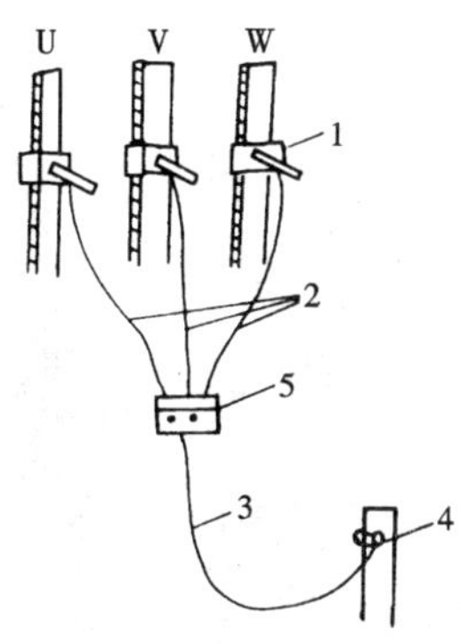

图 4-27　接地线的组成
1，4，5—专用夹头（线夹）；
2—三相短路线；3—接地线

3．装拆顺序

接地线装拆顺序的正确与否是很重要的。装设接地线必须先接接地端，后接导体端，且必须接触良好；拆接地线的顺序与此相反，见图 4-28。

4．使用和保管注意事项

（1）使用时，接地线的连接器（线卡或线夹）装上后接触应良好，并有足够的夹持力，以防短路电流幅值较大时，由于接触不良而熔断或因电动力的作用而脱落。

（2）应检查接地铜线和三根短接铜线的连接是否牢固，一般应由螺丝拴紧后，再加焊锡焊牢，以防因接触不良而熔断。

（3）装设接地线必须由两人进行，装、拆接地线均应使用绝缘棒和戴绝缘手套，见图 4-29。

（4）接地线在每次装设以前应经过详细检查，损坏的接地线应及时修理或更换，禁止使用不符合规定的导线作接地线或短路线之用。

（5）接地线必须使用专用线夹固定在导线上，严禁用缠绕的方法进行接地或短路。

（6）每组接地线均应编号，并存放在固定的地点，存放位置

(a)

(b)

图 4－28　装拆接地线

(a) 接接地端；(b) 接导体端

亦应编号。接地线号码与存放位置号码必须一致，以免在较复杂的系统中进行部分停电检修时，发生误拆或忘拆接地线而造成事故。

(7) 接地线和工作设备之间不允许连接刀闸或熔断器，以防它们断开时，设备失去接地，使检修人员发生触电事故。

四、临时遮栏

1. 作用

这是用来防护工作人员意外碰触或过分接近带电体而造成人身触电事故的一种安全防护用具；也可作为工作位置与带电设备之间安全距离不够时的安全隔离装置。

图 4－29　必须两人进行装设接地线

2．制作

临时遮栏可用干燥木材、橡胶或其他坚韧绝缘材料制成，不能用金属材料制作，高度至少应有 1.7m，应安置牢固，并悬挂“止步，高压危险！”的标示牌，如图 4－30 所示。

对于 35kV 及以下设备的临时遮栏，如因工作特殊需要，可用绝缘挡板与带电部分直接接触，但此种挡板必须具有高度的绝

图 4－30　临时遮栏

缘性能。

图 4－31　标示牌

五、标示牌

1. 作用

标示牌用来警告工作人员，不得接近设备的带电部分，提醒工作人员在工作地点采取安全措施，以及表明禁止向某设备合闸送电（见图 4－31），指出为工作人员准备的工作地点等。

2. 分类

标示牌根据其用途可分为警告类、允许类、提示类和禁止类等四类共六种，每种标示牌的式样及悬挂处所见表 4－14。标示牌的类型如图 4－32 所示。

表 4－14　　标示牌式样

序号	名称	悬挂处所	式样		
			尺寸（mm）	颜色	字样
1	禁止合闸，有人工作！	一经合闸即可送电到施工设备的断路器（开关）和隔离开关（刀闸）操作把手上	200×100 和 80×50	白底	红字
2	禁止合闸，线路有人工作！	线路断路器（开关）和隔离开关（刀闸）把手上	200×100 和 80×50	红底	白字
3	在此工作！	室外和室内工作地点或施工设备上	250×250	绿底，中有直径 210mm 白圆圈	黑字，写于白圆圈中
4	止步，高压危险！	施工地点邻近带电设备的遮栏上；室外工作地点的围栏上；禁止通行的过道上；高压试验地点；室外构架上；工作地点邻近带电设备的横梁上	250×200	白底红边	黑字，有红色闪电符号

续表

序号	名　称	悬挂处所	式　　样		
			尺寸(mm)	颜　色	字　样
5	从此上下！	工作人员上下用的铁架、梯子上	250×250	绿底，中有直径 210mm 白圆圈	黑字，写于白圆圈中
6	禁止攀登，高压危险！	工作人员上下的铁架邻近可能上下的另外铁架上，运行中变压器的梯子上	250×200	白底红边	黑字

禁止合闸，
有人工作！

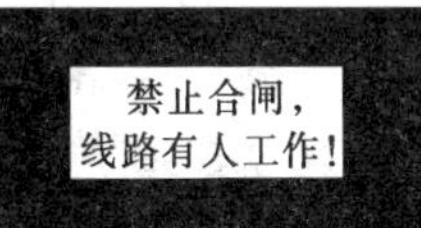

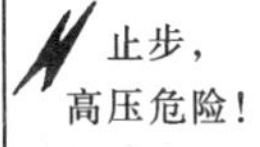

禁止攀登，
高压危险！

图 4－32　标示牌类型

3. 制作及悬挂

标示牌可用木材或绝缘材料制作，不得用金属板制作。标示牌的悬挂和拆除应按《电业安全工作规程》进行，标示牌的悬挂位置和数目亦应根据具体情况和安全工作的要求来确定。现场有时根据需要也可制作一些非标准化的标示牌（即上述六种以外的），其字样和式样可因地制宜，以能达到安全和悬挂醒目即可。

六、脚扣

脚扣是攀登电杆的主要工具。

1. 结构形式

脚扣是用钢或合金铝材料制作的近似半圆形、带皮带扣环和脚登板的轻便登杆用具，有木杆和水泥杆用的两种形式，如图4－33所示。木杆用脚扣的半圆环和根部均有突起的小齿，以便登杆时刺入杆中起防滑作用；水泥杆用脚扣的半圆环和根部装有

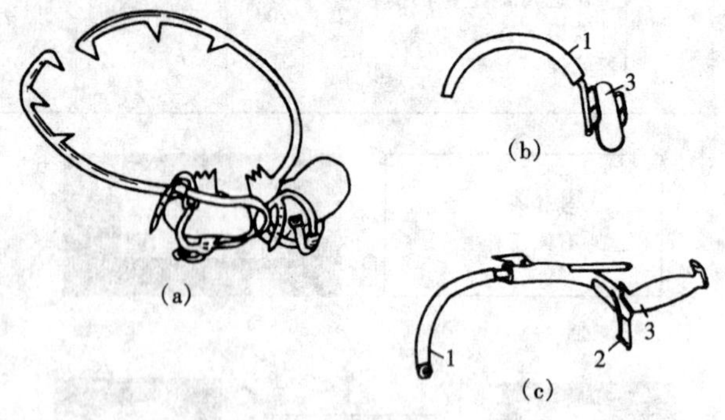

图 4－33　脚扣的结构形式

（a）木杆用；（b）水泥杆用固定大小式；（c）水泥杆用可变大小式

1—橡胶套；2—橡胶垫；3—脚登板

橡胶套或橡胶垫来防滑。脚扣有大小号之分，以适应电杆粗细不同之需要。使用脚扣较方便，攀登速度快、易学会，但易于疲劳，适于短时间作业。

2. 使用保管注意事项

脚扣虽是攀登电杆的安全保护用具，但应经过较长时间的练习、熟练地掌握后，才能起到保护作用。若使用不当，也会发生人身伤亡事故。

实例 4－6　某地区电业局在遵蓟段 366～352 号杆紧线完毕后，恢复 356 号杆附近 10kV 线路的送电工作，××徒工负责登杆接线工作（8m 杆）。该徒工登至 4m 左右，手抓拉线，想上横

担，当抬左脚时，两脚相碰，使左脚扣掉下，他心发慌，手抓拉线更抓不紧，于是顺拉线滑下，由于右脚用力过大，将脚扣皮带别断，该徒工头部及左肩朝下摔在地上，经医院诊断，头部内淤血，造成重伤。

在使用脚扣时应注意以下几点：

(1) 脚扣在使用前应作外观检查，看各部分是否有裂纹、腐蚀、断裂现象。若有，应禁止使用。在不用时，亦应每月进行一次外表检查。

(2) 登杆前，应对脚扣作人体冲击试登以检验其强度。其方法是，将脚扣系于钢筋混凝土杆上离地 0.5m 左右处，借人体重量猛力向下蹬踩，脚扣（包括脚套）无变形及任何损坏方可使用。

(3) 应按电杆的规格选择脚扣，并且不得用绳子或电线代替脚扣系脚皮带。

(4) 脚扣不能随意从杆上往下摔扔，作业前后应轻拿轻放，并妥善保管，存放在工具柜里，放置整齐，不得随地乱放。

3. 试验及标准

脚扣应半年试验一次，试验标准见表 4 - 15。

表 4 - 15　　　　脚扣试验标准

名　称	试验静拉力 (N)	试验周期	外表检查周期	试验时间 (min)
脚　扣	980	半年一次	每月一次	5

七、升降板

升降板也称踏板、登高板、踩板等，也是一种常用的攀登电杆的用具。

1. 组成与式样

升降板由踏脚板和吊绳组成，踏脚板采用质地坚韧的木板制成，上面刻有防滑纹路，规格有 630mm × 75mm × 25mm 或

640mm × 80mm × 25mm，如图 4－34（a）所示。吊绳采用 $\frac{3}{4}$ in (英寸)[1] 白棕绳或 $\frac{1}{2}$ in 锦纶绳，呈三角形状，底端两头固定在踏脚板上，顶端上固定有金属挂钩，绳长应适应使用者的身材，一般保持一人一手长，如图 4－34（b）所示。

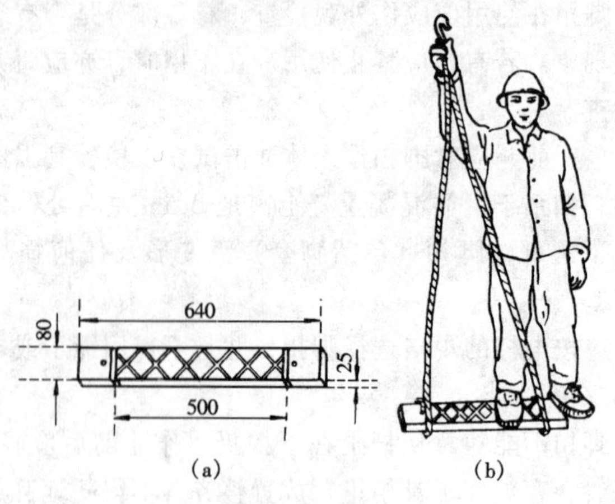

图 4－34　升降板

（a）规格及式样；（b）绳长

2．使用保管注意事项

升降板虽在登高作业时较灵活又舒适，但必须熟练掌握操作技术，尤其对新工人更应如此，否则也会出现伤人事故。

实例 4－7　某供电局工人，使用升降板爬 18m 水泥杆，在爬到 10.5m 高时，因动作不熟练，在脱不出下面登高抓钩子的情况下，体力支持不住，人从高空摔下，造成腰椎骨两节压缩性骨折。

在使用升降板时应注意以下几点：

（1）在登杆使用前也应作外观检查，看各部分是否有裂纹、腐蚀、断裂现象。若有，应禁止使用；

[1] 1in（英寸）＝0.0254m，下同。

(2) 登杆前亦应对升降板作人体冲击试登，以检验其强度。检验方法是，将升降板系于钢筋混凝土杆上离地 0.5m 左右处，人站在踏脚板上，双手抱杆，双脚腾空猛力向下蹬踩冲击，绳索应不发生断股，踏脚板不应折裂，方可使用；

(3) 使用升降板时，要保持人体平稳不摇晃，其站立姿势如图 4-35 所示。

图 4-35　站立姿势

(4) 升降板使用后不能随意从杆上往下摔扔，用后应妥善保管，存放在工具柜里，并放置整齐。

3. 试验及标准

升降板应每半年试验一次，主要进行力学性能试验，试验标准见表 4-16。

表 4-16　　力学性能试验标准

名　称	试验静拉力 (N)	试验周期	外表检查周期	试验时间 (min)
升降板	2205	半年一次	每月一次	5

八、梯子

梯子也是登高作业常用的用具之一。

1. 制作

梯子可用木料、竹料及合金铝制作，强度应能承受作业人员携带工具时的总重量。梯子有靠（直）梯和人字梯两种，前者通常用于户外登高作业；后者通常用于户内登高作业。直梯的两脚应各绑扎胶皮之类防滑材料；人字梯应在中间绑扎两道防自动滑开的防滑拉绳。两种梯子的式样如图 4－36（a）、（b）所示；作业人员在梯子上的站立姿势如 4－36（c）所示。

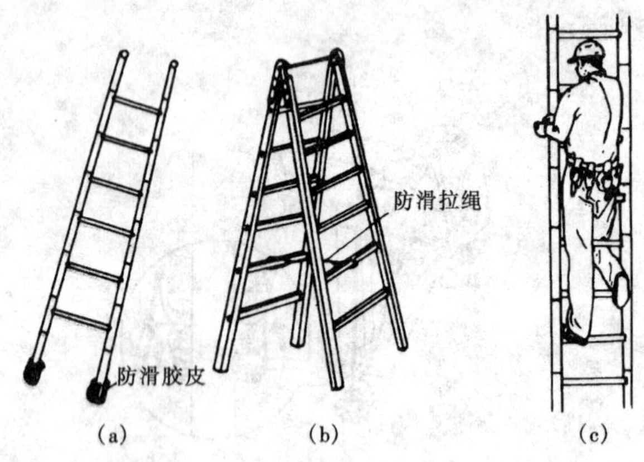

图 4－36　梯子

（a）直（靠）梯；（b）人字梯；（c）靠梯站立姿势

2. 登梯作业注意事项

（1）为了避免靠梯翻倒，其梯脚与墙之间的距离不得小于梯长的 1/4；为了避免滑落，其间距离不得大于梯长的 1/2，如图 4－37所示。

（2）在光滑坚硬的地面上使用梯子时，梯脚应加胶套或胶垫；在泥土地面上使用时，梯脚最好加铁尖。

（3）在梯子上作业时，梯顶一般不应低于作业人员的腰部，或作业人员应站在距梯顶不小于 1m 的横档上作业，切忌站在梯子的最高处或上面一、二级横档上作业，以防朝后仰面摔下。

（4）登在人字梯上操作时，切不可采取骑马方式站立，以防人字梯两脚自动滑开时造成事故。

四种常见的错误用梯方法如图 4－38 所示。

图 4－37　梯子的正确摆放

(a)

(b)

图 4－38　错误的用梯方法（一）

(a) 梯子垫高；(b) 摆放角度小

(c)

(d)

图 4－38　错误的用梯方法（二）

(c) 登太高姿势不对；(d) 人字梯无安全绳

3. 试验及标准

梯子应每半年试验一次，其标准见表 4－17；此外，每个月要对外表进行检查一次，看是否有断裂、腐蚀现象。

表 4－17　　梯子试验标准

名　称	试验静拉力 (N)	试验周期	外表检查周期	试验时间 (min)
竹（木）梯	试验荷重 1765 (180kgf)	半年一次	每月一次	5

九、安全绳

安全绳是高空作业时必须具备的人身安全保护用品，通常与护腰式安全带配合使用。

1. 材料和规格

安全绳是用锦纶丝捻制而成的，具有重量轻、柔性好、强度高等优点，目前广泛应用于送电线路等高处作业中。

根据使用情况的不同，目前常用的安全绳有 2、3、5m 三种。

2. 使用、保管注意事项

(1) 每次使用前必须进行外观检查。凡连接铁件有裂纹或变形，锁扣失灵，锦纶绳断股者，都不得使用。

(2) 使用的安全绳必须按规程进行定期静荷重试验，并做好合格标志。

(3) 安全绳应高挂低用。如果高处无绑扎点，可挂在等高处，不得低挂高用（即安全绳的绑扎点低于作业点）。

(4) 绑扎安全绳的有效长度，应根据工作性质而定，一般为3～4m。如果在2.0m处的高空作业，绑扎安全绳的有效长度应小于对地高度，以便起到人身保护作用。如果在500kV线路上作业，因瓷瓶串很长，可将安全绳接长使用。

(5) 安全绳用完应放置好，切忌接触高温、明火和酸类物质，以及有锐角的坚硬物等。

安全绳的正确和错误使用如图4－39所示。

(a) (b)

图4－39　安全绳的使用

(a) 正确；(b) 错误

3. 试验及标准

安全绳的试验周期为半年，试验标准见表4－18。

表 4-18　　安全绳的试验标准

名　称	试验静拉力（N）	试验周期	外表检查周期	试验时间（min）
安全绳	2205	半年一次	每月一次	5

十、安全网

安全网是为防止高处作业人员坠落和高处落物伤人而设置的保护用具，如送电线路施工中分解组塔时必须使用安全网。

1. 材料及规格

安全网是用直径 3mm 的锦纶绳编制而成的，形状如同鱼网，其规格有 4m×2m、6m×3m、8m×4m 三种，中间有网杠绳，当人员坠入网内时能被兜住。

2. 使用

（1）每次使用前应检查网绳是否完整无损。受力网绳是直径为 8mm 的锦纶绳，不得用其他绳索代替。

（2）分解立塔时，当塔身下段已组好，即可将安全网设置在

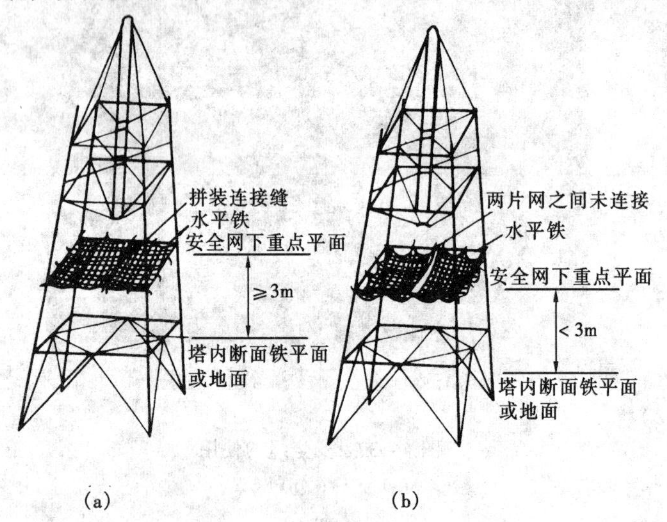

图 4-40　安全网的安装

（a）正确；（b）错误

塔身内部有水平铁的位置上，距地面或塔身内断面铁的距离不小于3m，四角用直径10mm的锦纶绳牢固地绑扎在主铁和水平铁上，并拉紧，一般应按塔身断面大小设置。如果安全网不够大，也可接起来使用，正确和错误的安装方法如图4－40所示。

第五节 安全色、安全标志、语言警告牌

一、安全色

1. 规定目的

在国标GB 2893—1982《劳动安全卫生国家标准资料汇编》中规定了传递安全信息的颜色，目的是使人们能够迅速发现或分辨安全标志和提醒人们注意，以防发生事故。安全色的应用必须是以表示安全为目的的，这和诸如气瓶、母线、管道等涂以各种不同颜色是完全不同的。

2. 定义

安全色是表达安全信息含义的颜色，如表示禁止、警告、指令、提示等。安全色规定为红、蓝、黄、绿四种颜色，其含义和用途见表4－19。

表4－19 安全色的含义和用途

颜色	含　义	用　途　举　例
红色	禁止 停止	禁止标志；停止标志：机器、车辆上的紧急停止手柄或按钮；以及禁止人们触动的部位
	红色也表示防火	
蓝色	指令 必须遵守的规定	指令标志：如必须佩戴个人防护用具，道路上指引车辆和行人行驶方向的指令
黄色	警告注意	警告标志，警戒标志，围的警戒线，行车道中线，安全帽
绿色	提示 安全状态 通行	提示标志 车间内的安全通道 行人和车辆通行标志 消防设备和其他安全防护设备的位置

3. 安全色的特点

安全色属于彩色类颜色。

(1) 红色。注目性非常高，视认性也很好，常用于紧急停止和禁止等信号；

(2) 黄色。对人眼能产生比红色还高的明亮度，黄色和黑色组成的条纹是视认性最高色彩，特别能引起人的注意，所以用作警告色；

(3) 蓝色。蓝色在太阳光直射下颜色较明显，工厂用蓝色作指令标志的颜色；

(4) 绿色。在人的心理上能使人联想到大自然的一片翠绿，由此产生舒适、恬静、安全感，所以用它作提示安全的信息。

红色和白色、黄色和黑色间隔条纹，是两种较醒目的标示，其含义和用途见表4-20。

表4-20　间隔条纹标示的含义及用途

颜色	含义	用途举例
红色与白色（图示：红色、白色）	禁止越过	道路上用的防护栏杆
黄色与黑色（图示：黑色、黄色）	警告危险	铁路和道路交叉道口上的防护栏杆 工矿企业内部的防护栏杆

4. 安全色的用途

用于安全标志牌、交通标志牌、防护栏杆、机器上不准乱动的部位、紧急停止按钮、安全帽、吊车、升降机、行车道中线等。

二、安全标志

1. 定义

安全标志是由安全色、几何图形和图形符号构成的，用以表达特定的安全信息。

2. 类别

安全标志分为禁止标志、警告标志、指令标志、提示标志四类。

(1) 禁止标志。几何图形是带斜杠的圆环。见图 4－41。

图 4－41　禁止标志

(2) 警告标志。几何图形是正三角形，见图 4－42。

(3) 指令标志。其含义是必须要遵守的意思，几何图形是圆形，见图 4－43。

图 4-42　警告标志

图 4-43　指令标志

(4) 提示标志。含义是示意目标的方向，几何图形是长方形，按长短边的比例不同，分一般提示标志和消防设备提示标志，见图 4-44。

3. 安全标志牌的制作

应按上述图案用金属板、塑料板、木板等材料制作，也可直接画在墙壁或机具上。有触电危险场所的标志牌，应当使用绝缘

图 4－44　提示标志

材料制作。

4. 设置位置

安全标志牌应设在醒目、与安全有关的地方，应能使人们看到后有足够的时间来注意它所表示的内容，不能设在门、窗、架等可移动的物体上，以免这些物体位置移动后人们看不见安全标志。

5. 检查与维修

安全标志牌每年至少检查一次。如发现有变形、破损或图形符号脱落以及变色后颜色不符合安全色的范围，应及时修整或更换。

三、语言警告牌

随着科学技术的发展，科技人员研制开发了语言警告牌。当工作人员误入安全距离时，警告牌会发出语言，提醒工作人员注意，防止发生事故。语言警告牌中采用红外线器件做探头，探头可遥测人体信号，此信号经一系列变换、温度补偿、延时和功率放大处理后，警告牌可发出语言声音。当工作人员进入遥测距离（可根据现场实际情况规定遥测距离）后，警告牌就发出语言，语言内容同警告牌文字内容一样，如“止步，高压危险!”等，提醒工作人员注意，防止人身事故的发生。可以预言这种语言警告牌前景广阔，很有发展前途。

复习题

一、填习题

1. 安全用具可分为________和________两大类。其中绝缘安全用具又分为________和________两类。基本安全用具有________、________、________等；辅助安全用具有________、________、________、________等。

2. 属于一般防护安全用具的有__________、__________、________、________、________、________等。此外，登高用的________、________、________等也属于这类安全用具的范畴。

3. 绝缘棒和绝缘夹钳应________试验一次，每________应该检查一次。

4. 高压验电器使用前应检查绝缘部分有无________、________、________；检查指示氖泡是否________、________。

5. 高压验电器应________试验一次；一般验电器的试验分________和________两部分。

6. 绝缘棒主要由________、________和________构成；绝缘夹钳主要由________、________和________三部分组成；低压验电器主要由________、________、________、________和________组成。

7. 普通安全帽主要由__________、_________、_________、________和________五部分组成；安全带根据作业性质的不同，其结构形式主要有________和________两种。

8. 装设携带型接地线时必须先接________，后接________，且必须________。拆接地线的顺序________。

9. 标志牌根据其用途可分为____________、____________、________和________等四类，共________种。

10. 安全色是表达___________颜色，如表示____________、___________、____________、__________等，安全色一般规定为________、________、________、________四种颜色。

11. 安全标志是由________、________和________构成的，用以表达________。

12. 安全标志可分为__________、__________、__________、________四类。安全标志牌应设在________与________的地方，不能设在________、________、________等可移动的物体上。

二、问答题

1. 试述安全用具的作用。

2. 何为基本安全用具、辅助安全用具？

3. 何为一般防护安全用具？其作用是什么？

4. 试述绝缘棒的用途和使用、保管注意事项。

5. 试述绝缘夹钳的用途和使用、保管注意事项。

6. 试述低压验电器的用途和使用方法。

7. 试述高压验电器的用途和使用注意事项。

8. 什么是验电三步骤？

9. 试述 GHY 型高压回转验电器的测试原理、使用方法及注意事项。

10. 试述绝缘手套的作用及使用、保管注意事项。

11. 试述绝缘靴（鞋）的作用和使用、保管注意事项。

12. 试述绝缘垫的作用和使用、保管注意事项。

13. 试述绝缘台的作用和使用及保管注意事项。

14. 试述安全带的作用和使用、保管注意事项。

15. 试述安全帽的作用和保护原理。

16. 试述电报警安全帽的作用、使用方法及注意事项。

17. 试述携带型接地线的作用和使用、保管注意事项。

18. 试述标示牌和遮栏的作用。

19. 试述脚扣的使用、保管注意事项。

20. 试述升降板的使用、保管注意事项。

21. 试述安全绳的使用、保管注意事项。

22. 试述登梯作业的注意事项。

三、技能操作题

1. 用绝缘棒开断跌落开关和装拆接地线操作。

2. 用绝缘夹钳装拆高压熔断器操作。

3. 用高压验电器在停电的电气设备上进行验电操作。

4. 用低压验电器试验带电的照明线路操作。

5. 进行绝缘手套漏气检查操作。

6. 在停电设备上进行装拆接地线的操作。

7. 进行脚扣、升降板人体冲击试登操作。

防火（爆）与灭火知识

第一节　消防基本常识

一、基本概念

1. 消防

消防系指包括防火与灭火在内的同火灾作斗争的一项专门工作。

2. 消防工作方针

消防工作方针是“预防为主，防消结合”、“以防为主，以消为辅”。

3. 消防工作的原则

消防工作的原则是：专门机构与群众相结合的原则，即“谁主管，谁负责；谁在岗，谁负责”的原则，并由公安消防部门负责实施监督。

4. 燃烧

燃烧一般系指某些可燃物质在较高温度时，与空气（氧）或其他氧化剂进行剧烈化合而发生的放热发光现象。

5. 完全燃烧

所谓完全燃烧必须具备以下条件：

(1) 要有足够的氧化剂，及时供给可燃物进行燃烧；

(2) 维持燃烧中心温度高于燃料的着火温度，保证燃烧持续进行而不至于中断；

(3) 要有充分的燃烧时间；

(4) 燃料与氧化剂混合得非常理想。

6. 煤的自燃

煤在空气中氧化时放出的热量无法向四处扩散而积聚在煤堆

内，煤堆内温度不断升高达到着火点而发生煤的自行燃烧的现象。

7. 火警与火灾

失火后能及时扑救而未成灾，这种失火叫火警；火灾是一种造成国家、集体和人民财产损失，以及危及人民生命安全的失火灾害。

8. 火灾（等级）标准

（1）死亡10人以上（含10人）；重伤20人以上；死亡、重伤20人以上；受灾50户以上；直接财产损失100万元以上者称为特大火灾。

（2）死亡3人以上；重伤10人以上；死亡、重伤10人以上；受灾30户以上；直接财产损失30万元以上者称为重大火灾。

（3）不具有上列两项情形的火灾，为一般火灾。

9. 火灾报警要点

首先弄清并熟记当地火警电话号码和本厂（公司、工区）火警号码；电话打通后应沉着镇静，向火警台讲清：①火灾地点；②火势情况；③燃烧物和大约数量；④报警人姓名及电话号码。在报警的同时还要组织人员灭火。

10. 爆炸

爆炸是指物质发生剧烈的物理或化学反应，且反应速度不断急剧增加，并在极短的时间内放出大量的能量，产生高温、高压气体，使周围空气猛烈振荡并伴有巨大声响的现象。

11. 爆炸极限

可燃物质与空气均匀混合形成爆炸性混合物，其浓度达到一定的范围内时，遇到明火或一定的引爆能量立即发生爆炸，这个浓度范围称为爆炸极限（或爆炸浓度极限）。形成爆炸性混合物的最低浓度叫作爆炸浓度下限，最高浓度叫作爆炸浓度上限，上、下限之间称为爆炸浓度范围。

12. 电气火灾与爆炸

这是指电气方面原因形成的火源所引起的火灾和爆炸，如某种原因造成变压器、电力电缆、油断路器的爆炸起火；配电线路短路或过负荷引起的火灾等。

二、火灾的基本知识

（一）火灾发生的原因

1. 直接原因

（1）明火。指敞开外露的火焰、火星及灼热的物体等。明火有很高的温度和很大的热量，是引起火灾的主要火源。

（2）电火花。是引起易燃气体、蒸气和粉尘着火爆炸的主要火源之一。电火花的来源有：开关断开、熔丝熔断、电气短路等。

（3）雷电。雷击时，强大的电压、电流所产生的热量以及电火花。

（4）化学能。有些化学反应放出热量、引起反应物自燃或导致其他物质的燃烧。

2. 思想、管理上的原因

（1）领导重视不够，缺乏必要的安全规章制度或执行制度不严，缺乏定期的安全检查以及经常的教育工作；

（2）操作人员责任心不强，思想麻痹，违章作业或缺乏安全操作知识，不懂防火、灭火知识；

（3）设计或工艺方法不妥当，不符合防火安全技术要求。

（二）物质燃烧的条件

燃烧不是随便就可以发生的，必须同时具备以下三个条件（简称燃烧三要素）才能发生燃烧：

（1）有可燃物。不论固体、液体、气体，凡能与空气中的氧或其他氧化剂起剧烈反应的物质，一般都称为可燃物，如木材、汽油、酒精、氢气、乙炔、钠、镁等。

（2）有助燃物。凡能帮助和支持燃烧的物质叫助燃物，如空气（氧）、氯、溴、高锰酸钾、氯酸钾等。一般，空气中的氧含量为21%。经试验测定，当空气中的氧含量低于14%～18%时，可燃物一般不会燃烧。

(3) 有着火源。凡能引起可燃物质燃烧的热能源都叫着火源，如明火、摩擦、电火花、聚集的日光等。

可燃物和助燃物的相互反应是燃烧的内因；适当的温度，即达到燃点的温度是燃烧的外因。只要可燃物和助燃物结合，受到着火源的激发，便会发生燃烧。失去任一条件，便不会发生燃烧。

(三) 防火的基本方法

根据物质燃烧的原理和灭火实践经验，防止火灾的基本方法是：控制可燃物、隔绝空气、消除着火源、阻止火势及爆炸波的蔓延，见表5－1。

表5－1　　四种防火方法

防火方法	防火原理	具体施用方法举例
控制可燃物	破坏燃烧的基础，或缩小燃烧范围	(1) 限制单位储运量； (2) 加强通风，降低可燃气体，粉尘的浓度于爆炸下限以下； (3) 用防火漆涂料浸涂可燃材料； (4) 及时清除撒漏在地面或染在车船体上的可燃物等
隔绝空气	破坏燃烧的助燃条件	(1) 密封有可燃物质的容器设备； (2) 将钠存放在煤油中，黄磷存放在水中，二硫化碳用水封存，镍储存在酒精中等
消除着火源	破坏燃烧的激发能源	(1) 危险场所禁止吸烟、穿带钉子的鞋、用油气灯照明，应采用防爆灯及开关； (2) 经常润滑轴承，防止摩擦生热； (3) 玻璃涂白漆，防日光直射； (4) 接地防静电； (5) 安避雷针防雷击等

续表

防火方法	防火原理	具体施用方法举例
阻止火势、爆炸波的蔓延	不使新的燃烧条件形成，防止火灾扩大，减少火灾损失	(1) 在可燃气体管路上安装阻火器、安全水封； (2) 有压力的容器设备装防爆膜、安全阀； (3) 在建筑物之间留防火间距，筑防火墙； (4) 危险货物车厢与机车隔离

(四) 灭火的基本方法

一切灭火措施，都是为了破坏已经燃烧的某一个或几个燃烧必要条件，从而使燃烧停止，具体方法见表5-2。

表5-2　灭火的基本方法

灭火方法	灭火原理	具体施用方法举例
隔离法	使燃烧物和未燃烧物隔离，限定灭火范围	(1) 搬迁未燃烧物； (2) 拆除毗邻燃烧处的建筑物、设备等； (3) 断绝燃烧气体、液体的来源； (4) 放空未燃烧的气体； (5) 抽走未燃烧的液体或放入事故槽； (6) 堵截流散的燃烧液体等
窒息法	稀释燃烧区的氧量，隔绝新鲜空气进入燃烧区	(1) 往燃烧物上喷射氮气、二氧化碳； (2) 往燃烧物上喷洒雾状水、泡沫； (3) 用砂土埋燃烧物； (4) 用石棉被、湿麻袋捂盖燃烧物； (5) 封闭着火的建筑物和设备孔洞等
冷却法	降低燃烧物的温度于燃点之下，从而停止燃烧	(1) 用水喷洒冷却； (2) 用砂土埋燃烧物； (3) 往燃烧物上喷泡沫； (4) 往燃烧物上喷二氧化碳等

三、电力系统中防火（爆）的重要意义

在电力系统中，防火（爆）工作是一项十分重要的工作，各企业常把防止火灾事故当作反事故斗争的重点来对待，这是因为：

（1）在电力系统中有大量燃料，如煤、原油、天然气等都是可燃物。若不遵守防火要求，随时都有发生火灾的危险。例如：原煤及煤粉的自燃着火、煤粉系统的爆炸、油罐爆炸、天然气调压站爆炸、锅炉炉膛爆炸以及燃油锅炉尾部再燃烧等。

（2）电力系统的主要设备，如汽轮机、变压器及油开关等，其中都有大量的油；氢冷发电机组的氢气系统内有大量的氢气，这些都是易燃和易爆物，容易引起火灾。

（3）在电力系统中，使用的电缆数量相当大，一个发电厂使用的电缆可达几米至几十万米。电缆的绝缘材料易着火燃烧。

火灾一旦发生，其危害是非常严重的。火灾往往会把设备烧坏，以致全厂或系统停电，需较长时间才能修复，进而造成大批工矿企业停电停产，损失严重可想而知。

实例 5-1　××地区一个装机容量为 20 万 kW 的发电厂，由于锅炉房内发生了火灾事故，烧着了电缆，火势扩大到集控室，造成要害设备烧毁，完全修复时间长达半年之久，直接损失 134 万元，少发电 3 亿 kW·h，使本地区的工农业生产遭到严重损失。

火灾还会造成人身伤亡事故，夺去人的生命和健康，造成本人和亲属难以消除的身心痛苦。

实例 5-2　施工大意，造成四人烧伤。某电力建筑工程公司混凝土班在×××电厂网控楼蓄电池室做地坪（地坪材料由 70%汽油和 30%沥青混合而成）。为保证地面干净，钢窗用毛毡封闭，施工人员使用 1kW 灯照明，约 10min 后室内起火，造成四名工人严重烧伤。

从以上实例可以看出，火灾无论对设备、人身、企业和社会都带来巨大损失，因此一定要重视防火防爆工作。一旦灾情发

生，要争分夺秒地进行灭火工作。同时，为了保证灭火的顺利进行和个人的安全，每个电力工人都应具备一定的防火灭火知识，正确掌握灭火器材的使用方法，以便有能力使火情限制在最小范围，尽量减少国家财产的损失和人员伤亡。

为此，需采取以下防火（爆）措施：

1）发电厂、变电所从规划设计、施工安装到生产维护的全过程，都要贯彻执行国家或行业提出的防火防爆标准和要求，围绕电力安全生产做好防火防爆工作。

2）电力生产过程中使用的可燃物、易燃物和易燃易爆品的使用和储存，应根据其特性及使用范围，制定完善的安全措施并认真执行。

3）根据电力生产中主要火灾的类型，如电缆火灾、燃油系统火灾、氢系统火灾、充油电气设备火灾等，都要认真落实原国家电力公司颁布的《二十五项重点反措》，采取针对性防火、防爆的反事故措施。

4）发供电设备及生产场所都要制定防火、防爆具体措施与灭火的基本方法。

5）开展全员防火安全培训，搞好消防安全教育。

6）制定并严格执行爆炸危险区域电气设备的安全措施，要根据不同危险区域等级，选用不同等级的防爆电气设备和不同方式的配电线路。

7）搞好消防管理、健全消防组织、落实消防责任、完善消防设施，做好企业防火工作。

四、消防与治安管理处罚条例及刑法

在《中华人民共和国治安管理处罚条例》第26条中，有关消防管理方面的八项规定指出：“违反消防管理、有下列第一项至第四项行为之一的，处10日以下拘留、100元以下罚款或者警告；有第五项至第八项行为之一的，处100元以下罚款或者警告”。

（1）在有易燃易爆物品的地方违反禁令，吸烟、使用明火的；

(2) 故意阻碍消防车通行、消防艇航行或者扰乱火灾现场秩序，尚不够刑事处罚的；

(3) 拒不执行火场指挥员指挥，影响灭火救灾的；

(4) 过失引起火灾，尚未造成严重损失的；

(5) 指使或强令他人违反消防安全规定而冒险作业，尚未造成严重后果的；

(6) 违反消防安全规定而占用防火间距，或者搭棚、盖房、挖沟、砌墙堵塞消防车通道的；

(7) 埋压、圈占或者损坏消火栓、水泵、蓄水池等消防设施，或者将消防器材、设备挪作他用，经公安机关通知不加改正的；

(8) 有重大火灾隐患，经公安机关通知不加改正的。

刑法中有关消防内容的条文有：

刑法第 109 条：破坏电力、煤气或者其他易燃、易爆设备，危害公共安全，尚未造成严重后果的，处 3 年以上、10 年以下有期徒刑。

刑法第 111 条：破坏交通工具、交通设备、电力煤气设备、易燃易爆设备造成严重后果的，处 10 年以上有期徒刑、无期徒刑或者死刑。

刑法第 115 条：违反爆炸性、易燃性、放射性、毒害性、腐蚀性物品的管理规定，在生产、储存、运输、使用中发生重大事故，造成严重后果的，处 3 年以下有期徒刑或者拘役；后果特别严重的，处 3 年以上、7 年以下有期徒刑。

第二节　灭火设施和器材

一、自动喷水灭火系统介绍

喷水灭火系统是按适当的间距和高度，装置一定数量喷头的供水灭火系统，主要由喷头、阀门、报警控制装置和管道附件等组成。它广泛地适用于各种可用水灭火的场所。

喷水灭火系统按组成部件和工作原理的不同可分为六种类型，主要有湿式系统、干式系统、预作用系统、雨淋系统、水喷雾系统和水幕系统等，这里主要介绍其中的两种。

1. 湿式喷水灭火系统

(1) 组成。由湿式报警装置、闭式喷头、管道等组成，在报警阀上、下管道内经常充满水（见图 5-1）。

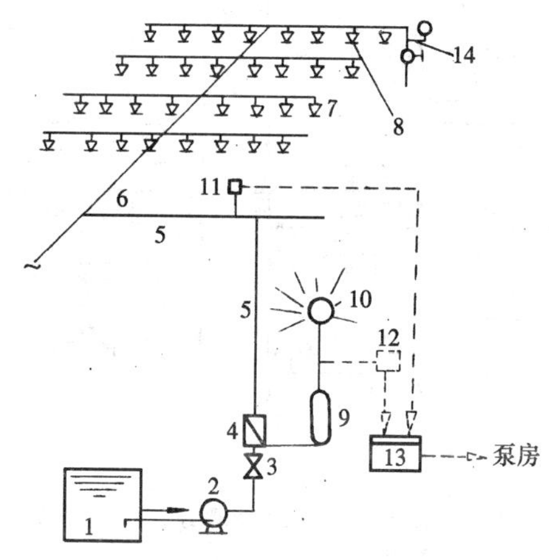

图 5-1　湿式喷水灭火系统

1—水池；2—水泵；3—总控制阀；4—湿式报警阀；5—配水干管；6—配水管；7—配水支管；8—闭式喷头；9—延迟器；10—水力警铃；11—水流指示器；12—压力开关；13—湿式报警控制箱；14—末端试水装置

(2) 特点及适用场所。与其他喷水灭火系统相比，这种系统的结构最简单，使用可靠，灭火速度快，控制率高，因此使用最广泛，使用量占自动喷水灭火系统的 75% 以上。该系统适于能用水灭火的建筑物、构筑物内，如高层建筑、企业厂房、物资仓库等。

(3) 工作原理。火灾发生时，闭式喷头 8 的感温元件在温度升高达到预定的动作温度范围时，喷头即自动打开喷水灭火。这时因管网内水的流动形成压差，湿式报警阀4打开，驱动水力警铃10报警。同时，水流指示器11、压力开关12动作并发出信号送给湿式报警控制箱13，通过声、光信号报警，显示火灾发生的具体位置，启动水泵2保证供水，接通应急广播、消防照明、诱导指示器等。这一系列动作在喷头开始喷水后大约30s内即可完成，湿式喷水灭火系统的工作原理如图5-2所示。

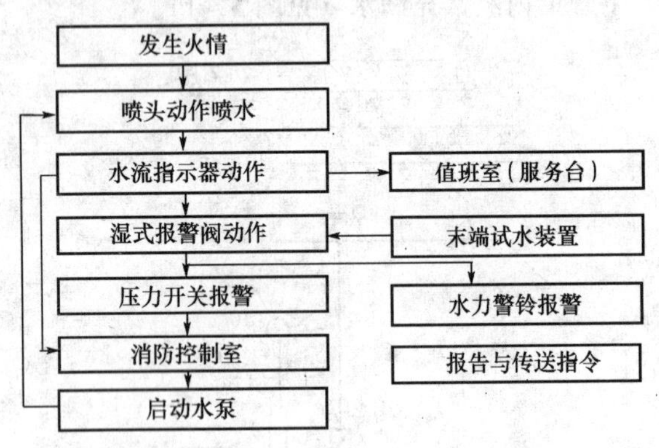

图5-2　湿式喷水灭火系统工作原理图

2. 水喷雾灭火系统简介

(1) 组成。由喷雾喷头、管道、控制装置、火灾探测器、报警装置等组成。发生火灾时，系统管道内的给水是通过火灾探测系统控制雨淋阀来实现的，并设有手动开启阀门装置，如图5-3所示。

(2) 适用场所。水喷雾灭火系统常用于保护可燃气体储罐、液体储罐及油浸电力变压器等。它能控制和扑灭上述对象发生的火灾，也能阻止邻近的火灾蔓延危及这些对象。

(3) 工作原理。发生火灾时，探测器启动，并向控制箱发出报警信号，报警箱接到信号后，经判断确认后发出指令打开雨淋阀4，使整个保护区内的闭式喷头6喷水灭火，同时启动水泵，保证供水。

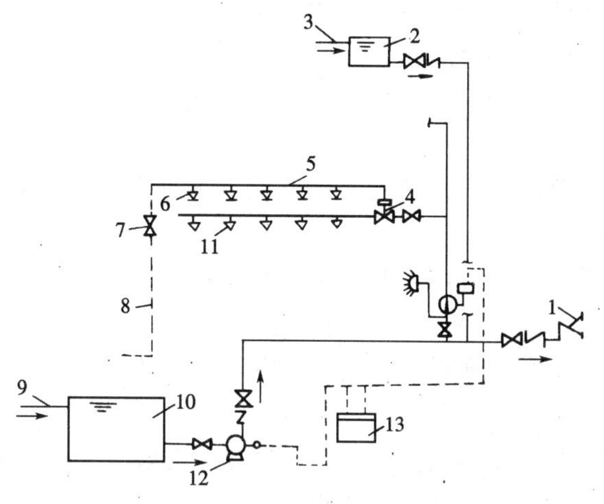

图 5－3　水喷雾灭火系统示意

1—水泵接合器；2—高位水箱；3—进水管；4—雨淋阀；5—传动管；6—闭式喷头；7—手动阀；8—排水管；9—进水管；10—水池；11—喷雾喷头；12—消防泵；13—控制箱

二、灭火剂和常用灭火器

（一）灭火剂

为了火火，就必须破坏燃烧的基本条件，使用灭火剂能够达到这个目的，故对灭火剂的要求是灭火性能好、使用方便、来源丰富、成本低、对人和物基本无害。常用的灭火剂有水、黄砂、化学泡沫、二氧化碳、干粉、1211 以及氮气，四氯化碳等。

1．水

（1）水的灭火原理。水是来源丰富、使用方便的天然灭火剂。当用其灭火时，水吸收热量变为蒸汽（1kg 水气化要吸收 2257kJ 热量），能促使燃烧物冷却，使燃烧物温度降低到燃点以下，并阻止对燃烧反应的热反馈。用水浸湿的可燃物，必须具有足够的时间和热量将水分蒸发，然后才能燃烧，这就抑制了火灾的扩大。同时 1kg 水能变成 1.726m^3 蒸汽，它包围燃烧区，能降低氧气浓度，从而使燃烧减弱并有效地控制燃烧，使燃烧物因得不到足够的氧气而窒息。尤其是经消防水泵加压的高压水流（0.5～1.0MPa）强烈冲击燃烧物或火焰，冲散燃烧物，使燃烧强度显著降低，从而使火灾熄灭，达到灭火的目的。

（2）水的灭火作用。

1）水能对未着火的建筑物、设备进行冷却，控制火区不至扩大蔓延。

2）水能降低硝酸铵等物质的分解反应速度，并能降低火棉，黑色火药等爆炸品的爆炸、着火性能。

3）水蒸气能导电，可以消除静电积聚，防止产生静电火花。

4）雾状水能吸收、溶解某些可燃气体（如氯和氨）及蒸汽（如乙醇）并能润湿粉尘，对灭火和减轻火场烟尘有一定作用。

5）雾状水能够扑灭液体火灾。其原理是雾状水滴遇热迅速汽化，吸收大量热和隔断空气，在不溶于水的液体表面形成不燃的乳浊液，对可溶于水的液体起稀释作用，如采用水雾灭火的方法扑灭原油及重油火灾，就是根据这个原理实现的。

实例 5－3　有一只 1200m^3 的地下油罐，储存原油约 900t，因动火切割油管，引起油罐爆炸燃烧，火势很大，还由于着火初期扑救不得法，大火烧了 10h 未能扑灭。最后只动用了两辆消防水车，仅用两支带雾化喷头的喷雾水枪，从上风向油罐喷射，仅 2～3min 时间，大火就被完全扑灭。

（3）用水灭火的注意事项。

1）因水具有导电能力，故不能用来扑灭电气火灾（喷雾水除外）。

2）水灭火不适用于与水反应能够生成可燃气体、容易引起爆炸物质火灾的扑救，如碱金属、乙炔、电石等的火灾。

3）冷水遇到高温融溶的盐液及沥青等会发生爆炸，故不能扑灭此类火灾。

4）对于油类等不溶于水的易燃液体，由于它们的密度比水小，故能够浮在水面上燃烧并随水漫流，故不能用一般的水扑救（上述水雾灭火除外）。

2. 黄砂

(1) 砂的灭火原理。黄砂是最为便宜和来源丰富的固体灭火材料，它可以扑灭小量易燃液体（油类等）和某些不宜用水扑灭的化学物品形成的火灾。它主要用于覆盖燃烧物、吸收热量使其降低温度并使燃烧物与空气隔离。一般常用于小型变电所及配电室中，用于扑灭（盖住）变压器、油断路器正在燃烧的油，将其熄灭。

(2) 用黄砂灭火的注意事项。

1) 禁止用于旋转电机灭火，以免损坏电气绝缘和轴承。

2) 不得用来扑灭大量的镁合金火灾。因为黄砂的主要成分二氧化硅与燃烧着的镁反应能放出大量的热，反而会促进镁的燃烧。

(二) 常用灭火器

常用灭火器是由筒体、器头、喷嘴等部件组成的，借助驱动压力可将所充装的灭火剂喷出灭火，达到灭火的目的。灭火器由于结构简单，操作方便，轻便灵活，因此使用面广，是扑救初起火灾的重要消防器材。

(1) 分类。灭火器的种类很多，按其移动方式可分为手提式和推车式；按驱动灭火剂的动力来源可分为储气瓶式、储压式、化学反应式；按所充装的灭火剂可分为充泡沫、干粉、卤代烷、二氧化碳、酸碱、清水等类型。

(2) 型号编制方法。我国各种灭火器的型号编制方法见表5－3。

表5－3　各种灭火器的型号编制方法

<table>
<tr><th rowspan="2">类</th><th rowspan="2">组</th><th rowspan="2">代号</th><th rowspan="2">特征</th><th rowspan="2">代号含义</th><th colspan="2">主要参数</th></tr>
<tr><th>名称</th><th>单位</th></tr>
<tr><td rowspan="8">灭火器M（灭）</td><td rowspan="2">水
S（水）</td><td>MS</td><td>酸碱</td><td>手提式酸碱灭火器</td><td rowspan="8">灭火剂充装量</td><td rowspan="2">L</td></tr>
<tr><td>MSQ</td><td>清水，Q（清）</td><td>手提式清水灭火器</td></tr>
<tr><td rowspan="3">泡沫P
（泡）</td><td>MP</td><td>手提式</td><td>手提式泡沫灭火器</td><td rowspan="5">L</td></tr>
<tr><td>MPZ</td><td>舟车式，Z（舟）</td><td>舟车式泡沫灭火器</td></tr>
<tr><td>MPT</td><td>推车式，T（推）</td><td>推车式泡沫灭火器</td></tr>
<tr><td rowspan="3">干粉F
（粉）</td><td>MF</td><td>手提式</td><td>手提式干粉灭火器</td></tr>
<tr><td>MFB</td><td>背负式，B（背）</td><td>背负式干粉灭火器</td></tr>
<tr><td>MFT</td><td>推车式，T（推）</td><td>推车式干粉灭火器</td><td>kg</td></tr>
</table>

续表

类	组	代号	特　征	代号含义	主要参数	
					名称	单位
灭火器M（灭）	二氧化碳T（碳）	MT	手提式	手提式二氧化碳灭火器	灭火剂充装量	kg
		MTZ	鸭嘴式，Z（嘴）	鸭嘴式二氧化碳灭火器		
		MTT	推车式，T（推）	推车式二氧化碳灭火器		
	1211Y（1）	MY	手提式	手提式 1211 灭火器		kg
		MYT	推车式	推车式 1211 灭火器		

三、化学泡沫灭火器

泡沫灭火器是指内部充装泡沫灭火剂的灭火器,有化学泡沫灭火器和空气泡沫灭火器两种。空气泡沫灭火器是近几年来,随着消防科研工作的发展而研制出的一种高效、优质灭火器,它的灭火能力比化学泡沫灭火器大 3~4 倍,因此,它是今后取代化学泡沫灭火器的更新换代产品,但因目前还未大量推广使用,故这里只介绍目前在电力生产、基建各企业仍广泛使用的化学泡沫灭火器。

化学泡沫灭火器内充装有酸性（硫酸铝）和碱性（碳酸氢钠）两种化学药剂的水溶液，使用时，两种溶液混合起化学反应而生成泡沫，泡沫在压力的作用下喷射出去进行灭火。化学泡沫灭火器可分为手提式、舟车式和推车式三种。

（一）MP 型手提式化学泡沫灭火器

1. 规格及性能

按照灭火器所充装灭火剂的容量，分为 6L 和 9L 两种规格，其型号分别为 MP6 和 MP9，主要技术性能见表 5-4。

表 5-4　　　手提式化学泡沫灭火器的技术性能

项目＼型号			MP6（MPZ6）	MP9（MPZ9）
灭火剂灌装量	酸性剂	硫酸铝（g）	600 ± 10	900 ± 10
		清水（mL）	1000 ± 50	1000 ± 50
	碱性剂	碳酸氢钠（g）	430 ± 10	650 ± 10
		清水（mL）	4500 ± 100	7500 ± 100

续表

项目 \ 型号	MP6 (MPZ6)	MP9 (MPZ9)
有效喷射时间（s）	≥40	≥60
有效喷射距离（m）	≥6	≥8
喷射滞后时间（s）	≤5	≤5
喷射剩余率（%）	≤10	≤10

2. 构造

灭火器主要由筒体、筒盖、瓶胆及喷嘴等组成，其外形与结构如图 5-4 所示。

(1) 筒体。是充装碳酸氢钠溶液的容器，一般用 1.2～1.5mm 厚的钢板焊接而成。

(2) 筒盖。是封闭筒体的盖子，一般用 2.5mm 钢板或铝合金制成。

(3) 瓶胆。也称内胆，是充装硫酸铝溶液的容器，一般采用耐热玻璃或耐酸碱的工程塑料制成，并以瓶夹固定，悬挂在筒体的正中上方。它的上口一般有瓶盖，可防止胆内溶液的蒸发或溅出。

(4) 喷嘴。安装在筒盖的前侧，用金属或工程塑料制成，在它的根部还装有滤网，以防止杂物堵塞。

3. 适用范围

MP 型手提式化学泡沫灭火器适合于电力系统各企业现场及住宅等扑救一般物质或油类（石油制品、油脂）等易燃液体的初起火灾，但不能扑救带电设备和醇、酮、醚等有机溶剂的火灾。

4. 使用方法及注意事项

(1) 手提筒体上部的提环，迅速奔赴火场。这时应注意不得使灭火器过分倾斜，更不可横拿或颠倒，以免两种药剂混合而提前喷出。

(2) 使用时先用手指堵住喷嘴，将筒身上下颠倒两次，就有泡沫喷出，其步骤如图 5-5 所示。

(3) 在扑救可燃液体火灾时，如燃烧物已呈流淌状燃烧，则

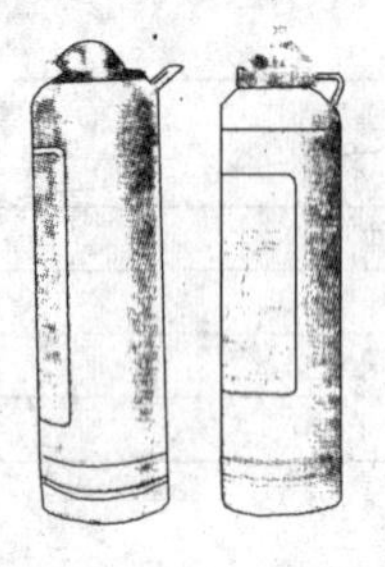

(a)

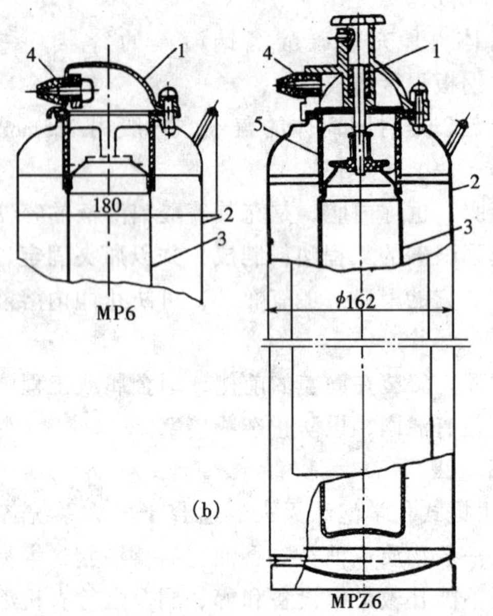

(b)

图 5-4　手提式化学泡沫灭火器示意

(a) 外形；(b) 结构

1—筒盖；2—筒体；3—瓶胆；4—喷嘴；5—瓶夹

应将泡沫由近及远喷射，使泡沫完全覆盖在燃烧液面上。

(4) 如燃烧液体在容器内燃烧，应将泡沫射向容器的内壁，使泡沫沿着内壁流淌，逐步覆盖着火液面，切忌直接对准液面喷射，以免由于射流的冲击，反而将燃烧的液体冲散或冲出容器，

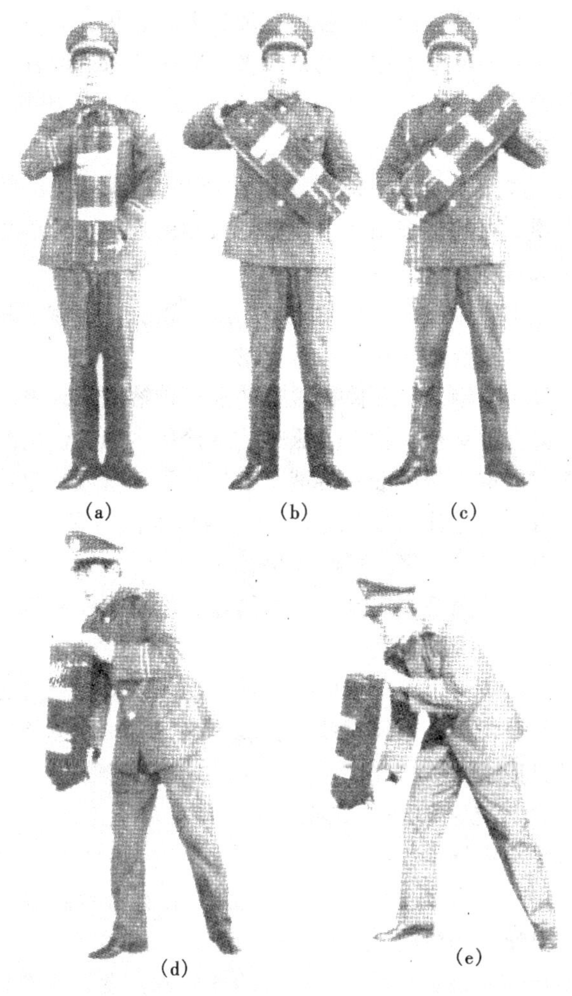

图 5-5　MP 型手提式化学泡沫灭火器使用方法

扩大燃烧范围。

(5) 在扑救固体物质的火灾时，应将射流对准燃烧最猛烈处。

(6) 灭火时，随着有效喷射距离的缩短，使用者应逐渐向燃烧区靠近，并始终将泡沫喷射在燃烧物上，直至扑灭。

(7) 在灭火的整个过程中，灭火器应一直保持倒置状态，否则会中断喷射。

5. 维护保养方法

(1) 应选择干燥、阴凉、通风并取用方便的地方存放灭火器。灭火器不可靠近高温或可能受到曝晒的地方，以防止碳酸氢钠分解而失效。

(2) 冬季要对灭火器采取防冻措施，以防止冻结，并应经常擦除灰尘、疏通喷嘴，使之保持通畅。

(3) 每年应定期打开筒盖检查碳酸氢钠溶液是否失效，一旦发现失效应立即更换。检查方法是，从筒体内取三份碳酸氢钠溶液，在瓶胆内取一份硫酸铝溶液，然后将两种溶液一起快速倒入量杯内，看产生泡沫的体积是否大于四份溶液体积的6倍以上。如大于6倍，则为合格，可继续保存。

(4) 每次使用后，应及时打开筒盖，把筒体和瓶胆等清洗干净，并充入新的灭火剂。

(5) 每次更换灭火剂或使用期已满两年以上的灭火器，应送请有关检修单位进行水压试验，试验合格后方可继续使用，并应标明试压日期。

(二) MPZ型手提舟车式化学泡沫灭火器

MPZ型灭火器的主要性能、构造、适应火灾及使用方法等与MP型基本相同。不同之处只是在瓶胆上装有密封瓶盖，在器盖上装有开启瓶盖的机构，这样可防止车辆、船舶行驶时，剧烈振动或颠簸而使两种药液混合。瓶盖的开启机构设在器盖上部，由开启手柄、密封压杆和弹簧等组成。使用时，将开启手柄向上扳起，密封压杆依靠弹簧的弹力即可将密封瓶盖自动打开。

(三) MPT型推车式化学泡沫灭火器

1. 规格及性能

按照所充装的灭火剂容量不同，有40、65、90L三种规格，型号分别为MPT40、MPT65、MPT90，其主要性能参数见表5-5。

表 5-5　MPT 型推车式泡沫灭火器的主要性能参数

<table>
<tr><th colspan="3">型号
项目</th><th>MPT40</th><th>MPT65</th><th>MPT90</th></tr>
<tr><td rowspan="4">灭火剂充装量</td><td rowspan="2">酸性剂</td><td>硫酸铝（g）</td><td>4000 ± 700</td><td>6500 ± 700</td><td>9000 ± 700</td></tr>
<tr><td>清水（ml）</td><td>7000 ± 500</td><td>11000 ± 500</td><td>16000 ± 500</td></tr>
<tr><td rowspan="2">碱性剂</td><td>碳酸氢钠（g）</td><td>3000 ± 500</td><td>4500 ± 500</td><td>6500 ± 500</td></tr>
<tr><td>清水（ml）</td><td>31000 ± 1000</td><td>49000 ± 1000</td><td>68000 ± 1000</td></tr>
<tr><td colspan="3">有效喷射时间（s）</td><td>≥120</td><td>≥150</td><td>≥180</td></tr>
<tr><td colspan="3">有效喷射距离（m）</td><td>≥9.0</td><td>≥9.0</td><td>≥9.0</td></tr>
<tr><td colspan="3">喷射滞后时间（s）</td><td>≤10.0</td><td>≤10.0</td><td>≤10.0</td></tr>
<tr><td colspan="3">喷射剩余率（%）</td><td>≤15.0</td><td>≤15.0</td><td>≤15.0</td></tr>
<tr><td colspan="3">使用温度范围（℃）</td><td>+4 ~ +55</td><td>+4 ~ +55</td><td>+4 ~ +55</td></tr>
</table>

2. 构造

灭火器由筒体、筒盖、瓶胆、瓶盖启闭机构、喷射系统、车身等组成，其外形与结构如图 5-6 所示。

（1）筒体。是存装碳酸氢钠溶液的容器，用 3.5 ~ 4.0mm 厚的钢板焊接而成。

（2）筒盖。一般用铸铁或铝合金压铸而成，上装有瓶盖的启闭机构，有的还装有安全阀。当筒体内压力超过规定时，能自动泄压，以确保安全。

（3）瓶胆。是存放硫酸铝溶液的容器，一般用耐酸碱的工程塑料制成。它由瓶夹固定，悬挂在筒体上口，瓶胆口有密封盖，平时严密紧闭，可防止瓶胆内溶液流出。

（4）瓶盖启闭机构。由带有密封圈的瓶盖、升降螺杆及手轮组成。要开启瓶盖时，按逆时针方向转动手轮，螺杆随之上升，带动瓶盖上升即为开启；反之则关闭。该机构可达到密封目的。

（5）喷射系统。由滤网、阀门、喷射软管及喷枪构成。滤网可防止溶液内杂质堵塞喷口，阀门是开、关泡沫喷射的机构，现在灭火器已将阀门和喷枪连成一体。喷枪用铝合金或工程塑料制造，喷射软管用有纤维编织层的橡胶管制成。

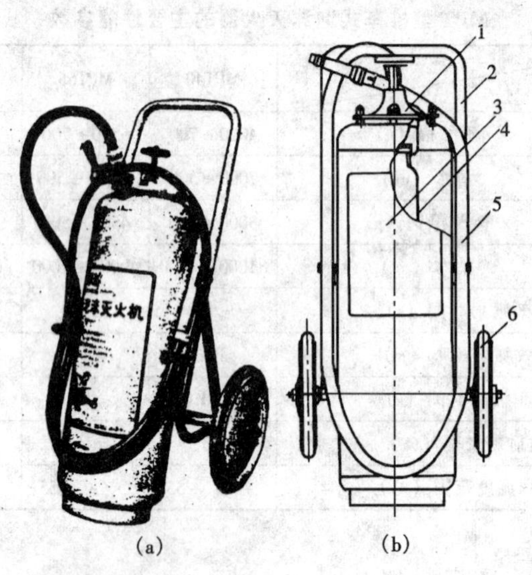

图 5-6 MPT 型推车式泡沫灭火器示意

(a) 外形；(b) 结构

1—筒盖；2—车架；3—筒体；

4—瓶胆；5—喷射软管；6—车轮

(6) 车身。由车轮、减振装置、车架、拉杆及固定喷枪和喷射软管的夹具组成。

3. 适用范围和使用方法

MPT 型泡沫灭火器的适用范围同 MP 型泡沫灭火器。使用方法如下：

(1) 一般由两人操作，先将灭火器迅速推拉到火场，在距着火点 10m 左右处停下，由一人施放喷射软管后，双手紧握喷枪并对准燃烧处；另一人则先逆时针方向转动手轮，将螺杆升至最高位置，使瓶盖开足。

(2) 将筒体向后倾倒，使拉杆触地，并将阀门手柄旋转 90°，即可喷射泡沫进行灭火。

(3) 如阀门装在喷枪处，则由负责操作喷枪者打开阀门，其他灭火方法及注意事项同MP型。

4. 维护

(1) 灭火器的存放温度应在+4~+45℃之间，不宜过高或过低。

(2) 每月应定时检查灭火器一次，察看喷枪、软管、滤网及安全阀等有无堵塞现象，并及时加以清除。

(3) 每次更换灭火剂或灭火器使用两年后，应对筒体及筒盖一起进行水压试验，合格后方可继续使用。

(4) 每隔半年应对所充装的药液进行检查，方法同MP型。如发现变质，应及时更换。

四、二氧化碳灭火器

二氧化碳灭火器是利用其内部充装的液态二氧化碳的蒸气压力将二氧化碳喷出灭火。

1. 适用场所

由于二氧化碳灭火剂具有灭火不留痕迹，并有一定的电绝缘性能等特点，因此适宜于扑救600V以下的带电电器、贵重设备、图书资料、仪器仪表等场所的初起火灾，以及一般可燃液体的火灾，但不能扑灭钾、钠等轻金属的火灾。

2. 分类及规格

(1) 按二氧化碳的充装量分，有2、3、5、7kg四种手提式的规格和20、25kg两种推车式规格，其型号分别为MT2、MT3、MT5、MT7、MTT20、MTT25。

(2) 按移动形式分，有手提式和推车式两种，目前主要用手提式的。

(3) 按结构分，有凹底式和有底圈式两种，凹底式应挂在墙上。

3. 技术性能

在20±5℃时，二氧化碳灭火器的主要技术性能见表5-6。

4. 手提式二氧化碳灭火器

(1) 手提式灭火器结构又分手轮式和鸭嘴式（MTZ型）两

种。手轮式已淘汰不用。鸭嘴式二氧化碳灭火器主要由压把、钢瓶等组成，其外形与结构如图 5-7 所示。钢瓶由无缝钢管经热旋压收底制成，用来灌装液态二氧化碳灭火剂。启闭阀采用钢锻制，喷筒为喇叭状，可 360°转动，并可在任一位置停住，以便灭火需要。喷筒由钢丝编织胶管与启闭阀相连。启闭阀为手动开启，手一松即自动关闭，只要一打开阀门，灭火剂即以一定速度喷出，足以灭火。

表 5-6　　二氧化碳灭火器的技术性能

项目＼型号	MT2	MT3	MT5	MT7	MTT20	MTT25
灭火剂量（kg）	2	3	5	7	20	25
有效喷射时间（s）	≥8.0	≥8.0	≥9.0	≥12.0	≥15.0	≥15.0
有效喷射距离（m）	≥1.5	≥1.5	≥2.0	≥2.0	≥4.0	≥5.0
喷射滞后时间（s）	≤5.0	≤5.0	≤5.0	≤5.0	≤10.0	≤10.0
喷射剩余率（%）	≤10.0	≤10.0	≤10.0	≤10.0	≤10.0	≤10.0
使用温度范围（℃）	-10～+55	-10～+55	-10～+55	-10～+55	-10～+55	-10～+55

（2）使用方法及注意事项如下：

1）使用灭火器时，先拔掉安全销，然后压紧压把，这时就有二氧化碳喷出，操作步骤如图 5-8 所示。

2）不能直接用手抓住喇叭筒外壁或金属连接管，防止手被冻伤。

3）灭火时，当可燃液体呈流淌状燃烧时，使用者应将二氧化碳灭火剂的喷流由近而远向火焰喷射；如果可燃液体在容器内燃烧时，使用者应将喇叭筒提起，从容器的一侧上部向燃烧的容器中喷射，但不能将二氧化碳射流直接冲击可燃液面上。

4）在室外使用二氧化碳灭火器时，人应站在上风位置喷射。在室内窄小空间使用时，一旦火被扑灭，操作者就应迅速离开，因为人体会因吸入一定量的二氧化碳而窒息。

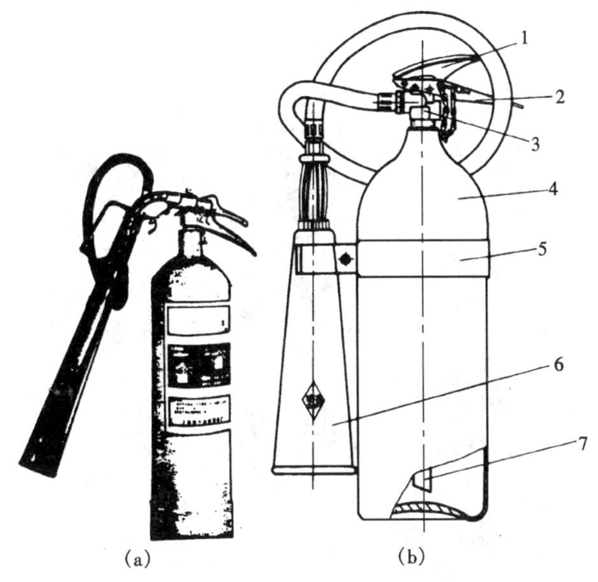

图 5-7　鸭嘴式二氧化碳灭火器（MTZ 型）示意
（a）外形；（b）结构
1—压把；2—提把；3—启闭阀；4—钢瓶；
5—长箍；6—喷筒；7—虹吸管

5）对无喷射软管的二氧化碳灭火器，应把原来下垂的喇叭筒往上扳 70°~90°，再紧握启闭阀的压把，使二氧化碳喷出。

（3）维护保养如下：

1）灭火器应存放在阴凉、干燥、通风处，不得接近火源，存放环境温度在 -5~+45℃之间为好。

2）每半年应检查一次灭火器重量，可采用称重法检查。若称出的重量与灭火器钢瓶肩部打的钢印总重量相比较低于 50g 时，应送维修单位检修。

3）灭火器每次使用后或每隔五年，应送维修单位进行水压试验，合格后方可继续使用。

5. 推车式二氧化碳灭火器简介

（1）适用场所。适于工矿企业仓库、配电站、理化实验室、

图 5-8　二氧化碳灭火器使用方法

图书资料馆、档案室等单位扑救油类、电气（600V 以下）设备的初起火灾。

（2）结构。由钢瓶、虹吸管、阀门、喷筒、手轮、安全帽、胶管和推车组成，如图 5-9 所示。

（3）技术性能。见表 5-6。

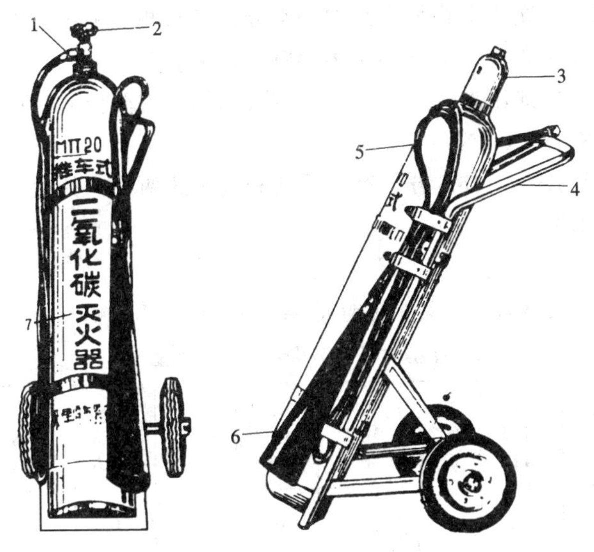

图 5-9　推车式二氧化碳灭火器示意

1—胶管接头；2—手轮；3—安全帽；4—小推车；
5—胶管；6—喷筒；7—钢瓶

（4）使用方法。一般由两人操作。使用时由两人一起将灭火器推或拉到燃烧处，在离燃烧物 10m 处停下；一人快速取下喇叭喷筒并展开喷射软管，握住喇叭喷筒根部的手柄，另一人快速按顺时针方向旋动手轮，并开到最大位置；其他灭火操作同手提式。

五、干粉灭火器

干粉灭火器以液态二氧化碳或氮气作动力，将灭火器内干粉灭火剂喷出进行灭火。它适用于扑救石油及其制品、可燃液体、可燃气体、可燃固体物质的初起火灾。由于干粉有 5 万 V 以上的电绝缘性能，因此也能扑救带电设备处的火灾，因此被广泛应用于电力系统各企业、油库等场所。

（一）MF 型手提式干粉灭火器

1. 规格

（1）按充装的干粉量分，有 1、2、3、4、5、6、8、10kg 八种，其型号分别为 MF1、MF2、MF3、MF4、MF5、MF6、FM8、MF10；

(2) 按充入干粉灭火剂的种类分，有碳酸氢钠干粉灭火器和磷酸铵盐干粉灭火器（型号为 MFL）两种；

(3) 按加压方式分，有储气瓶式和储压式两种，其型号分别为 MF 和 MFZ；

(4) 按移动方式分，有手提式和推车式两种，其型号分别为 MF 和 MFT。

2. 技术性能

在 20±5℃时，其主要性能参数见表 5-7。

表 5-7　手提式干粉灭火器的技术性能

项目＼型号	MF1 MFZ1 MFL1	MF2 MFZ2 MFL2	MF3 MFZ3 MFL3	MF4 MFZ4 MFL4	MF5 MFZ5 MFL5	MF6 MFZ6 MFL6	MF8 MFZ8 MFL8	MF10 MFZ10 MFL10
灭火剂量（kg）	1	2	3	4	5	6	8	10
有效喷射时间（s）	≥6	≥8	≥8	≥9	≥9	≥9	≥12	≥15
有效喷射距离（m）	≥2.5	≥2.5	≥2.5	≥4.0	≥4.0	≥4.0	≥5.0	≥5.0
喷射滞后时间（s）	≤5.0	≤5.0	≤5.0	≤5.0	≤5.0	≤5.0	≤5.0	≤5.0
喷射剩余率（%）	≤10.0	≤10.0	≤10.0	≤10.0	≤10.0	≤10.0	≤10.0	≤10.0
电绝缘性能（万 V）	≥5	≥5	≥5	≥5	≥5	≥5	≥5	≥5
使用温度范围（℃）	FM 型 -10~+55 MFZ 型 -20~+55	-10~+55 -20~+55	-10~+55 -20~+55	-10~+55 -20~+55	-10~+55 -20~+55	-10~+55 -20~+55	-10~+55 -20~+55	-10~+55 -20~+55

3. 构造

主要以储气瓶式干粉灭火器为例加以说明，其他形式与此基本相同。它的主要结构有筒体、器盖、储气瓶及喷射装置等，其外形与结构如图 5-10 所示。

筒体是存装干粉的容器，由 1.2~2.0mm 厚的钢板焊接制成。器盖是密封筒体的盖子，在其上部装有开闭机构和喷嘴或喷

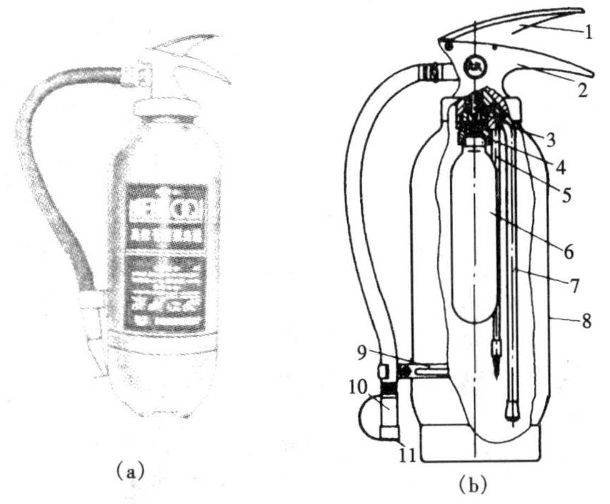

图 5－10　MF 型手提内置式干粉灭火器示意

(a) 外形；(b) 结构

1—压把；2—提把；3—刺针；4—密封膜片；5—进气管；6—储气瓶；7—出粉管；8—筒体；9—喷粉管固定夹箍；10—喷粉管；11—喷嘴

射软管，下部有出粉管。储气瓶是存装液体二氧化碳驱动气体的容器。喷射装置由出粉管、喷射软管和喷嘴组成，出粉管是干粉灭火剂喷出的通道，一般由钢、铜和尼龙等材料制成；喷射软管由纤维缠绕的橡胶管制成；喷嘴由尼龙等材料制成，呈圆锥形。储气瓶有外挂式和内置式两种，外挂式的外形及结构如图5－11所示。

4. 适应火灾和使用方法

碳酸氢钠干粉灭火器适用于易燃、可燃的液体、气体及带电设备的初起火灾；磷酸铵盐干粉灭火器除上述用途外，还可扑救固体类物质的初起火灾，但它们都不能扑救轻金属燃烧的火灾。干粉灭火器的使用方法（内置式）如下：

(1) 灭火时，可手提或肩杠灭火器快速奔赴火场，在距燃烧处 5m 左右，放下灭火器，如在室外，应选择在上风方向喷射。

(2) 使用时拔掉保险销，按下压把，干粉即可喷出，如图5－12所示。

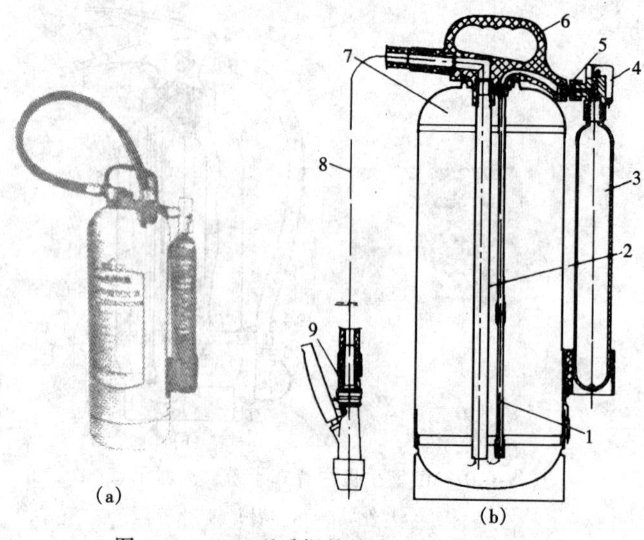

图 5-11　MF 型手提外挂式干粉灭火器示意

(a) 外形；(b) 结构

1—进气管；2—出粉管；3—钢瓶；4—提环；5—钢瓶螺母；6—提盖；7—筒体；8—喷射软管；9—喷枪

(3) 在使用时，一手应始终压下压把，不能放开，否则会中断喷射。当干粉喷出后，迅速对准火焰的根部扫射。

(4) 如被扑救的液体火灾呈流淌燃烧时，应对准火焰根部由近而远地左右扫射，直至把火焰全部扑灭。

(5) 如果可燃液体在容器内燃烧，使用者应对准火焰左右晃动扫射，使喷射出的干粉流覆盖整个容器开口表面；当火焰被赶出容器时，仍应继续喷射，直至把火焰全部扑灭。注意切勿将喷嘴直接对准液面喷射，以防止喷流的冲击力使可燃液体溅出而扩大火势，造成灭火困难。

(6) 如果用磷酸铵盐干粉灭火器扑救固体可燃物火灾时，应对准燃烧最猛烈处喷射，即作上下、左右扫射，或提着灭火器沿着燃烧物的四周边走边喷，使干粉灭火剂均匀地喷在燃烧物表面，直至将火焰全部扑灭。

图 5-12　干粉灭火器的使用方法

5. 维护保养

(1) 灭火器应放置在通风、干燥、阴凉、取用方便的地方，环境温度在 -5～+45℃。

(2) 避免放在高温、潮湿和腐蚀严重的场合，以防干粉灭火剂结块、分解。

(3) 每半年检查干粉是否结块，储气瓶的二氧化碳气体是否泄漏。检查方法是将储气瓶拆下称重。如重量小于所标值时，应送去修理。

(4) 灭火器一经开启，必须再充装，在再充装时，绝对不能变换干粉灭火剂的种类。

(5) 每次再充装前或灭火器出厂三年后，应进行水压试验。应对筒体和储气瓶分别进行试验，合格后才能再次充装使用。

（二）MFT 型推车式干粉灭火器

1. 规格

按充装灭火剂的重量分，有 20、25、35、50、70、100kg 六种，其型号分别为 MFT20、MFT25、MFT35、MFT50、MFT70、MFT100。

2. 技术性能

灭火器在 20±5℃下的主要技术性能见表 5-8。

表 5-8　　MFT 型推车式干粉灭火器的技术性能

项目 \ 型号	MFT20	MFT25	MFT35	MFT50	MFT70	MFT100
灭火剂量(kg)	20	25	35	50	70	100
喷射时间(s)	≥15.0	≥15.0	≥20.0	≥25.0	≥30.0	≥35.0
喷射距离（m）	≥8.0	≥8.0	≥8.0	≥9.0	≥9.0	≥10.0
喷射滞后时间(s)	≤10.0	≤10.0	≤10.0	≤10.0	≤10.0	≤10.0
喷射剩余率(%)	≤10.0	≤10.0	≤10.0	≤10.0	≤10.0	≤10.0
电绝缘性能(kV)	≥5	≥5	≥5	≥5	≥5	≥5
使用温度范围(℃)	-10～+55	-10～+55	-10～+55	-10～+55	-10～+55	-10～+55

3. 构造

MFT 型灭火器与手提式灭火器的构造基本相同，只是存装的干粉筒体大些，另外有车架、车轮等行驶机构，其外形及构造如图 5-13 所示。

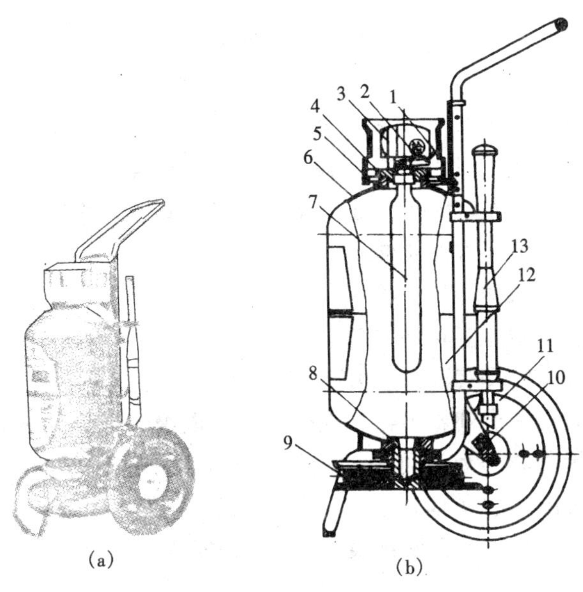

图 5－13　MFT 型推车式干粉灭火器示意

(a) 外形；(b) 结构

1—进气压杆提环；2—进气压杆；3—压力表；4—密封胶圈；5—护罩；6—筒体；7—钢瓶；8—出粉口密封胶圈；9—出粉管；10—轮轴；11—车轮；12—车架；13—喷粉枪

4. 使用方法

(1) 灭火时，可手推灭火器快速奔赴火场，在距燃烧处 10m 左右，停下灭火器，如在室外，应选择在上风方向喷射。

(2) 灭火时需两人共同操作，一人首先打开二氧化碳气瓶手轮向干粉储罐充气；另一人迅速展开出粉管，并开启阀门，双手持喷枪对准火焰根部由近至远灭火。

5. 维护保养

(1) 检查灭火器的车架、车轮是否转动灵活。有喷射软管转盘的，应将喷射软管拉出，检查其是否粘连、破损。无损坏时，应将其按原样盘绕在转盘上。

(2) 灭火器应放置在通风、干燥、阴凉、取用方便的地方，环境温度为-5~+45℃。

(3) 避免放在高温、潮湿和腐蚀严重的场合，以防干粉灭火剂结块、分解。

(4) 每半年检查干粉是否结块，储气瓶的二氧化碳气体是否泄漏。如储气瓶重量小于所标值时，就送去修理。

(5) 每次再充装干粉前或灭火器出厂三年后，应进行水压试验，合格后才能再次充装使用。

六、1211灭火器

1211灭火器是利用装在筒体内的氮气压力将1211灭火剂喷出进行灭火。它具有灭火效力高、毒性低、腐蚀性小、久存不变质、灭火后不留痕迹、不污染被保护物、电绝缘性能好等优点，因此被用于扑救易燃、可燃的液体、气体及带电设备的初起火灾，也能对固体物质如竹、木、纸、织物等的表面火灾进行扑救，尤其适用于扑救精密仪表、计算机及贵重物资仓库等处的初起火灾。

(一) MY型手提式1211灭火器

1. 规格

按充装灭火剂的充装量分，有0.5、1、2、3、4、6kg六种规格，其型号分别为MY0.5、MY1、MY2、MY3、MY4及MY6。

2. 主要技术性能

在20±5℃时，其主要技术性能见表5-9。

表5-9　MY型手提式1211灭火器的技术性能

项目＼型号	MY0.5	MY1	MY2	MY3	MY4	MY6
灭火剂充装量 (kg)	0.5	1	2	3	4	6
有效喷射时间 (s)	>6.0	>6.0	≥8.0	≥8.0	≥9.0	≥9.0
有效喷射距离 (m)	≥1.5	≥2.5	≥3.5	≥4.0	≥4.5	≥5.0
喷射滞后时间 (s)	≤3.0	≤3.0	≤3.0	≤3.0	≤3.0	≤3.0

续表

项目＼型号	MY05	MY1	MY2	MY3	MY4	MY6
喷射剩余率（%）	≤8.0	≤8.0	≤8.0	≤8.0	≤8.0	≤8.0
使用温度范围（℃）	-20～+55	-20～+55	-20～+55	-20～+55	-20～+55	-20～+55
充装系数（g/L）	≤1.1	≤1.1	≤1.1	≤1.1	≤1.1	≤1.1

3．构造

灭火器主要由筒体、器头、喷射系统三部分构成。筒体由钢板冲压成型再焊接而成；器头是密封筒体的阀门，在其上面装有开闭压把、内部压力显示器及喷嘴，其下部与出液管相连；喷射系统有出液管、喷嘴。对 MY4、MY6 型还有喷射软管，以便于灭火操作，其外形和结构如图 5-14 所示。

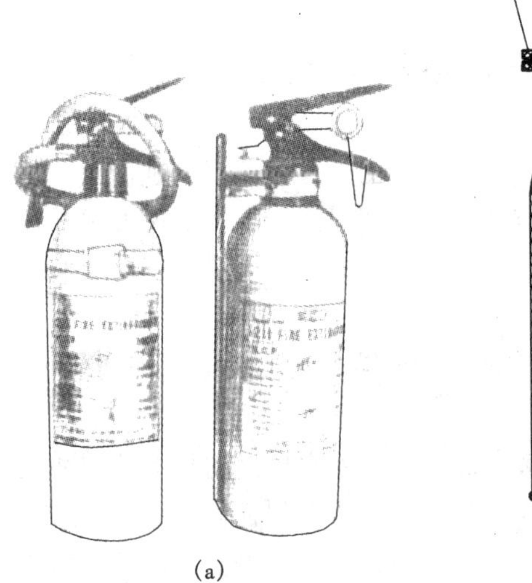

(a)

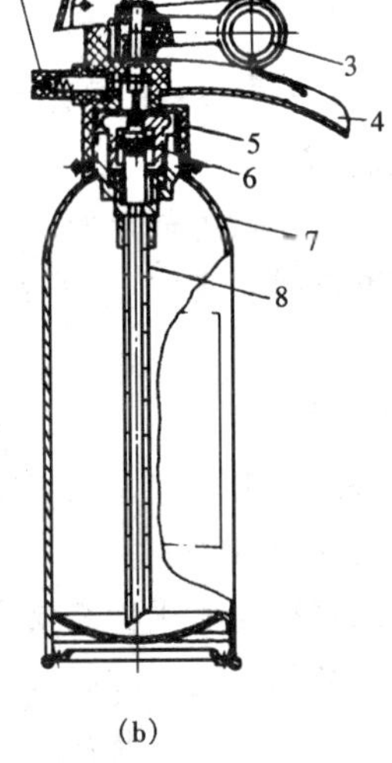

(b)

图 5-14　手提式 1211 灭火器示意图

(a) 外形；(b) 结构

1—喷嘴；2—压把；3—安全销；4—提把；5—筒盖；6—密封圈；7—筒体；8—虹吸管

4. 使用方法及注意事项

（1）手提或肩扛灭火器迅速奔赴火场，在距燃烧处5m左右放下灭火器，先拔出安全销，一手握住开闭压把；另一手握在喷射软管前端的喷嘴处，先将喷嘴对准燃烧处，用力握紧开闭压把，在氮气压力的作用下，1211灭火剂随即喷出，其使用方法如图5－15所示。

（2）当被扑救可燃液体呈流淌状燃烧时，使用者应对准火焰根部由近而远地左右扫射，并向前快速推进，直至火焰全部扑灭。

（3）如果可燃液体在容器中燃烧，应对准火焰左右晃动扫射。当火焰被赶出容器时，喷射流跟着火焰扫射，直至把火焰全部扑灭，但应注意不能将喷射流直接喷射在燃烧液面上，防止灭火剂的冲力将可燃液体冲出容器而扩大火势，造成灭火困难。

（4）如果扑救可燃固体物质的初起表面火灾，则将喷射流对准燃烧最猛烈处喷射。当火焰被扑灭后，应及时采取措施，不让其复燃。

（5）切记1211灭火器使用时不能颠倒，也不能横卧，否则灭火剂不会喷出。

（6）在室外使用时，应选择在上风方向喷射。在窄小空间的室内灭火时，灭火后操作者应迅速离开，因1211灭火剂也有一定毒性，以防对人体的伤害。

5. 维护保养

（1）灭火器应存放在通风、干燥、阴凉及取用方便的场合，环境温度为－10～＋45℃。

（2）每隔半年检查灭火器上显示内部压力的显示器。如发现指针已降到红色区域时，应及时送维修部门检修。

（3）灭火器不要存放在加热设备附近，也不要放在有阳光直射及有强腐蚀性的地方。

（4）每次使用后，不管灭火剂是否有剩余，都应送维修部门进行再充装。每次再充装前或出厂三年以上的，都应进行水压试

图 5－15　手提式 1211 灭火器的使用方法

验，合格后方可继续使用。

(5) 如灭火器上无内部压力显示器，可采用称重的方法检查。当称出的重量减小 10%时，应送去修理。购买灭火器时，应选购有内部压力显示器的1211灭火器为好。

（二）MYT型推车式1211灭火器

1. 规格

按充装灭火剂的量分，有25、40kg两种规格，其型号分别为MYT25和MYT40。

2. 技术性能

在20±5℃时，其主要技术性能见表5－10。

表5－10　MYT型推车式1211灭火器的技术性能

项目 \ 型号	MYT25	MYT40
灭火剂量（kg）	25	40
有效喷射时间（s）	≥25	≥40
喷射滞后时间（s）	≤10	≤10
喷射剩余率（%）	≤10	≤10
使用温度范围（℃）	－20～＋55	－20～＋55

3. 构造

MYT型推车式灭火器基本同手提式1211灭火器，除外形大小不同外，推车式还有车轮、车架等行驶机构，以及由喷射软管、手握喷枪等组成的喷射系统。车架为靠背椅式，筒体直立其上，车架下有两只轮子安装在轮轴上；喷射软管一般采用纤维缠绕的橡胶管制成，长度大于4m；手握喷枪上有控制喷射的开闭机构，操作简便，其外形及结构如图5－16所示。

4. 使用方法

（1）灭火时，一般由两人操作，先将灭火器推或拉到火场，在距燃烧点10m处停下。

（2）一人快速放下喷射软管后，紧握喷枪，对准燃烧处。

（3）另一人则快速打开灭火器阀门，阀门开启方法一般有三种：一种按顺时针方向旋动手轮，并开启到最大位置；另一种是旋转手轮90°即可开启；还有一种为压下开启杆，由凸轮装置将阀门顶开。

(4) 其他灭火方法同手提式 1211 灭火器。

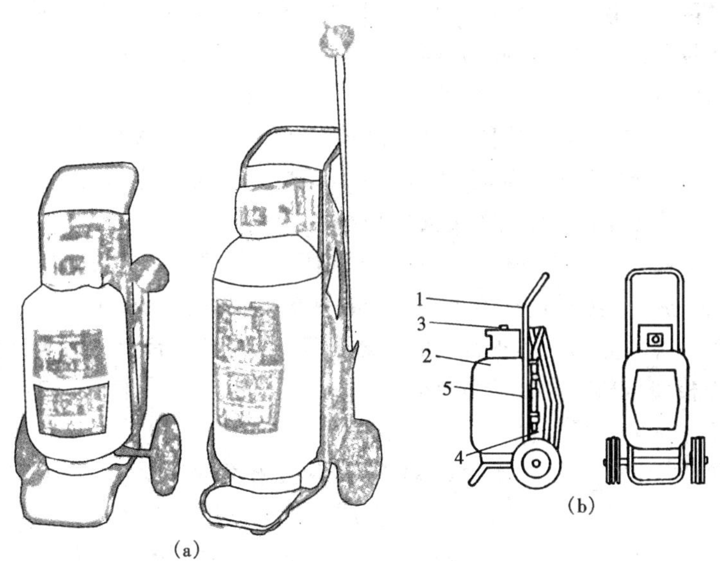

图 5-16 推车式 1211 灭火器示意

(a) 外形；(b) 结构

1—推车架；2—筒体；3—启闭阀；4—喷射软管；5—喷枪

5. 维护保养

推车式灭火器的维护保养方法同手提式 1211 灭火器。

第三节 电力系统主要设备的防火(爆)与灭火

电力系统是发、变、输、配、用等环节在调度统一指挥下进行电能的生产、输送、流通、分配和使用的一个综合系统，而电厂和电网是电力系统的重要组成部分。目前，发电厂（站）的种类很多，但是，我国仍以火力发电为主（火力发电约占总发电量的 70%以上），而火力发电是以煤、油和天然气等为燃料进行能量转换，在我国燃煤电厂更为普遍。燃煤电厂的输煤系统、辅助燃油系统、氢气系统、电缆、变压器、电火焊设备、蓄电池等，使用易燃、易爆物质很多，因此，很容易发生火灾和爆炸事故。电网中的输电、变电、配电和用电系统中的各种电气设备都具有大量易燃、可燃物质和较高的运行温度，因此也具有发生火灾和爆炸的危险性。

实例5-4　某日，河南省××电厂发生了锅炉燃油的高位油箱严重超温，高温油喷溢引起严重火灾，造成全厂两台100MW机组停机。这次火灾将集控、继保室、热工发送器室、电缆夹层等要害部位的设备全部烧坏。共烧毁各种控制、保护盘110多块，各种电缆八万多米，各种热工仪器仪表1500多块。另外，燃料分场烧坏皮带40m，配煤车钢轨烧弯一部分，煤仓间木隔板墙全部烧光，动力盘全部烧坏。经过一个月抢修后，2号机组才恢复简易发电，1号机组经过三个多月抢修才恢复发电，两机组少发电二亿八千余万kWh，给国家和企业造成了巨大损失。

实例5-5　某日，××电厂5号主变压器进行小修后，仅运行了5h后即发生了爆炸起火。事故开始时，运行人员发现瓦斯保护光字牌亮，纵差、接地保护掉牌、断路器跳闸。变压器前的通道上和第二、十组散热器下部着火，经努力扑救，将火扑灭。经检查发现变压器坑中有大量的油，并且散热器法兰处往外淌油。当通道上的火救灭后，约2min，变压器突然发生爆炸，大火冲天，把当时在场的人全部冲倒，造成3人死亡，十几人被烧伤的严重后果，影响发电近1个月，损失巨大。

实例5-6　氢气爆炸，2死1伤。某日，湖北省××热电厂5号机因主油泵推力瓦磨损被迫停机，并决定5号发电机排氢。这次作业顺便由电机检修班对5号机内部接线套管是否流胶进行检查，并清擦发电机内渗油。在工作票上安全措施只列了电气一次线断开断路器、隔离开关等内容但未列氢气防爆的项目，当工作开展后第三天工人感觉在发电机内发闷，就用一台台式电风扇通风，当一名工人钻到人孔门内放电风扇，并几次开停电风扇寻找合适放置位置时，一声巨响，氢气爆炸，造成2死1伤，这次事故由于在氢气作业方面存在思想麻痹，从领导到工人都认为发电厂排了氢就没问题了，忽视了漏氢的可能，并且没有采取安全措施，而电风扇在多次起、停、换档时产生的电火花是可能性最大的引爆火源。

一、输煤和制粉系统

（一）输煤与制粉系统防火（爆）的重要性

挥发分较高的原煤、煤粉积存时间较长会产生自燃，这种自燃现象发生在煤场，原煤仓、煤粉仓等处；自燃也可能发生在输煤皮带、除尘设备上。输粉设备内及地面的积煤、积粉自燃后将会烧坏输煤皮带、锅炉输粉设备和附近其他设施，地面堆积的积煤、积粉自燃中还会发生人员误踩造成烧伤。此外，锅炉制粉系统运行中，由于操作不当而引起制粉系统爆炸。制粉系统及设备是煤粉锅炉的重要辅助设备，容易发生漏粉、煤粉自燃、着火爆炸等，一旦制粉系统内部自燃或严重漏粉，还会因积粉自燃造成火灾、制粉系统爆炸，有的致使煤粉仓顶掀开，还有的因制粉系统防爆门爆破引起电缆着火。因此电业工人一定要做好这方面的防火、防爆工作。

（二）输煤系统的防火与灭火

1. 输煤系统的防火

（1）对长期停用的原煤仓、输煤皮带系统（包括煤斗、落煤管和除尘用的通风管）的积煤、积粉应清理干净，皮带上不得有存煤，以防积煤、积粉自燃。

对长期不用或停运的龙门吊煤机、斗轮机等应尽量停放在煤堆较低处。

（2）大型电厂燃用烟煤及以上易燃煤种的主要输煤皮带宜选用难燃型。

（3）露天储煤场与建筑物、铁路和装卸设备应保持规定的防火间距。

（4）储煤场的地下，禁止敷设电缆、蒸汽管道，易燃、可燃液体及可燃气体管道。

（5）原煤应成型堆放，不同品种的原煤应分别堆放；容易自燃的煤不宜长期堆存，必须堆存时，应有防止自燃的措施，并经常检查煤堆内的温度。当温度升高到60℃以上时，应查明原因并立即采取措施。

（6）输煤皮带上空附近和原煤仓格栅动火，应做好隔离措施。

（7）输煤系统应设置密封、除尘、加湿、喷雾等装置。即：①对新建大中型电厂和颗粒小、含水分少的煤种宜采用原煤加湿装置，使用有密封防护罩的输煤皮带，并安装水喷雾设施，正常运行中该设施应投入使用；②原煤加湿，即对干燥易起尘的原煤，在卸车或从煤场取煤前适当喷水加湿，使表面水分达不到起尘的湿度；③密封防尘，即对碎煤设备、筛煤设备、磁铁分离设备、落煤管、导料槽、皮带落煤口等设备进行密封。

2. 输煤系统的火灾扑救

（1）输煤皮带因煤粉自燃而着火时，应立即停止皮带运行，防止皮带在高速运转中，大量带风使燃烧加剧。

（2）将电气设备停电，防止电缆短路。

（3）开启着火输煤栈桥与转运站、碎煤机室或主厂房连接处的水幕隔离设施，以防止火灾蔓延。

（4）使用泡沫、CO_2或用水喷雾进行灭火。输煤皮带着火可用水直接喷洒；可用现场存放的泡沫、CO_2灭火器进行灭火，也可用砂土覆盖在皮带上，防止火灾蔓延。

（5）自燃的煤粉可用水喷雾，喷时应由四周向中心喷洒，用喷雾水将煤粉由外向内逐步阴湿、降温、熄火，切忌用高压直流水向煤粉中心喷射，使煤粉扬起而形成爆炸性混合物而引起爆炸。同时当煤粉自燃时应关闭输煤栈桥的门窗，减少空气对流，防止煤粉飞扬，降低自燃速度。

（6）电气设备着火时，可用1211、CO_2或Ccl_4灭火器进行灭火，停电后也可用喷洒水进行扑救。

（7）皮带支架和输煤栈桥的桥架受到大火威胁时，可用水喷射冷却，降低温度，防止构架变形或倒塌。

大火扑灭后,应将自燃或阴燃的煤粉清理干净,防止再度燃烧。

（8）储煤场煤堆着火可用消防水枪、喷雾水枪喷洒灭火，并应防止火星飞扬。原煤仓着火可采用水喷雾或泡沫灭火器灭火。

（三）制粉系统的防火与灭火

1. 制粉系统的防火

（1）严禁在运行中的制粉系统设备上进行动火工作。

（2）在停用的制粉系统进行动火作业，必须将此设备处积粉清除干净，并采取可靠的隔离措施，执行动火工作票制度。

在煤粉浓度大的场所，经测定煤粉浓度合格后，并办理动火工作票手续，方可进行动火作业。

（3）制粉系统防爆门应避免朝向电缆层及人行通道。防爆门动作后应立即检查及清除周围火苗与积粉。

（4）在启动制粉系统和设备检修之前，应仔细检查设备内外有无积粉自燃，若发现积粉自燃，应予消除。

（5）严格控制磨煤机出口温度及煤粉仓温度，其温度不得超过煤种要求的规定。煤粉仓应装有温度测点并宜装报警测点。

（6）磨煤机出口气粉混合物的温度不应超过下列数值。

1）仓储式煤粉制粉系统。

a）用空气干燥时：

无烟煤　　不受限制

贫煤　　130℃

烟煤　　80℃

褐煤　　70℃

b）用空气和烟气混合干燥时：

烟煤　　90℃

褐煤　　80℃

2）直吹式煤粉制粉系统。

a）用空气干燥时：

贫煤　　150℃

烟煤　　　　　　　　　130℃

褐煤和油页岩　　　　　100℃

b）用空气和烟气混合干燥时：

烟煤　　　　　　　　　170℃

褐煤和油页岩　　　　　140℃

（7）检修停炉前，煤粉仓内煤粉必须用尽；每次大修煤粉仓应清仓，并检查煤粉仓内壁是否光滑，有无积粉死角。粉仓顶盖四角拼缝应能符合承受一定的爆炸压力的设计要求。

（8）给粉机应有定期切换制度。避免在停用的给粉机入口处出现积粉自燃。清除给粉机进口积粉时，不得用氧气管及压缩空气吹扫。

（9）手动测量煤粉仓粉位时，浮筒应由非铁质材料制成，仓内浮筒应缓慢升降，以免撞击仓壁产生火花，发生煤粉爆炸。

（10）清仓过程中发现仓内残余煤粉有自燃现象时，清扫人员应立即退到仓外，将煤粉仓严密封闭，用二氧化碳或氮气灭火器等进行扑灭。

在磨煤机清扫积粉时，严禁在煤粉温度没有下降到可燃点以下时打开人孔门清扫。

（11）清仓时，煤粉仓内必须使用防爆行灯。铲除积粉时，工作人员应穿不产生静电的工作服，并使用铜质或铝制工具，不得带入火种，禁止用压缩空气或氧气进行吹扫。

（12）发现煤粉仓煤粉自燃要妥善处理。一般应停止向煤粉仓送粉（严禁漏粉），关闭粉仓吸潮管，进行彻底降粉。

（13）要检查煤粉仓，绞笼（螺旋送粉器）吸潮管有无堵塞，吸潮管应加保温措施，吸潮门开度应使粉仓负压保持适当的数值。

（14）做好粉仓层的清洁工作，防止煤粉仓爆炸后热气浪喷出所引起的二次爆炸，或粉仓层积粉自燃后火苗进入粉仓引起煤粉仓煤粉爆炸。

（15）煤粉仓应装置固定的灭火系统，如蒸汽灭火、二氧化碳或氮气灭火装置，平时要保持完好，并定期试用。

2. 制粉系统的火灾扑救

（1）制粉系统煤粉自燃时的扑救：

1）发现制粉系统有自燃现象时，应使系统稳定，加大给煤量，以降低磨煤机出口气粉混合物的温度。用水枪形成雾状将其明火扑灭，也可用泡沫灭火器将火灭掉。火源扑灭后，把积煤、积粉清除干净。

2）关闭粗粉分离器回粉管的锁气器，停止回粉。

3）如果自燃仍未消除，应停止制粉系统，关闭各个风门(禁止开冷风门)。使用灭火装置灭火，如用蒸汽灭火时，应先将蒸汽管路的疏水放干净，再行灭火。

4）重新启动制粉系统前，应打开人孔门和检查孔，全面检查系统内确无火源后，再通风干燥启动。同时敲打粗粉分离器的回粉管，以防堵粉。

（2）制粉系统发生爆炸的扑救：

1）必须紧急停止制粉系统运行，关闭各风门，禁止开冷风门，并加强锅炉的燃烧调整，防止锅炉灭火。

2）使用灭火装置灭火并清除火源（系统或防爆门爆破后，禁止用蒸汽灭火）。

3）全面检查系统内部，清理自燃煤粉和积粉。试摸各部分温度，检查设备损坏程度。

（3）煤粉仓自燃或爆炸的扑救：

1）当煤粉仓温度升高，煤粉轻微自燃时，可采用提高粉位压粉的办法来降低粉仓温度，消除自燃。

2）如发现煤粉仓温度不正常升高时，应停止向该粉仓送粉，并关闭煤粉仓吸潮管，严防空气漏入煤粉仓或煤粉漏入粉仓，同时进行降粉，使粉位降低到2～3m，并向粉仓输入惰性气体。

3）给粉机里的碳块应及时掏出，保证给粉机运行正常。

4）粉仓温度下降后，应重新制粉、送粉，迅速提高粉位，进行压粉。

5）经降粉，若粉仓温度仍然上升，继续处理无效时，应使用蒸汽灭火，投入经过彻底疏水的蒸汽3～5min，也可使用二氧化碳或氮气灭火，直至自燃煤粉熄灭。灭火后对煤粉仓进行干燥。

6）煤粉仓轻微爆炸，没有损坏设备和主体结构，可继续运行时，及时修复爆破的防爆门和其他需要修复的部位。

7）如果煤粉仓发生严重爆炸，粉仓、建筑及设备有严重损毁时，应停炉进行检修。

（4）制粉系统本身着火的扑救：可用水枪喷雾（消防水枪）、蒸汽或泡沫灭火器迅速将火扑灭。制粉系统着火时，往往波及到其他易燃物质着火，这时可采用水枪、泡沫或1211灭火器进行灭火。

（5）给粉机平台、煤粉仓层等积粉着火的扑救：可采取水枪喷雾灭火。灭火时，可由四周向中间用水雾喷洒阴湿灭火，防止煤粉飞扬引起爆炸。还应防止煤粉仓层自燃的火苗进入煤粉仓，引起煤粉仓爆炸。

二、燃油系统

（一）燃油系统防火的重要性

火力发电厂的油区储存着大量的燃油。在卸油、储存、输送、投油使用中，稍有不慎就会发生火灾，其后果不堪设想。因为燃油是一种易燃易爆液体，而且油温和油压都比较高。如果炉前的燃油管断裂，或油枪、阀门、法兰的垫子破裂时大量燃油喷出，一旦溅落到高温热体上或遇到明火，顷刻间就可形成大火；特别是燃油罐内容易挥发出大量易燃易爆油气，如果遇到静电放电、金属碰击产生的火花，就能引起爆炸、火灾事故。由于油罐储量大，油料燃烧猛烈、蔓延快，一旦失火则很难扑灭。

除燃油电厂用作锅炉燃料的重油或原油外，燃煤电厂锅炉点火也要用燃油，因此火力发电厂也都备有燃油储存罐、油泵房、锅炉用油设施及相应的管道设备系统。轻油的闪点和燃点比重油低，所以轻油危险性比重油大很多。特别是炉前管道、油枪漏油，遇到附近高温热体极易着火；油泵房、截门间、地下沟道漏出的油，蒸发的油气与空气混合达到一定浓度时，一遇明火（火星）就会着火爆炸；另外，发电厂的高温蒸汽管道通过油管沟道时，沟内盖板密封，散热条件差，沟内温度过高时，也会引起积油自燃着火爆炸。为此，从事油区管理和燃油系统检修及运行值班人员，应重点抓好油区防火、防爆工作，时刻警惕燃油系统火灾事故的发生。

（二）燃油系统的防火

1. 一般要求（油区）

（1）发电厂内应划定油区，油区周围必须设置围墙，围墙高度不应低于2m，并挂有“严禁烟火”等明显的警告标示牌。

（2）油区必须制定油区出入制度，入口处应设门卫，进入油区应进行登记，并交出火种，不准穿钉有铁掌的鞋和容易产生静电火花的化纤服装进入油区。

（3）油区的一切电气设备均应选用防爆型，电力线路必须是电缆或暗配线，不准有架空线。油区内一切电气设备的维护，都必须停电进行。

（4）油区内应保持清洁，无杂草、无油污，不得储存其他易燃物品和堆放杂物，不得搭建临时建筑。

（5）油区周围必须设有环形消防通道，通道尽头设有回车场。通道必须保持畅通，禁止堆放杂物。油区内应有符合要求的消防设施。

（6）禁止电瓶车进入油区，机动车进入油区时应加装防火罩。

（7）油区检修用的临时动力和照明的电线，应符合下列要求：

1）电源应设置在油区外面。

2）横过通道的电线，应有防止被轧断的措施。

3）全部动力或照明线均应有可靠的绝缘及防爆性能。

4）禁止把临时电线跨越或架设在有油或热体管道设备上。

5）禁止临时电线引入未经可靠地冲洗、隔绝和通风的容器内部。

6）用手电筒照明时应使用塑料电筒。

7）所有临时电线在检修工作结束后，应立即拆除。

(8) 在油区进行电、火焊作业时，电、火焊设备均应停放在指定地点；不准使用漏电、漏气的设备；相线和接地线均应完整、牢固，禁止用铁棒等物代替接地线和固定接地点；电焊机的接地线应接在被焊接的设备上，接地点应靠近焊接点，并采用双线接地，不准采用远距离接地回路。

(9) 从油库、过滤器、油加热器中清理出来的余渣应及时处理，不得在油区内保留残渣。

2. 卸油区（站）

(1) 油车、油船卸油加温时，应严格控制温度，原油不超过45℃，柴油不超过50℃，重油不超过80℃，进入油罐的燃油蒸汽加热温度不超过250℃。

(2) 火车机车与油罐车之间至少有两节隔车，才允许取送油车。在进入油区时，机车烟囱应扣好防火线网，并不准开动送风器和清炉渣。行驶速度应小于5km/h，不准急刹车，挂钩要缓慢，车体不准跨在铁道绝缘毂上停留，避免电流由车体进入卸油线。

(3) 打开油车上盖时，禁止用铁器敲打。开启上盖时应轻开，人应站在侧面。卸油沟的盖板应完整，卸油口应加盖，卸完油后应盖严。卸油过程中，值班人员应经常巡视，防止跑、冒、漏油。

(4) 卸油区必须有避雷和接地装置，输油管应有明显的接地点。油管道法兰应用金属导体跨接牢固。每年雷雨季节前须认真检查，并测量接地电阻。防静电接地每处接地电阻值不宜超过30Ω，露天敷设的管道每隔20～25m应设防感应接地，每处接地电阻不应超过10Ω。

(5) 卸油区内铁道必须用双道绝缘与外部铁道隔绝。油区内铁路轨道必须互相用金属导体跨接牢固，并有良好的接地装置，接地电阻不大于5Ω。

(6) 油船卸油时，应可靠接地，输油软管也应接地。

(7) 在卸油中如遇雷雨天气或附近发生火灾，应立即停止卸油作业。

(8) 油车、油船卸油时，严禁将箍有铁丝的胶皮管或铁管接头伸入仓口或卸油口。

3. 油罐区防火堤

(1) 地上和半地下油罐周围应建有符合要求的防火堤，防火堤的材料应采用非燃材料建造，堤高宜为1～1.6m，用土质建造的防火堤顶宽不小于0.5m，防火堤的实高应比计算高度高出0.2m。防火堤内的平地，从油罐基础向堤内侧基脚线应有一定的排水坡度，一般为5%～1%，并应有下水道或水封井，下水道应设闸门控制。地上油罐或半地下油罐的外壁到防水堤的内侧基脚线的距离，应符合国家颁布的油库规定设计要求。

(2) 防火堤内所构成的空间容积，应不小于堤内地上油罐总储量的1/2，且不小于最大油罐的地上部分储量。如堤内只有一个油罐时，则其容积应不小于油罐的全部容积。对于地下油罐，可按油罐露在地面上的储量计算。

对于浮顶油罐，不应小于堤内单罐或罐组中最大罐容量的一半。

当固定顶油罐与浮顶油罐混合布置在同一罐组内时，防火堤内的容积按两种中较大值计算。

(3) 防火堤应保持坚实完整，不得挖洞、开孔，如工作需要在防火堤挖洞、开孔，应采取临时安全措施，并经主管部门批准。在工作完毕后及时修复。

4. 储油罐

(1) 油罐顶部应装有呼吸阀或透气孔。储存轻柴油、汽油、煤油、原油的油罐应装呼吸阀；储存重柴油、燃料油、润滑油的油罐应装透气孔和阻火器。呼吸阀应保持灵活完整，阻火器金属丝网应保持清洁畅通。运行人员应定期检查，使其经常保持良好状态。金属油罐应装设固定的冷却水装置和泡沫灭火装置。

（2）油罐侧油孔应用有色金属制成。油位计的浮标同绳子接触的部位应用铜材制成。运行人员应使用铜制工具操作。量油孔、采光孔及其他可以开启的孔、门要衬上铜或铝。

（3）油罐区应有排水系统，并装有闸门。着火时关闭闸门，防止油从下水道流出扩大火灾事故。污水不得排入下水道，从燃油中沉淀出来的水，应经过净化处理，达到“三废”排放标准后方可排入下水道。

（4）油罐应有低、高油位信号装置，防止过量注油，使油溢出。

（5）油罐区必须有避雷装置和接地装置，油罐接地线和电气设备接地线应分别装设。

（6）进入油罐的检修人员应使用电压不超过12V的防爆灯，穿不产生静电的工作服及无铁钉的工作鞋，使用铜质工具。严禁使用汽油或其他可燃、易燃液体清洗油垢。

（7）油罐动火时应注意以下几点防火要求：

1）动火油罐应在相邻油罐的上风或侧风。

2）将动火油罐与系统隔离，并上锁。清出罐内全部油品，并冲洗干净。

3）拆开动火油罐所有管线法兰，油罐侧通大气，非动火的管道侧加盲（堵）板。

4）打开动火油罐各孔口，用防爆通风机从不同位置进行通风，且时间不少于48h。在整个动火期间通风机不得停止运行。

5）拆开管线法兰和打开油罐各孔口到动火开始这段时间内，周围50m半径范围内应划为警戒区域，不得进行任何明火作业。

6）每次动火前用测爆仪在各孔口处和罐内低凹、焊缝处以及容易积聚气体的死角等处测量气体浓度，最好用两台以上测爆仪同时测量，以防失灵。

7）当油罐间距不符合要求时，应在动火油罐侧设置隔离屏障。

8）按油罐着火的事故预想，做好一切扑救准备工作。

5．油泵房

（1）油泵房应设在油罐防火堤外并与防火堤间距不得小于5m。油泵房门窗应向外开放，室内应有通风、排气设施，油泵房与操作室的监视窗应设双层玻璃。

（2）油泵房及油罐区内禁止安装临时性或不符合要求的设备和敷设临时管道，不得采用皮带传动装置，以免产生静电引起火灾。

（3）泵房内应采用防爆型电动机、开关、防爆照明灯具。

（4）禁止油泵长时间空转，以免摩擦发热引起油气燃烧；油泵盘根不能过紧，以免发热冒烟起火；油泵结合面和管道法兰使用的垫子，禁止使用橡胶垫或塑料垫，应用石棉纸或青壳纸。

（5）油泵房内，应布置蒸汽灭火管道，并配备泡沫灭火器。

（6）油泵房的地下穿墙管道和电缆孔洞等必须严密坚实封堵，防止渗水、渗油、漏水、漏油，并与油罐用防火墙可靠隔离，防止油罐爆炸着火后延燃至油泵房。

（7）油泵房内应保持清洁，渗漏在地面上的油应及时清除。

6．其他方面

（1）燃油管道及阀门应有完整的保温层，当周围空气温度在25℃时保温层表面一般不超过35℃。油管道、阀门、法兰附近的高温管道保温层上应包裹铁皮，防止燃油喷漏到高温管道引起着火。

（2）燃油设备检修时应尽量使用有色金属制成的工具。如使用铁制工具时，应采取防止产生火花的措施，例如涂黄油、加铜垫等。燃油系统设备需动火时，按动火工作票管理制度办理手续。

（3）在燃油管道上和通向油罐（油池、油沟）的其他管道（包括空管道）上进行电、火焊作业时，必须采取可靠的隔绝措施，靠油罐（油池、油沟）一侧的管路法兰应拆开通大气，并用绝缘物分隔，冲净管内积油，放尽余气。

（4）从油库、过滤器、油加热器中清理出来的余渣应及时处理，不得在油区内保留残渣

（三）燃油系统火灾的扑救

1．油管道火灾

（1）油管道泄漏、法兰垫破裂、喷油遇到热源起火，应立即关闭阀门，隔绝油源或设法用挡板改变漏油喷射方向，不使其继续喷向火焰和热源上。

（2）使用泡沫、干粉等灭火器扑救或用湿石棉布覆盖灭火。大面积火灾可用蒸汽或水喷雾灭火，地面上油着火可用砂子、土覆盖灭火。附近的电缆沟、管沟有可能受到火势蔓延的危险时，应迅速用砂子或土堆堵，防止火势扩大。

2．卸油站

（1）卸油站发生火灾时，如油船、油槽车正在卸油时应立即停止卸油，关闭上盖，防止油气蒸发。同时应设法将油船或油槽车拖到安全地区。

（2）不论采取何种卸油方式，都应立即切断连接油罐和油船（油槽车）的输油管道，防止火势蔓延到油罐、油船（油槽车）。

（3）密闭式卸油站火灾，应停止卸油，隔绝与油罐的联系，查明火源，控制火势。如沟内污油起火，应用砂子或土首先将沟的两端堵住，防止火势蔓延造成大火。如沟内敷设油管，应用直流消防水枪喷洒冷却，并隔绝油管两侧阀门。此时必须注意，由于水枪喷洒，油火可能随水流淌蔓延。

（4）敞开式卸油槽火灾，如卸油槽完整无损，盖板未被爆炸波浪掀开，可将所有孔、洞封闭，采用窒息法灭火。如油槽已遭破坏，应迅速启动固定的蒸汽灭火装置灭火。

3．油泵房

（1）油泵电动机着火应切断电源，用二氧化碳、1211 灭火器灭火。

(2) 油泵盘根过紧摩擦起火，用泡沫、二氧化碳灭火器灭火。

(3) 油泵房，尤其是地下泵房应有良好的通风装置，防止油气体积聚。当发生爆炸起火时，应采用水喷雾灭火。若设有固定蒸汽灭火装置，应立即启动该装置灭火，也可用泡沫、二氧化碳、干粉等灭火器灭火。

4. 油罐

(1) 关闭罐区通向外侧的下水道、阀门井的阀门。

(2) 罐顶敞开处着火，必须立即启动泡沫灭火系统向罐内注入覆盖厚度在 200mm 以上泡沫灭火剂。金属油罐还应启动冷却水系统对油罐外壁强迫冷却。

(3) 用多支直流消防水枪从各个方向（适当避开逆风方向）集中对准敞口处喷射，封住罐顶火焰，使油气隔绝、缺氧窒息，从而割切灭火，如图 5-17 所示。

图 5-17　水封法灭火

(4) 油罐爆炸、顶盖掀掉发生大火按上述执行。若固定泡沫灭火装置喷管已破坏，应设法安装临时喷管，然后向罐内注入泡沫灭火剂进行扑救。若以上方法无法奏效，则必须集中一定数量的泡沫、干粉或 1211 消防车，从油罐周围同时喷向火焰中心进行扑救。

(5) 油罐爆炸后，如有油外溢在防火堤内燃烧，应先扑救防火堤内的油火，同时采用冷却水冷却油罐外壁。

(6) 为防止着火油罐波及周围油罐，在燃烧的油罐与相邻油罐间用多支直流消防水枪喷洒形成一道水幕，隔绝火焰和浓烟。同时将相邻油罐的呼吸阀、透气孔用湿石棉布遮盖，防止火星进入罐内。

(7) 在有条件的情况下，应将失火油罐的油转移到安全油罐内，但必须注意着火油罐油位不应低于输出管道高度。

(8) 火势灭后，要继续用泡沫或消防水喷洒，以防止复燃。

5. 油船、油槽车

(1) 油船、油槽车着火起始阶段，如油船、油槽车完整无损，应立即将敞开的口盖起来，火势将因缺氧而自行熄灭。

(2) 油船着火时需进行冷却，切断与岸上有联系的电源、油源，拆除卸油管道，然后用泡沫和水喷雾扑救。水面上如有漂浮的油，应用围油栏堵截。

(3) 油槽车着火应立即将未着火的槽车拖到安全地区，如油品外溢起火可用砂子、土围堵，将火势控制在较小的范围内，然后用足够数量的泡沫、干粉和水喷雾扑救。

三、电缆

1. 电缆防火的重要性

在电力生产中，电缆的应用十分广泛，数量很大；尤其是发电厂和变电所的电缆遍及全厂（所）。

实例 5-7 电缆着火蔓延造成集控室设备烧损。某日，山西某发电厂一根 380V Ⅵ段 3 号炉电动门盘至零火 3 号炉 2 号磨煤机旁 4 号车间专用盘的电源电缆，在 3 号炉 2 号磨煤机入口右上方电缆桥架处发生短路起火，引燃其下部的架板和架杆，大量的竹木脚手架起火，又引燃上方桥架上的大量控制电缆和部分电力电缆，加之锅炉零米空气流通，使得电缆火势在脚手架火势的助燃下迅速蔓延造成：①3 号炉磨煤机间大部分电缆烧损，4 号炉磨煤机间靠集控室电缆夹层处部分电缆烧损，集控室夹层电缆大部分烧损，2 号高压备用变压器到 6kV Ⅳ段配电室高压电缆损坏，共烧损电缆约 34.223km；②集控室内控制柜、操作台、保护盘上电气、热工的控制、测量、指示、调节、保护等元器件和二次线大部分烧损；③厂用 6kV Ⅳ段四面配电柜和 3 号炉 2 号磨煤机两面车间专用盘以及集控室甲组蓄电池损坏；④2 号高压备用变高压侧 B、C 相套管，低压侧二组套管损坏，两组冷却器损坏，两组低压分裂绕圈变形，电压互感器小间内配电设备损坏的设备严重烧损事故。因此如果电缆防火工作做不好，一旦着火，危害极大。电缆火灾不论何种原因引起，一旦着火都具有“火势凶猛、延燃迅速、扑救困难、烟气危害、损失严重、恢复时间长”等特点，所以对人体、设备危害很大，因此，做好电缆的防火工作是十分重要的。

2. 电缆的防火

(1) 采取封堵、隔离、涂刷、包绕和水喷雾等措施是防止电缆火灾、隔绝火源、防止火灾蔓延和事故扩大的有力措施。如：

1) 封堵。即通向主控室、集控室、网控室、计算机室、电缆夹层及电缆穿墙壁、楼板、进出开关柜、控制盘、保护盘的孔洞，应采取有效的阻燃封堵措施，如采用无机防火堵料或油灰状的防火涂料（阻火腻子）等。

2) 隔离。电缆隧道和重要电缆沟应设置阻火墙；在动力和控制电缆之间应设置层间耐火隔板；电缆隧道、廊道、夹层等部位，有裸露电气设备时，应有可靠的分隔措施；在电缆竖井中，宜每隔约7m设置阻火隔层等。

3) 涂刷、包绕。动力电缆中间接头盒的两侧及邻近区段应采用防火涂料，包带做阻火延燃处理；在阻火墙两侧电缆区段上，应施加防火涂料或阻燃包带；锅炉房、汽机房、输煤栈桥等处易受着火影响的电缆，应涂刷防火涂料或包绕阻燃包带等。

(2) 如需在已完成电缆防火措施的电缆层上新敷设电缆，必须及时地补做相应的防火措施。

(3) 电缆廊道内宜每隔60m划分防火隔段。

(4) 严禁将电缆直接搁置在蒸汽管道上，架空敷设电缆时，电缆与蒸汽管净距不应小于1m（电力电缆）和0.5m（控制电缆）。

(5) 电缆夹层、隧（廊）道、竖井、电缆沟内应保持整洁，不得堆放杂物，电缆沟洞严禁积油。

(6) 在电缆夹层、隧（廊）道、沟洞内灌注电缆盒的绝缘剂时，熔化绝缘剂工作应在外面进行。

(7) 进行扑灭隧（廊）道、通风不良的场所的电缆头着火时，应戴上氧气呼吸保护器及绝缘手套，并穿上绝缘鞋。

(8) 加强电缆运行中的防火工作：

1) 应及时清除电缆隧道、沟道内的积水、积灰、积油，在附近进行明火作业时，应防止火种进入电缆隧道、沟道内。

2) 对大容量电力电缆、重要电缆和电缆接头盒，应标明电缆的允许负荷电流，以便于运行人员定期检查和记录电缆的运行情况。

3) 发现电缆温度过高、过载时，应立即向有关领导汇报，并采取适当的通风或其他相应措施。

4) 定期检查电缆隧道、沟、竖井、夹层、电缆架等处的电缆防护层是否有放电损坏现象，支架必须牢固、无锈蚀现象。

5) 电缆头应保持清洁，套管无裂纹、破损和放电痕迹，绝缘胶无渗出现象，无漏油及过热。电缆应定期进行预防性试验。

6) 电缆线路的正常电压，一般应不超过电缆额定电压的15%；电缆的长期允许工作温度应不超过电缆运行规程或制造厂的规定。

7) 电缆隧道、电缆沟、电缆夹层应有充足的照明和灭火器材；在上述地方动火时应采取以下防火措施：①工作地点严禁使用竹木脚手架；②工作前，应在工作地点设置遮栏，悬挂“在此工作”的标示牌，在工作地点设置一定数量的灭火器及黄砂，动火工作时应有专人监护；③动火作业前，应用石棉板将附近电缆遮挡，必要时应切断电源；④作业时，应按规定与导电部分保持一定安全距离；⑤喷灯点火、加油及熔融绝缘剂，不得在电缆隧道、电缆沟（夹层）内进行操作，并远离电缆架；⑥工作结束后，应仔细清理现场，不得将可燃物品、火种、杂物遗留在沟道内，并应及时封堵因施工而凿开的孔洞，恢复电缆沟道内的防火墙、阻火墙、防火门等防止着火和火灾蔓延的设施。

3. 电缆火灾的扑救

(1) 电缆着火燃烧后，应立即切断电源，根据起火电缆所经过的路线、特征、其他信号、光字牌和设备缺陷情况，进行综合判断，找出起火电缆的故障区段（或故障点），同时应组织人员迅速进行扑救。

(2) 当敷设在电缆排架上或电缆沟中的电缆发生燃烧时，与其并排敷设的电缆若有燃烧的可能时，也应将这些电缆的电源切断。其顺序是：先切断起火电缆上面的电缆，再切断两边电缆，最后切断下面的电缆。

(3) 在电缆起火时，为防止蔓延，减小火势，应将电缆沟和竖井的隔火门关闭或将两端堵死，以阻止空气流通，采取窒息方法进行扑救。如果没有隔火门，可采用石棉灰、黄土、黄砂、湿棉被等物品将各孔洞堵死（这种方法对于范围较小的电缆沟道较为有效）。

(4) 扑救电缆沟道中或类似地方的火灾时，扑救人员应尽可能戴上防毒面具及绝缘手套，穿上绝缘鞋，以防中毒、触电等，为预防高压电缆导电部分接地产生跨步电压，扑救人员不得走近故障点，并不得用手直接接触或搬动电缆。

(5) 扑救电缆火灾时，应使用1211、二氧化碳、干粉灭火器，也可使用黄土和干砂进行覆盖，如果用水灭火，则应使用喷雾水枪，并应切断电源后进行。如果电缆沟道内着火，扑救时难以靠近火场，待电源切断后，则可向沟内灌水，将故障点用水封住，火即自行熄灭。

(6) 在装有火灾自动报警的发电厂或变电所，报警装置动作以后，应根据报警方位，迅速启动消防装置，并组织消防人员及值班人员到火场进行扑救。

(7) 带电灭火。电缆火灾发生后，火势蔓延迅速，情况紧急，为了争取灭火时机，防止火势扩大，但有时因为生产的需要无法切断电源的情况下，则需要带电灭火。

1) 电缆火灾初期。此时火势较小，可迅速使用二氧化碳、1211、干粉等灭火器直接灭火。这些灭火器所使用的灭火剂是不导电的，故可用来带电灭火。但应注意人体及灭火器具与带电体之间应大于最小带电作业距离。

2）电缆火灾扩大。当电缆火灾蔓延扩大后，用一般的消防器具难以将火扑灭时，可用水带电灭火。

电缆带电灭火具有一定的危险，但只要采取可靠措施，可以安全而有效地将电缆着火扑灭。

如果采用双级离心式喷雾水枪进行带电灭火，泄漏电流更小，灭火更安全。

根据试验和灭火实践，电缆着火用直流水或喷雾水枪扑救十分有效。如某厂电缆着火引燃到主控室后火势很凶猛，用一般灭火器材难以接近火场，火势 1h 后都控制不住，灭火难以奏效。后用消防车水枪，2min 将电缆夹层出口的大火通道截断，火势很快得到控制。

四、电力变压器

1. 电力变压器的防火

（1）变压器容量在 120MVA 及以上时，宜设固定水喷雾灭火装置，缺水地区的变电所及一般变电所宜用固定的 1211、二氧化碳或排油充氮灭火装置。

（2）油量为 2500kg 及以上的室外变压器之间，如无防火墙，则防火距离不应小于下列规定：

35kV 及以下	5m
63kV	6m
110kV	8m
220 ~ 500kV	10m

（3）若防火距离达不到以上规定时，应设置防火隔墙。防火隔墙应符合以下要求：

1）防火隔墙高度宜高于变压器油枕顶端 0.3m。

2）防火隔墙与变压器散热器外缘之间必须有不少于 1m 的散热空间。

3）防火隔墙应达到国家一级耐火等级。

（4）室外单台油量在 1000kg 以上的变压器应设置储油坑及排油设施，并应定期检查和清理储油坑卵石层，防止被淤泥、灰渣所堵塞。

（5）变压器防爆筒的出口端应向下，并防止产生阻力，防爆膜宜采用脆性材料。

（6）变压器运行的防火要求：

1）加强对变压器的运行监视，认真做好巡回检查，特别应注意对引线、套管、油位等部位的检查和油温、声音的监视，变压器不准长期过负荷运行。

2）检查油冷却装置运行情况是否正常，备用冷却装置应完好；潜油泵应定期检查，必要时应更换轴承，防止潜油泵进油处出现负压，吸入潮气。

3）强油循环风冷及强油循环水冷的变压器，运行中必须投入冷却系统。

4）遇异常天气（大风、雷雨、雾天、下雪等），应根据现场具体情况，增加检查次数。

5）变压器运行中应坚持油色谱跟踪，当发现油中产生乙炔大幅度上升时，应立即将变压器停运检查；轻、重气体保护同时动作，经气体化验属于可燃气体时，变压器也应停运检查试验。

6）加强对变压器油的运行维护，保护油的良好性能，严防潮气、水分或其他杂物进入油内。

7）变压器附近应保持清洁无可燃物品，装设的消防设施应完好可靠，存放的灭火器材应充足。

（7）变压器检修维护中的防火要求：

1）变压器防爆膜应采用适当厚度的玻璃和层压板等脆性材料制成，不得用铅皮、铜皮等韧性材料代替。

2）对分接开关可能产生悬浮电压的拔叉，应采取等电位连接。DW 型无载分接开关操作杆应有防悬浮电位引起局部放电的措施。

3）新更换的套管应有局部放电测试记录，并进行微水分、油色谱、介质损耗、电容量、局部放电等测定，经合格后才能投入使用。

4）在变压器附近使用喷灯、电焊、气焊等明火作业时火焰与导电部位距离应符合：

10kV 及以下　　　　　　大于 1.5m

10kV 以上　　　　　　　大于 3m

并应办理动火工作票，动火现场应设置一定数量的消防器材。

5）进行变压器干燥时，工作人员必须熟悉各项操作规程，事先做好防火安全措施，并防止加热系统故障和绕组过热烧坏变压器。

6）变压器放油后进行电气试验，如测量直流电阻或通电试验，严防因感应高压或通电时发热，引燃油纸等绝缘物。

7）在变压器吊检时，一定要防止碰伤、踩伤、扭伤绝缘；特别是从人孔进入内部检查时，因内部的空间较小，而引线较多时不得碰撞或蹬踩，检修中要严防杂物遗留在变压器内。

2. 电力变压器火灾的扑救

(1) 当发现变压器起火后，应立即组织人员进行扑救，同时向有关领导和消防机构报警。

(2) 检查起火变压器所连接的开关是否已自动切断，若未切断，应立即将起火变压器所有高、低压侧断路器和隔离开关全部切断，以便对火灾扑救。发电机—变压器组中间因无断路器，变压器失火时，在发电机灭磁和停转之前严禁靠近变压器进行灭火，灭火时应满足安全距离的要求。

(3) 停止变压器冷却器的运行并切断电源。室内变压器应停止通风系统运行，切断通风电源，减少空气流通。

(4) 如果套管闪络或破裂，变压器的油溢至顶盖上着火，则应设法打开变压器下部的放油阀，将油放入储油坑内使其油面低于破裂处。开启放油阀时，应用喷雾水枪对变压器外壳冷却并与操作人员隔离，以防变压器爆炸而危及操作人员的人身安全。操作人员应戴防毒面具，穿防火耐火服。同时，对起火的变压器应迅速使用喷雾水枪、干粉灭火器、1211 灭火器或中型泡沫车等进行扑救。

(5) 当变压器内确实有直接燃烧的危险或外壳有爆炸的可能时，必须在采取可靠安全防护措施的前提下，用喷雾水枪喷洒变压器外壳冷却变压器，喷水强度应符合规范要求。变压器冒烟停止后，还应继续对变压器进行喷水冷却，延长时间应在15min左右。在这种情况下不应开放油阀，防止内部出现油气空间，形成爆炸性混合物引起爆炸。

(6) 如果变压器外壳破裂，喷油燃烧，应采用喷雾水、泡沫(或1211)、黄砂进行灭火，并应设法将油流导入储油池。池内和地上油火应用大量泡沫灭火剂扑救。对于有可能被变压器火势波及的其他设备，应及时采取隔离或停电措施。变压器喷出的着火油流应采用砂土堵挡，防止进入电缆沟内。若电缆沟内已蔓延油火，应立即用砂土、泡沫覆盖，将火扑灭，并堵死油流。

(7) 当变压器着火并威胁到装设在其上方的电气设备，或当烟雾、灰、油脂污染或飞落到正在运行的设备和架空线上（如升压站、开关站等）时，则应断开这些设备的电源。同时采取其他的隔离防护措施。对相邻设备有威胁时，应开启防火墙的水幕装置或采用多支水枪在设备之间形成隔离水幕。

(8) 大型变压器和洞内变压器应装设固定式水喷雾、1211、泡沫喷雾等灭火装置，以便迅速而有效地扑灭变压器火灾。

五、氢气系统和制氢设备

(一) 氢系统防火（爆）的重要性

氢气是易燃易爆气体，遇有火星、电火花、电弧或明火时即会发生着火爆炸。氢气比空气渗透力强，易从发电机轴承、法兰盘、引出线、套管及机壳焊缝等处渗漏出来。氢气与空气混合时，当氢含量在4%～75%的范围内，遇明火就会发生爆炸。制氢站、发电机氢系统及氢管道是易燃易爆场所，如果一旦发生氢爆事故，不仅会造成多台机组停运，而且发电设备长时间才能修复，给发电厂安全生产带来很大危害。

氢气是无色、无味、无臭、无毒的可燃气体，遇明火或高温极易燃烧爆炸。它的危险性主要表现在：

(1) 由于粘度小、渗透性和扩散性强，因而在生产和使用过程中极易泄漏，并且不易被人察觉；因为密度小，易在设备、沟道、建筑物上部空间积累，一旦遇到火种、热源即发生燃烧、爆炸。

(2) 着火能量小，仅0.019mJ。

(3) 爆炸极限范围宽，除与氧气混合能爆炸外，当与氯气混合后，经加热或日光照晒即能爆炸，如与氟混合则立即爆炸。

(4) 一旦起火后，其火焰温度高，传播速度快，爆炸范围较广，造成损失也大。

了解以上特点后，电业工人在工作中应充分认识氢爆炸事故带来的严重后果，采取有效措施，防止氢爆事故的发生。

(二) 氢冷系统的防火（爆）

1. 氢冷发电机运行中的防火

(1) 无论发电机是否充氢，都必须保证密封系统的正常供油。要严格按照运行规程规定的氢压和油压运行，严防氢气窜入主油箱，引起爆炸起火。

(2) 为了确保氢冷发电机组密封油系统的正常供油，要定期试验交直流密封油泵的联动装置，保证备用油泵能自动投入。

(3) 在改变氢冷运行方式（如提高氢压运行等）时，必须切实做好安全措施，并在有关领导、专业技术人员现场监护下进行。

(4) 在进行排污时，应缓缓开启排污门，防止排氢过快产生静电，引起爆炸起火。室外排氢口处要设置固定遮栏，防止周围有人明火作业，发生爆炸。

(5) 氢冷系统氢气的纯度和含氧量，必须按规程规定的要求进行化验分析。氢气的纯度应不低于96%，含氧量不得超过2%，对机组主油箱及油气分离器的气体，应经常分析，防止含氢过高引起爆炸。

(6) 氢冷发电机的轴封必须严密，在运行中发现漏气时，应降低氢压运行，并采取措施消除泄漏。检查氢冷系统有无泄漏，应使用仪器或肥皂水，严禁使用明火找漏。

(7) 氢冷系统设备附近，应严禁烟火，并设有“严禁烟火”的标示牌，严禁放置易燃、易爆物品。氢冷系统附近，应备有必要的消防器材。

(8) 机组的漏氢量实测计算应每月进行一次，用以考核漏氢水平。

(9) 在氢冷发电机气瓶瓶架上应有足够的二氧化碳气瓶，以便发生故障时使用。

2. 氢冷系统检修的防火

(1) 在氢冷系统进行作业时，应严格执行动火工作票制度。明火作业地点所测的空气含氢量应在允许的范围内，测氢部位要全面，防止出现死区，并制定安全防火措施，经批准后才能进行明火作业。

(2) 氢冷系统检修前，必须将检修部分与相连部分隔断，加装严密的堵板，并将氢气置换为空气，办理许可手续后，方可进行工作。

(3) 在拆卸氢冷发电机端罩时，严禁明火靠近；不准使用带火花的钢制工具和电动工器具，更不准用大锤敲打或火割螺栓，以防余氢爆炸。

(4) 氢冷管道阀门及设备发生冻结时，应用蒸汽或热水解冻，严禁用喷灯或火烤，以防发生危险。

(5) 在氢管道附近进行动火作业时，应采取以下防火措施：

1) 在进行动火工作前，应对附近氢管道的阀门和法兰用肥皂水进行查漏，并消除泄漏现象后用石棉布包裹。

2) 在距离氢管道法兰、接头及阀门 2m 附近进行动火时，除采取上述措施外，还应用屏风进行隔离或在其中间地带用鼓风机通风。

3) 在使用鼓风机等设备时，其电源与氢设备要相隔一定距离，防止在拉（合）闸时产生火花引起氢气爆炸。

4）在进行电焊工作时，严禁在氢管道上接地。在移动电焊设备时，必须先切断电源。在拖拉电焊线（或电焊钳）时，不要让其碰上金属设备及管道。

5）动火前，应对检修的氢管道用氮气进行置换，然后进行测定，确认合格无爆炸危险后才能动火。

(6) 氢气置换过程中不得进行预防性试验和拆螺丝等工作。

3. 氢冷系统其他方面的防火

(1) 氢冷发电机密封油箱应设置火灾检测和水喷雾灭火设施。

(2) 氢冷器的回水管必须与凝汽器出水管分开，并将氢冷器回水管接长直接排入虹吸井内，若氢冷器回水管无法与凝汽器出水管分开，则严禁使用明火对凝汽器找漏。

(3) 室外地沟敷设的管道，应有防止氢气泄漏、积聚或穿入其他沟道的措施；地下敷设的管道埋深应在冰冻层以下；室内管道不应敷设在地沟中或直接埋地。

(4) 管道穿过墙壁或楼板时应设套管，套管内的管段不得有焊缝，管道和套管之间应用不燃材料填塞。

(5) 管道应避免穿过电缆沟、地沟、下水道、汽车道路等，必须穿过时应设套管；管道不得穿过值班室、控制室、办公室、配电室、楼梯间和电缆夹层等。

（三）制氢设备的防火（爆）

1. 电解槽

(1) 要严格按照规定检修电解槽设备部件。组装前必须清除部件的泥、锈、油污，液体和气体导管必须吹通、洗净，以防杂质进入设备，清洗中使用有机溶剂时要注意安全防火。

(2) 检查电解槽所有绝缘垫是否完整有效，是否严密，对所有的绝缘件均应做绝缘测试，其绝缘电阻应合格。

(3) 电解槽组装时，一定要按电源的正负极排列，不可装反；要严防异物（特别是金属物）落入电解槽中。

(4) 电解槽组装后应按有关规定进行水压和气密试验，检修后的各项参数必须符合要求。

(5) 电解槽大修后启动前，要清除场地和电解槽上的金属物、易燃物或其他杂物。

(6) 氢、氧压力调整器液位报警装置，远方液位计，电解槽出口氢母管中含氧量监测仪表必须装设齐备并正常投入运行。

(7) 氢气罐在充气前要作好气体置换，并达到规程标准。

(8) 各阀门必须严密，冷却水要畅通，信号系统应良好，分析仪器应处于良好状态。

(9) 启动前对系统进行取样分析，氢系统内氧含量小于1%，氧系统内氢含量小于0.1%为合格。

(10) 操作人员必须穿防静电工作服，严禁穿化纤类衣服，不得将金属工具、易燃物品带入制氢室内。

(11) 遇有下列情况之一应停止电解槽运行：

1) 电气设备短路时。

2) 电解槽漏气或严重漏碱时。

3) 气体纯度急剧下降时。

4) 压力急剧升高时。

5) 氢氧压差出现异常时。

6) 电解槽温度过高时。

2. 储氢罐

储氢罐焊口、压力表及安全阀失灵或储存氢气压力超过储氢罐的使用压力时，极易引发事故，造成燃烧爆炸。此外，如缺乏可靠的避雷装置，受到雷击时，也会造成燃烧爆炸。因此，除按制氢规程严格执行外，还要遵守以下防火（爆）要求：

(1) 氢气罐的压力表、安全阀应定期检查试验，经常保持安全可靠。安全阀应连接装有阻火器的放空管。

(2) 氢气罐应按《压力容器安全监察规程》进行周期性检查，安全部件一般每年校正一次，以确保灵敏有效。

(3) 储氢罐区围墙不能低于2m，并设置明显的警火标志。

(4) 应有可靠的防雷装置，并定期进行检查测试，其接地电阻应小于4Ω。

3. 制氢站其他方面的防火（爆）

（1）制氢站是明火禁区，严禁无关人员进入制氢站。制氢站严禁堆放易燃易爆物品，制氢室、配电室及储氢罐附近都应设置消防水及足够的灭火器材。

（2）氢气化验室不得设在制氢室，如化验室设在与制氢车间同一建筑内，应用防火墙隔开，门应直通院内。

（3）制氢站的电气设备，必须符合爆炸危险场所电气安全的规定。非防爆型电话、电铃等低压电气设备允许安装在值班室。

（4）氢气设备系统应有可靠的导除静电装置。阀门法兰等处应有铜线跨接。导除静电的接地线应使用铜线，所有设备接地电阻不应大于4Ω，每年雨季前应试验合格。

（5）非明火的设备检修，拆开与其他设备连接的管道时，应先加堵板或关紧连接阀门，将氢气放空，并用氮气置换，经检测含氢量在0.5%以下，方能开始拆卸检修。

（6）需要动火检修时,应尽可能将需修理的部件移到制氢站外安全地点进行。如必须在现场动火作业,则应做到以下几点要求：

1）落实现场的安全防火措施，办理动火工作票手续，经有关部门核定，厂主管生产领导批准。

2）动火设备与其他连接的管道全部拆离，并加堵板。

3）动火现场进行通风换气，空气中的含氢量控制在0.1%以下。

4）其他氢气设备应尽可能停止运行，在不能停止的情况下，应确保运行制氢设备的严密，修理现场要划定工作范围，工具、零件和使用的材料应与运行设备保持一定的安全距离。

5）使用气焊动火时，氧气瓶、乙炔瓶应设在制氢站院外；使用电焊机时零线不准接在与焊接部位相连的其他氢气设备上。

6）动火作业现场应配备充足的灭火器材。现场检修人员应熟悉这些器材的使用方法。

7）有关领导、专业技术人员及安全监督、消防人员应始终在动火现场监督检查。

（四）氢系统及其设备的火灾扑救

(1) 氢系统着火时：当氢系统的阀门、法兰、门杆或管道泄漏着火时，应迅速用二氧化碳灭火并用湿石棉布将着火处全部覆盖密封，使火熄灭。再采取措施（用密封胶等）将泄漏点消除。

(2) 与发电机相连的氢系统的阀门、法兰、丝扣、堵头等漏氢严重而起火时：应先用湿石棉布覆盖着火处，将火扑灭。然后消除漏氢，如当氢压高难以处理时，应减负荷，降低机内氢气压力，直至将漏氢消除。

(3) 制氢设备着火时：应立即停止电气设备运行，切断电源，排除系统压力，并用二氧化碳灭火器灭火。由于漏氢而着火时，应用二氧化碳灭火并用湿石棉布密封泄漏处，或采取其他措施断绝气源，以彻底消除漏氢点。

(4) 发电机密封瓦漏氢着火时：可降低氢压运行或低氢压运行，以减少泄漏。同时用二氧化碳、1211灭火器或石棉布灭火，并消除漏氢。如果火势不减，应将发电机解列、灭磁、停机并迅速用二氧化碳排氢，同时采用二氧化碳、1211灭火器或湿石棉布覆盖灭火。

(5) 氢冷发电机爆炸起火时：

1) 值班人员确定发电机爆炸着火后，应立即打掉危急保安器，解列发电机并灭磁。

2) 关闭补氢风门，用二氧化碳排掉氢气，并用二氧化碳灭火。

3) 开启辅助润滑油泵，使发电机转速维持在额定转速的10%左右转动，或投入盘车装置维持转动。

4) 发电机和励磁机继续着火，应利用其他灭火装置，如二氧化碳、1211或喷雾水等及时灭火。

六、酸性蓄电池室

1. 蓄电池室防火（爆）

(1) 严禁在蓄电池室内吸烟和将任何火种带入蓄电池室内。

蓄电池室门上应用红漆书写“蓄电池室”“严禁烟火”或“火灾危险，严禁火种入内”的标语（或悬挂标示牌）。

(2) 蓄电池室可装设整个管路焊接的暖气装置，严禁采用明火取暖。

(3) 蓄电池应装置在单独的室内，开启式蓄电池室用耐火二级、乙类生产建筑与相邻房间隔断，防酸隔爆型蓄电池室用耐火二级、丙类生产建筑与相邻房间隔断。蓄电池室门应向外开。

(4) 蓄电池室应装有通风装置，通风道应单独设置，不应通向烟道或厂房内的总通风系统。

(5) 蓄电池室应使用防爆型照明和排风机；开关、熔断器、插座等应装在蓄电池室的外面；照明线应采用耐酸导线并暗敷设；检修用的行灯应采用 12V 防爆灯，其电缆应用绝缘良好的胶质软线。

(6) 凡是进出蓄电池室的电缆、电线，在穿墙处应用耐酸瓷管或聚氯乙烯硬管穿线，并在其进出口端用耐酸材料将管口封堵。

(7) 必须设置专门调酸室，用来配制电解液，防止硫酸与有机物（木材、布等）接触焦化放热并起火。蓄电池室不准堆放棉纱、刨花、油料等可燃性物质，室内要保持干净、整洁。

(8) 配制电解液时，应当把浓硫酸慢慢倒进蒸馏水里，并均匀搅拌，使产生的热量迅速散开，切不可将蒸馏水倒入浓硫酸中，防止浓硫酸飞溅造成烫伤事故，甚至产生剧热、发生爆炸。

(9) 设置足够的消防器材，如二氧化碳、1211 灭火器材，以备随时灭火。

2. 蓄电池室火灾扑救

(1) 当蓄电池室发生火灾时，应立即停止充电，采用 1211 或二氧化碳灭火器进行灭火。

(2) 当蓄电池室通风装置的电气设备或蓄电池室的空气入口处附近发生火灾时，应立即切断该设备电源，并用 1211 或二氧化碳灭火器进行灭火。

(3) 当蓄电池室受到外界火势威胁时,应立即停止充电,用灭火器材灭火并进行消防隔离,防止火势向蓄电池室蔓延。如充电刚完毕,则应继续开启排风机,抽出室内不良气体(氢气和酸气)。

七、电力系统其他部分

(一) 电、气焊

1. 电、气焊的防火

(1) 没有焊工合格证的人员不得进行焊割工作，在训练过程中，应有合格焊工在场指导。

(2) 电焊机外壳必须接地，接地线应牢固地接在被焊物件上或附近，防止产生电火花。

(3) 禁止使用有缺陷的焊接工具和设备。

(4) 严禁将焊接导线搭放在氧气瓶、乙炔瓶、乙炔发生器、煤气、液化气等设备和管道上。

(5) 乙炔和氧气软管在工作中应防止沾染油脂或触及金属熔渣。禁止把乙炔及氧气软管放在高温管道和电线上。不得把重物、热物压在软管上，也不得将软管放在运输道上，不得把软管和电焊用的导线敷设在一起。

(6) 焊工作业应严格执行电焊、气焊“十不焊”制度，即：

1) 不是电焊、气焊工不能焊割。

2) 重点要害部位及重要场所未经消防安全部门批准，未落实安全措施不能焊割。

3) 不了解焊割地点及周围情况（如该处能否动用明火，有无易燃易爆物品等）不能焊割。

4) 不了解焊割物内部是否存在易燃、易爆的危险性不能焊割。

5) 盛装过易燃、易爆的液体、气体的容器（如气瓶、油箱、槽车、储罐等）未经彻底清洗，排除危险性之前不能焊割。

6) 用可燃材料（如塑料、软木、玻璃钢、谷物草壳、沥青等）作保温层、冷却层、隔热等的部位，或火星飞溅到的地方，在未采取切实可靠的安全措施之前不能焊割。

7）有压力或密闭的导管、容器等不能焊割。

8）焊割部位附近有易燃易爆物品，在未作清理或未采取有效的安全措施前不能焊割。

9）在禁火区内未经消防安全部门批准不能焊割。

10）附近有与明火作业有抵触的工种在作业（如刷漆等）不能焊割。

（7）地下室、隧道及金属容器内焊割作业时，严禁通入纯氧气用作调节空气或清扫空间。

（8）储存气瓶的仓库应具有耐火性能，门窗应向外开，装配的玻璃应用毛玻璃或涂以白漆；地面应该平坦不滑，撞击时不会产生火花。

（9）容积较小的仓库（储存量在 50 个气瓶以下）与其他建筑物的距离应不少于 25m；较大的仓库与施工及生产地点的距离应不少于 50m；与住宅办公楼的距离应不少于 100m。

（10）储存气瓶仓库周围 10m 之内，不得堆置可燃物品，不得进行锻造、焊接等明火工作，也不得吸烟。

（11）仓库内应设架子,使气瓶垂直立放,空的气瓶可以平放堆叠,但每层都应垫有木制或金属制的型板,堆叠高度不得超过 1.5m。

（12）使用中的氧气瓶和乙炔瓶应垂直固定放置。安设在露天的气瓶，应用帐棚或轻便的板棚遮护，以免受到阳光的曝晒。

（13）乙炔气瓶禁止放在高温设备附近，应距离明火 10m 以上，使用中应与氧气瓶保持 5m 以上的距离。

（14）乙炔气瓶上应有阻火器，防止回火并经常检查，以防阻火器失灵。

（15）乙炔管道应装薄膜安全阀，安全阀应装在安全可靠的地方，以免伤人或引起火灾。

（16）乙炔发生器应放置在距离明火至少 10m 以上，不得放置在高压电线下面；不得进入机房；不得放置在太阳下曝晒，乙炔发生器附近严禁吸烟。

（17）在放置固定式乙炔发生器的房间里，应采用防爆型的电气设备；同时，在房间内不得采取明火方法采暖，应采用蒸汽和热水采暖设备，且应与发生器至少相距1m。

（18）乙炔发生器及其连接部件不得漏气，检查时应用肥皂水，禁止用火。

（19）储存电石的仓库必须干燥、防水、防潮，仓库内不得设自来水管和取暖管道，并与乙炔发生器隔开，仓库内照明应采用防爆型电气装置。

2. 电、气焊设施的着火扑救

（1）电石桶、电石库及电石着火时，应立即使用二氧化碳、干粉灭火器或干砂进行灭火。禁止使用水、泡沫及四氯化碳灭火。

（2）乙炔发生器发生着火时，应先关闭出气阀门，停止供气，并使电石与水脱离接触。立即用二氧化碳、干粉灭火器或干砂进行扑救。禁止使用水、泡沫或四氯化碳灭火器灭火。因为采用四氯化碳灭火器扑救乙炔着火时，不仅有乙炔与氯气混合发生爆炸的危险，而且还会产生剧毒气体光气（$COCl_2$）。

（3）氧气瓶着火时，应迅速关闭氧气阀门，停止供气，使其自行熄灭。同时采用氮气、二氧化碳灭火器进行灭火。如邻近建筑物或可燃物着火时，应尽快将氧气瓶（或其他可燃气瓶）搬出，转移到安全地带，防止受热爆炸。

（4）当乙炔气瓶着火时，应立即关闭气阀停止供气，并用二氧化碳或干粉灭火器进行灭火。

（5）当氧气或乙炔软管着火时，应立即关闭乙炔和氧气阀门，停止供气，并用二氧化碳和干粉灭火器进行灭火。

（6）电焊软线冒烟、着火时，应立即断开电源，用二氧化碳、干粉灭火器或水沿电焊软线喷洒灭火。

（7）交直流电焊机冒烟着火时，应首先切断电源，并采用1211、二氧化碳灭火器灭火，也可用水喷雾灭火。但干粉灭火器不能用于旋转式直流焊机的火灾扑救。

（二）易燃易爆物品的防火（爆）

1. 易燃易爆物品的运输

（1）运输易燃易爆物品时，必须装牢固、严密，使用符合安全要求的运输工具，性质相抵触的物品不能混装在同一车箱。装有易燃易爆物品的车箱，禁止同时载运旅客和其他易燃易爆物品；禁止随身携带爆炸物和火种的人员搭乘各种车辆。

（2）使用汽车或者人力运输易燃易爆物品时，前后要保持一定的距离，遇到人烟密集区，应当绕道通过，通过时应与有关部门联系，共商措施、确保安全。

（3）运输易燃易爆物品需在中途停车时，要远离建筑和居民区，指定专人看管，附近严禁烟火。

（4）装卸易燃易爆物品时，要在有领导有组织有指挥下进行，参加人员应懂基本常识（不懂时应事前交待清楚），严禁违章操作。装卸工作宜在白天进行，特需夜间装卸时，须有充足照明，装卸地点禁止非工作人员进入和靠近。

（5）高温季节运输易燃易爆物品时，一般应在早晚运输比较安全。遇雨雪时要停止运输。

2. 易燃易爆物品的储存、保管

（1）易燃易爆物品应放置在专门场所，设置“严禁烟火”标志，并有专人负责管理。管理人员应熟知易燃易爆物品的火灾危险性和管理储存方法，以及发生事故的处理方法。

（2）易燃易爆物品库不应设在建筑物的地下室、半地下室内。

（3）易燃易爆库房应有隔热降温及通风措施，并设置防爆型通风排气装置。

（4）危险品仓库内若要动火检修，必须执行动火工作票制度。

（5）不得在易燃易爆仓库内进行明火及能产生火花的作业。

（6）易燃易爆物品进库，必须加强入库检验，若发现品名不符、包装不合格、容器渗漏时，必须立即转移到安全地点或专门的房间内处理。

(7) 易燃易爆危险品仓库的一切电气设施应符合安全规程防爆要求，每天下班前应切断电源方可离开。

(8) 对雷管、炸药等易燃易爆物品必须按其特性严格分库保管,严禁车间、部门内或私人存放,对用剩余量应立即退库保存。

(9) 对雷管、炸药等危险品必须执行“五双”制度（即双人保管、双锁、双人领、双人用、双帐）。在领用时需经有关部门领导批准。

(10) 班组对存放的少量易燃品要采取防火措施，如使用的油类应放在金属密闭的容器内，不可与其他可燃物混放。

(11) 化学危险品必须严格实行分类储存，性质相互抵触或者施救方法不同的物品不能混放在一起。

(12) 严禁把易燃易爆物品存放在办公室、值班室、控制室等场所。

(13) 能自燃的物品和化学易燃物品堆，应布置在温度较低、通风良好的场所，并应有专人定时测温。

(14) 遇水容易发生燃烧、爆炸的化学易燃物品，不得存放在潮湿和容易积水的地点。

(15) 受阳光照射易燃烧、爆炸的化学物品，不得在露天存放；闪点在45℃以下的桶装易燃液体亦不准在露天存放，如需存放，则不准在炎热季节或采取降温措施以后。

(16) 化学易燃物品已装容器应牢固、密封，发现破损残缺、变形，物品变质、分解等情况时，应当立即进行安全处理。

(17) 库区和库房内要经常保持清洁，对散落的易燃物品和库区的杂草应当及时清除，用过的浸油棉纱、油布等物应及时处理。

(18) 使用易燃、易爆危险品的工地临时存放危险物品时，不得超过规定限量，并选择安全可靠的位置单独存放，由专人保管，严禁存放在施工现场和工棚内。

3. 易燃易爆物品的使用

(1) 使用易燃易爆物品，必须建立严格的发放、登记、回收和检查制度，切实做到限额领料，活完料净；原则上按当日使用量发放给班组，做到班组基本上不存放易燃易爆物品。

(2) 使用易爆炸物品必须由具有专业知识和安全知识的人担任，否则必须经过培训考核合格后方可作业。

(3) 严禁个人在现场作业后，将易爆物品个人自带、私存，更不准移作他用或私自赠送他人。

(三) 易燃易爆物品的火灾扑救

易燃易爆物品库存放的物品种类繁多，性能各异，发生火灾、爆炸的原因也各不相同，扑救方法各异。

各单位应根据仓库内储存的易燃易爆物品的种类、性质，制定相应的灭火规则，采用不同的灭火器材和灭火方法。

复习题

一、名词解释

1. 消防
2. 消防工作方针
3. 消防工作的原则
4. 燃烧
5. 完全燃烧
6. 煤的自燃
7. 火警与火灾
8. 火灾（等级）标准
9. 火灾报警
10. 爆炸
11. 爆炸极限
12. 电气火灾与爆炸
13. 明火
14. 电火花

二、填空题

1. 物质燃烧必须同时具备______、______、______三个条件。

2. 防止火灾的基本方法是______、______、______、______及______，灭火的基本方法有______、______、______法。

3. 喷水灭火系统是按适当的间距和高度，装置______系统，主要由______、______、______和______等组成。

4. 湿式喷水灭火系统是由______、______、______等组成，水喷雾灭火系统是由______、______、______、______、______等组成，发生火灾时，系统管道内的给水是通过______来实现的。

5. 灭火器是由______、______、______等部件组成的，借助______可将所充装的______，达到灭火的目的。

6. 灭火器按其移动方式可分为______和______式，按所充装的灭火剂又可分为______、______、______、______、______、______等。

7. 化学泡沫灭火器内充装有______和______两种化学药剂的水溶液，使用时，两种溶液______，并在______喷射出去进行灭火。

8. 化学泡沫灭火器适用于扑救______或______的初起火灾，但不能扑救______和______火灾，它的筒体是充装______的容器，瓶胆是充装______的容器。

9. MPT型推车式化学泡沫灭火器是由______、______、______、______、______、______等组成的，如要开启瓶盖，则按______方向转动______，螺杆随之上升带动______开启，反之即______。

10. 二氧化碳灭火器是利用______将二氧化碳喷出灭火，它适用于扑救______、______、______等场所的初起火灾，但不能扑救______、______、______等轻金属火灾。

11. 在用二氧化碳灭火器灭火，而可燃液体呈流淌状燃烧时，使用者应______。如果可燃液体在容器内燃烧，使用者应______，但不能将______，在室外使用二氧化碳灭火器时，人应站在______喷射。

12. 推车式二氧化碳灭火器是由______、______、______、______、______、______、______和______组成。

13. 干粉灭火器以______作动力，将灭火器内______喷出进行灭火，它适用于扑救______、______、______、______的初起火灾，由于干粉有______性能，因此也能扑救______火灾。

14.1211灭火器是利用装在______，将______喷出进行灭火，它用于扑救______、______、______及______的初起火灾，尤其适用于扑救______、______及______等处的初起火灾。

15.1211灭火器使用时不能______，也不能______，否则灭火剂不会喷出。

16. 常用的灭火剂有______、______、______、______、______、______以及______、______等。

17. 黄砂主要用于______、______使其降低温度并使______与______隔离。

18. 油区内应保持清洁，无______、无______，不得储存______和______，不得______。

19. 进入油罐的检修人员应使用电压______灯，穿______及______鞋，使用______工具。严禁使用______或______清洗油垢。

20. 禁止油泵长时间______，以免______引起油气燃烧；油泵______不能过紧，以免______；油泵结合面和管道法兰使用的垫子，禁止使用______或______，应用______或______。

21. 采取______、______、______、______和______等措施是防止电缆火灾蔓延和事故扩大的有力措施。

22. 运行中的电缆头应保持______，套管______、______和______，绝缘胶______现象，无______及______。

23. 扑救电缆火灾时，应使用______、______、______灭火

器，也可使用______和______进行覆盖。

24. 加强对变压器的运行监视，特别应注意对______、______、______等部位的检查和______、______的监视。在变压器吊检时，一定要防止______、______、______绝缘。

25. 如果变压器外壳破裂，喷油燃烧，应采用______、______、______进行灭火，并应设法将油流导入______。池内和地上油火应用大量______扑救。

26. 氢气比空气渗透力强，易从发电机______、______、______、______及______等处渗漏出来。氢冷系统设备附近，应______，并设有______的标示牌，严禁放置______、______物品。

27. 在拆卸氢冷发电机端罩时，严禁______靠近，不准使用带______和______，更不准______及______，以防______爆炸。

28. 发电机密封瓦漏氢着火时，可______或______运行，以减小泄漏，同时用______、______或______灭火；并______。

29. 严禁在蓄电池室内______和将任何______带入蓄电池室内。

30. 配制电解液时，应当把______慢慢倒进______里，并均匀搅拌，切不可将______倒入______中，防止______飞溅造成烫伤事故，甚至产生______，发生______。

31. 当蓄电池室发生火灾时，应立即______，采用______或______灭火器灭火。

32. 乙炔发生器应放置在距离明火至少______以上，不得放置在______下面；不得进入______；不得放置在______曝晒，乙炔发生器附近严禁______。

33. 电石桶、电石库及电石发生着火时，应立即使用______、______或______进行灭火。禁止使用______、______及______灭火。

34. 电焊软线冒烟、着火时，应立即______，用______、______或______喷洒灭火。交、直流电焊机冒烟着火时，应

______，并采用______、______灭火，也可用______灭火，但______灭火器不能用于旋转式直流焊机的火灾扑救。

35. 易燃易爆物品应设置______标志，并有专人负责管理，管理人员应熟知______和______，以及______的处理方法。

36. 易燃易爆物品进库入库检验时，若发现______、______、______时，必须立即转移到安全地点。

37. 对雷管、炸药等危险品必须执行“五双”制度，即______、______、______、______、______。

38. 使用易燃易爆物品，必须建立严格的______、______、______和______制度；严禁个人在现场作业后，将易爆物品______、______，更不准______或私自______。

三、问答题

1. 试述电力系统中防火（爆）的重要意义。

2. 试述湿式喷水灭火系统的工作原理。

3. 试述手提式化学泡沫灭火器的使用方法及注意事项。

4. 如何对手提式泡沫灭火器进行维护保养？

5. 试述 MPT 推车式化学泡沫灭火器的使用和维护方法。

6. 试述手提式二氧化碳灭火器的使用方法及注意事项。

7. 试述如何对手提式二氧化碳灭火器进行维护保养。

8. 试述手提式干粉灭火器的使用方法。

9. 试述如何对手提式干粉灭火器进行维护保养。

10. 试述手提式 1211 灭火器的使用方法及注意事项。

11. 如何对 1211 灭火器进行维护保养？

四、应知和技能操作题

1. 了解水的灭火作用和用水灭火的注意事项。

2. 了解黄砂灭火的注意事项。

3. 了解输煤与制粉系统防火（爆）的重要性。

4. 了解输煤系统的防火措施。

5. 熟悉输煤系统的火灾扑救方法。

6. 了解制粉系统的防火措施。

7. 熟悉制粉系统的火灾扑救方法。

8. 深刻了解燃油系统防火的重要性。

9. 熟知燃油系统的防火措施。

10. 熟悉燃油系统火灾的扑救方法。

11. 深刻了解电缆防火的重要性。

12. 熟知电缆的防火措施。

13. 掌握电缆火灾的扑救方法。

14. 熟知电力变压器的防火措施。

15. 掌握电力变压器火灾的扑救方法。

16. 深刻了解氢系统防火（爆）的重要性。

17. 熟知氢冷系统的防火（爆）措施。

18. 熟知制氢设备的防火（爆）措施。

19. 掌握氢系统及其设备的火灾扑救方法。

20. 了解蓄电池室防火（爆）措施。

21. 掌握蓄电池室火灾扑救方法。

22. 了解电、气焊的防火措施。

23. 掌握电、气焊设施着火的扑救方法。

24. 了解易燃易爆物品的防火（爆）措施。

25. 掌握本岗位易燃易爆物品的火灾扑救方法。

26. 在消防（专业）人员指导下，进行手提式和推车式泡沫灭火器的使用操作（模拟火场为呈流淌状液体燃烧物）练习。

27. 在消防（专业）人员指导下，进行检查碳酸氢钠溶液是否失效的练习。

28. 在消防（专业）人员指导下，进行手提式和推车式二氧化碳灭火器的使用操作（模拟火场自选）练习。

29. 在消防（专业）人员指导下，进行手提式和推车式干粉灭火器的使用操作（模拟火场自选）练习。

30. 在消防（专业）人员指导下，进行手提式和推车式 1211 灭火器的使用操作（模拟火场自选）练习。

习题解答

第一章 安全教育

一、名词解释

1. 规章制度

规章制度是指国家颁发的各种法规性文件和企、事业单位及其上级管理机关制定的反映安全生产客观规律的各种制度，它包括工艺技术、生产操作、劳动保护、安全管理等方面的规程、规则、制度、条例等，如《电业安全工作规程》、《电力安全生产工作条例》等。这些规章制度都具有不同的约束力和法律效力。

2. 玩忽职守罪

玩忽职守罪是指国家工作人员不履行或不正确履行自己应负的职责，致使公共财产、国家和人民利益遭受重大损失的罪行。如对所负责的工作漫不经心、马虎从事、敷衍应付，任意违反规章制度、违抗命令，拒不执行上级或有关管理监督部门的有关规定等。

3. 严重后果

严重后果指死亡1人或重伤3人以上的重大伤亡事故或直接经济损失达5万元以上的重大经济损失。

4. 情节特别恶劣

情节特别恶劣是指经常违反规章制度、屡教不改；明知安全没有保证，不听劝阻，强令工人违章冒险作业；发生事故，不引以为戒，仍继续蛮干、胡干；事故发生后，不组织抢救，致使危害后果蔓延扩大；为逃避责任，伪造或破坏现场，嫁祸于人。

二、问答题

1. 简述安全生产的重要意义。

答：安全生产的重要意义主要表现在以下几个方面：

（1）电力工业必须坚持“安全第一，预防为主”的方针。这是由多年实践经验的积累，甚至是用血的教训总结出来的。

（2）安全工作是企业经营机制的基础和重要组成部分。

（3）搞好安全工作不仅是上级部门和领导的要求，也是提高企业经济效益和社会效益，保证职工生命财产安全的需要。

（4）安全是企业改革和发展的重要保证，是提高企业经济效益的前提，没有安全就谈不上效益。

以上几点说明安全对国家、企业和个人都是十分重要的，安全生产可以说是电力企业的生命，是职工及其家庭幸福常乐的保证，是电力企业效益稳步增长的重要条件，是促进电力工业迅速发展、从而最大限度地满足国民经济高速发展需要的重要手段。

2. 在《电业生产事故调查规程》中，将事故分为哪几类？人身事故的等级分类是如何划分的？

答：在《电业生产事故调查规程》中，将事故分为①人身事故；②电网事故；③设备事故三大类。

人身事故的等级分类主要根据其伤亡的严重程度来划分，主要有三类，即：特大人身事故、重大人身事故和一般人身事故。

（1）特大人身事故。一次事故死亡10人及以上者。

（2）重大人身事故。一次事故死亡3人及以上，或一次事故死亡和重伤10人及以上，未构成特大人身事故者。

（3）一般人身事故。未构成特、重大人身事故的轻伤、重伤及死亡事故。

3. 电力生产应防止的25种重大事故包括哪些内容？

答：电力生产应防止的25种重大事故是：

（1）火灾事故；

（2）电气误操作事故；

（3）大容量锅炉承压部件爆漏事故；

（4）压力容器爆破事故；

(5) 锅炉尾部再次燃烧事故；

(6) 锅炉炉膛爆炸事故；

(7) 制粉系统爆炸和煤尘爆炸事故；

(8) 锅炉汽包满水和缺水事故；

(9) 汽轮机组超速和轴系断裂事故；

(10) 汽轮机大轴弯曲、轴瓦烧损事故；

(11) 发电机损坏事故；

(12) 分散控制系统失灵、热工保护拒动事故；

(13) 继电保护事故；

(14) 系统稳定破坏事故；

(15) 大型变压器损坏和互感器爆炸事故；

(16) 开关设备事故；

(17) 接地网事故；

(18) 污闪事故；

(19) 倒杆塔和断线事故；

(20) 枢纽变电所全停事故；

(21) 垮坝、水淹厂房及厂房坍塌事故；

(22) 人身伤亡事故；

(23) 全厂停电事故；

(24) 交通事故；

(25) 重大环境污染事故。

4. 什么叫做安全生产责任制，其重要意义是什么？

答：安全生产责任制是一种制度，它规定了企业各级领导、职能部门、有关工程技术人员和生产工人在劳动生产过程中应负的安全责任。其意义是：提高各级人员主动搞好安全生产的积极性和责任心。强化正常的安全生产管理秩序，保证贯彻“安全第一，预防为主”的方针。

5. 安全生产责任制主要包括哪些内容？

答：(1) 各单位的领导在组织生产的过程中，必须严格贯彻党和国家有关安全生产的政策、指示，坚持“安全第一，预防为主”的方针。

(2) 安全生产应以“预防为主”，各级安全负责人应通过加强安全教育、安全检查，开展职工安全培训与考核工作等办法，来保证安全生产的实现。

(3) 经常分析安全生产情况，及时解决存在的问题，根据事故隐患，把事故消灭在萌牙状态。

(4) 为了加强安全，在电力系统实行安全监察制，设立安全监察机构，以监督检查与安全生产有关的全部事宜。

(5) 要按照“三不放过”的原则，对待和处理所有事故。

(6) 所有事故都应查明原因、分清责任、定出措施，应按照《电业生产事故调查规程》和《企业职工伤亡事故报告和处理规定》及时上报。

(7) 搞好安全培训与考核工作。

(8) 在安全生产中，应贯彻奖惩相结合的原则。对安全生产做出贡献的单位和个人给予奖励；对失职违章作业、违章指挥以致造成事故者给予经济处罚和行政处分；情节严重、触犯刑法者，由司法机关依法惩处。

6. 了解原电力工业部关于《安全工作的决定》的有关内容。

提示：①要求培训授课教师要全文宣读并逐条讲解给学员(生)；②学员(生)要认真领会每条决定的精神；③通过座谈、讨论、提问等形式让学员(生)对决定有较深刻的认识和了解。

7. 了解现场安全警语的具体内容。

提示：①要求培训授课教师要逐条宣讲；②学员（生）分段朗读；③在此基础上，教师和学员应通过生产现场的实例进行讨论、交流来加深理解、增强记忆。

8. 试从事故责任者的心理状态来说明事故发生的原因。

答：电力生产、基建发生事故的原因是多方面的，其中，电业人员在作业时的心理状态不良，也是导致事故发生的原因之一，这些不良状态包括：

(1) 侥幸心理。明知应该这样做才能保证安全，但有时嫌麻烦，为了省事，这一次就不按章办了，心想这一次不一定就会出事吧，结果还是出了事。

(2) 习以为常，思想麻痹。有些人随着经历的增长和工作经验的增多，安全工作的概念逐渐淡薄。有时虽未按安全操作规程作业，但也未发生事故；还有的年轻工人沿袭师傅的错误做法，认为这些做法已是几代师傅传下来的，对错误做法习以为常，满不在乎，以致酿成事故。

(3) 过于自信，不求上进。有些人对自己工作范围内的设备构造和性能并不甚清楚，也缺乏足够的实际经验，而自己又过于自信，当发生异常情况时，判断错误、处理不当而发生事故。

(4) 情绪失调或心急求快。有的人因家庭或个人遇到困难或不快；有的人工作不安心，要求调动又长时间解决不了；有的人在升级调资或奖金问题上感到自己吃亏而不满；逢年过节时，这里干活，思想上还老想着过节采购东西的事。以上种种情绪失调低下、干活精力不集中的心态，能使判断力降低、心理和动作失调，进而导致事故发生。

(5) 专注一点，顾此失彼。有些人往往在作业时未把作业的全过程事先进行完善的、周密的思考，而是在专心干某一项工作时，忽视了与此工作相关联的其他措施，从而导致事故发生。

9. 试述在对待和处理所有事故时的“三不放过”原则的具体内容。

答：“三不放过”原则的具体内容是：

(1) 事故原因不清不放过；

(2) 事故责任者和应受教育者没有受到教育不放过；

(3) 没有采取防范措施不放过。

第二章　安全用电常识

一、名词解释

1. 电击

当人体直接接触带电体时，电流通过人体内部，对内部组织造成的伤害称为电击。

2. 电伤

电伤是指电流对人体外部（表面）造成的局部创伤。电伤往往在肌体上留下伤痕，严重时也可导致人的死亡。

3. 灼伤

灼伤是指电流热效应产生的电伤。最严重的灼伤是电弧对人体皮肤造成的直接烧伤。灼伤的后果是，皮肤发红、起泡，组织烧焦并坏死。

4. 电烙印

电烙印是指电流化学效应和机械效应产生的电伤。电烙印通常在人体和带电部分接触良好的情况下才会发生。

5. 皮肤金属化

皮肤金属化是指在电流作用下，产生的高温电弧使电弧周围的金属熔化、蒸发并飞溅渗透到皮肤表层所造成的电伤。

6. 安全电压

在各种不同环境条件下，人体接触到有一定电压的带电体后，其各部分组织不发生任何损害，该电压称为安全电压。

7. 接地

把电气设备的某一金属部分通过导体与土壤间作良好的电气连接称为接地。

8. 接地体

与土壤直接接触的金属体或金属体组称为接地体。

9. 接地线

连接于接地体与电气设备之间的金属导体称为接地线。

10. 接地装置

接地线和接地体合称为接地装置。

11. 电气“地”

当电气设备发生接地短路时，在距单根接地体或接地短路点20m以外的地方，电位已近于零，电位等于零的地方称为电气

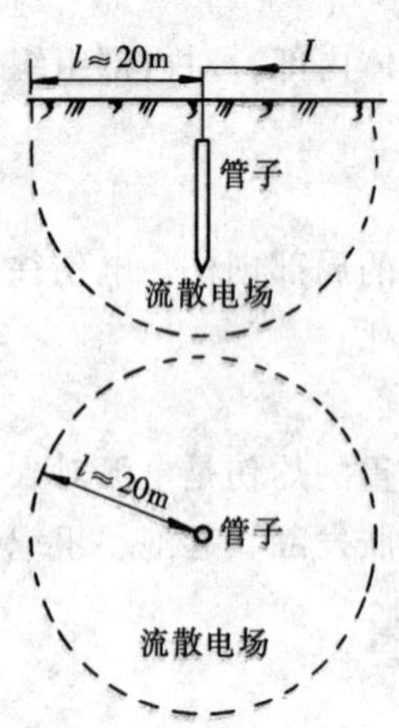

附图 1 “地”的示意

“地”，如附图 1 所示。

12. 对地电压

当发生接地短路时，电气设备的接地部分（如接地外壳和接地体等）与大地零电位之间的电位差，称为对地电压。

13. 零线

由变压器和发电机的中性点引出，并接了“地”的接地中性线称为零线，如附图 2 所示。

14. 接零

电气设备的某部分（如外壳）直接与中性线相连接，叫做接零，如附图 2 所示。

15. 接地短路

电气设备的带电部分偶尔与接地金属构架连接或直接与大地发生电气连接，称为接地短路。

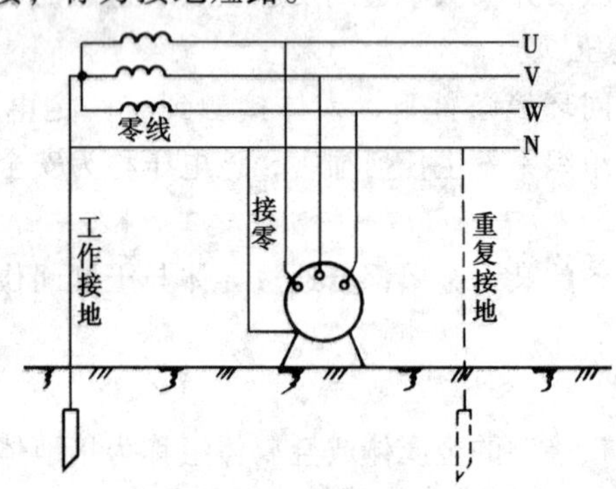

附图 2 零线和接零示意

16. 碰壳短路

当电机、电器或线路的带电部分由于绝缘损坏而与其接地的金属结构部分发生连接，称为碰壳短路（或碰壳）。

17. 重复接地

将零线的一处或多处通过接地体与大地再次连接，称为重复接地，如附图 3 所示。

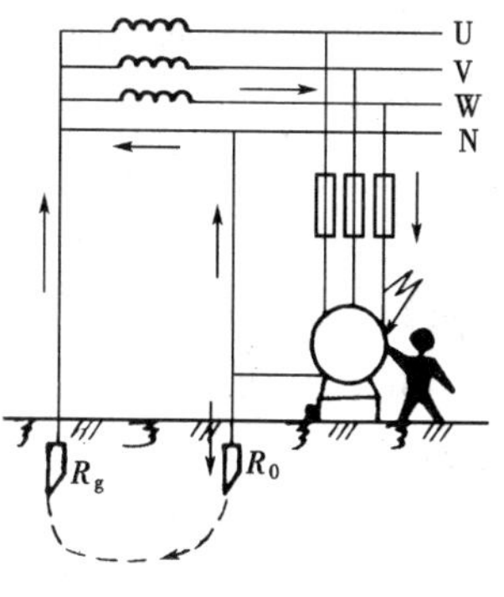

附图 3　重复接地示意

18. 工作接地

将电力系统中的某一点（通常是中性点）直接或经特殊设备（如消弧线圈、电阻等）与“地”作电气连接，称为工作接地。

二、填空题

1. 电击　电伤

2. 灼伤　电烙印　皮肤金属化

3. 交流 10mA　直流 50mA　42

36　24　12　6

4. 单相触电　两相触电　跨步电压触电　接触电压触电　人体接近高压触电　雷击触电

5. 越明显　越大

6. 越大　危险

7. 逐渐降低　也就越大　越加厉害　越严重

8. 50～60Hz 工频交流电

9. 也不同　手到胸部（心脏）到脚　手到手　脚到脚

10. 电压的高低、设备的类型、安装的方式

三、问答题

1. 什么叫电击？它对人体有何伤害？

答：当人体直接接触带电体时，电流通过人体内部，对内部组织造成的伤害称为电击。电击主要是伤害人体的心脏、呼吸和神经系统，因而破坏了人的正常生理活动，甚至危及人的生命。例如，电流通过心脏时，心脏泵室作用失调，引起心室颤动，导致血液循环停止等。

2. 什么叫电伤？电伤一般分为哪几类？每一类的后果各是什么？

答：电伤是指电流对人体外部（表面）造成的局部创伤。电伤一般可分为灼伤、电烙印、皮肤金属化三类。其后果是：

灼伤：皮肤发红、起泡，组织烧焦并坏死。

电烙印：皮肤表面留下和所接触的带电部分形状相似的圆形或椭圆形的肿块痕迹。电烙印有明显的边缘，且颜色呈灰色或淡黄色，受伤皮肤硬化。

皮肤金属化：皮肤变得粗糙、硬化，且呈现一定颜色。如渗入黄铜为蓝绿色。

3. 什么叫安全电压？在电力生产场所使用行灯时的安全电压如何进行选择？

答：在各种不同环境条件下，人体接触到有一定电压的带电体后，其各部分组织（如皮肤、心脏、呼吸器官等）不发生任何损害，该电压称为安全电压。

发电厂生产场所及变电站等处使用的行灯电压一般为36V；在比较危险的地方或工作地点狭窄、周围有大面积接地体、环境湿热场所，如电缆沟、煤斗、油箱等地，所用行灯的电压不准超过12V。

4. 影响电流对人体伤害程度的主要因素有哪些？

答：影响电流对人体伤害程度的主要因素有：①电流大小；②人体电阻；③通电时间长短；④电流频率；⑤电压高低；⑥电流途径；⑦人体状况。

5. 什么是单相触电？什么是两相触电？

答：单相触电是指人体站在地面或其他接地体上，人体的某一部位触及一相带电体所引起的触电。

两相触电是指人体有两处同时接触带电的任何两相电源时的触电。

6. 什么叫跨步电压触电？其触电后果是什么？

答：由跨步电压引起的触电，称为跨步电压触电。其触电后果是：当跨步电压较高时，人就会因双脚抽筋而倒在地上，这不但会使作用于身体上的电压增加，还有可能改变电流通过人体的路径而经过人体重要器官，因而大大增加了触电死亡的危险性。

7. 什么叫接触电压？接触电压的大小与人体站立点的位置

有何关系？

答： 接触电压是指人站在发生接地短路故障设备的旁边，触及漏电设备的外壳时，其手、脚之间所承受的电压。

人体距离接地体越远，接触电压越大；当人体站在距接地体20m以外处与带电设备外壳接触时，接触电压 U_{j3} 达到最大值，等于带电设备外壳的对地电压 U_d；当人体站在接地体附近与带电设备外壳接触时，接触电压近于零，如附图4所示。

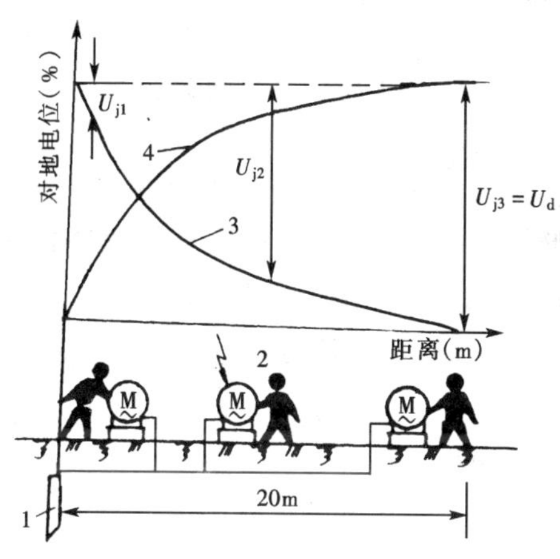

附图4　接触电压触电示意

8. 试述保护接地的含义及适用范围。

答： 为防止人身因电气设备绝缘损坏而遭受触电，将电气设备的金属外壳与接地体连接，称为保护接地。保护接地适用于中性点不接地的低压电网中。

9. 试述保护接零的含义及适用范围。

答： 为防止人身因电气设备绝缘损坏而触电，将电气设备的金属外壳与电网的中性线(变压器中性线)相连接，称为保护接零。

保护接零适用于三相四线制中性点直接接地的低压电力系统中。

10. 试述对接零装置的主要要求。

答： (1) 中性线上不能装熔断器和断路器，以防止中性线回路断开时，中性线出现相电压而引起触电事故。

(2) 在同一低压电网中，不允许将一部分电气设备采用保护接地，而将另一部分电气设备采用保护接零。

(3) 在接三眼插座时，不准将插座上接电源中性线的孔同接地线的孔串接，如附图5所示。

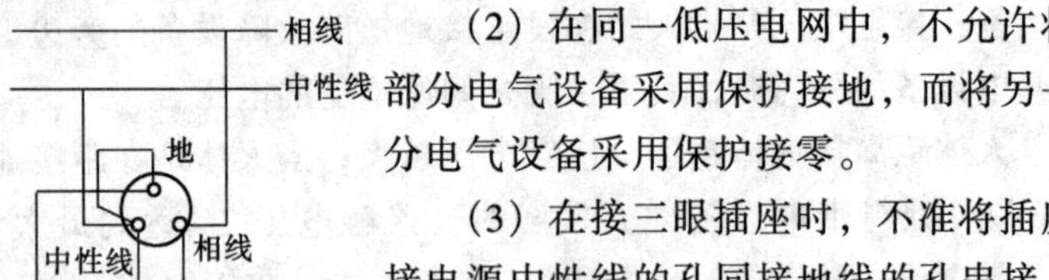

附图5　三眼插座错接示意

(4) 除中性点必须良好接地外，还必须将中性线重复接地，如附图3所示。

11. 试述工作接地的作用。

答：工作接地的作用主要有以下四点：

(1) 降低人体的接触电压。在中性点绝缘系统中，当发生一相碰地而人体又触及另一相时，人体所受到的接触电压将达到$\sqrt{3}$倍相电压（U_x）。而中性点接地时，人体所受到的接触电压将不再是$\sqrt{3}$倍相电压，而是接近或等于相电压，如附图6所示。

(2) 发生单相接地情况时，保护装置能迅速切断电源。

(3) 可降低电气设备和输电线路的绝缘水平要求。

(4) 满足电气设备运行中的特殊需要，如减轻高压窜入低压的危险性。

12. 试述漏电保护断路器的作用。

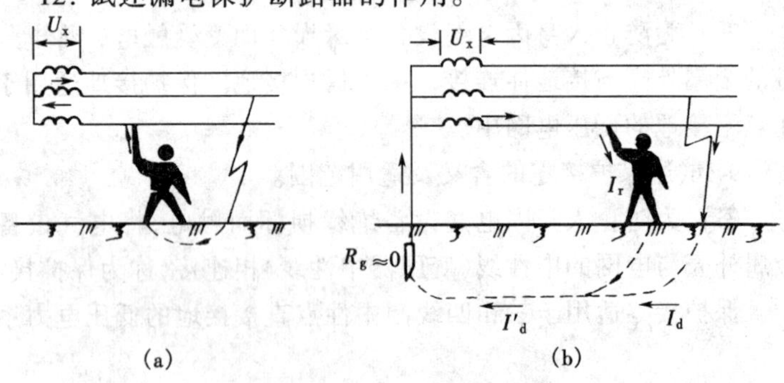

附图6　工作接地作用示意

(a) 中性点绝缘系统；(b) 中性点接地系统

答：漏电保护断路器又称漏电开关、触电保安器等，它的作用就是防止电气设备和线路等漏电引起人身触电事故，它能够在设备漏电、外壳呈现危险的对地电压时自动切断电源。

13. 什么叫安全距离？

答：为了防止人体过分接近带电体而造成触电，以及带电体之间发生放电和短路现象，均需在带电导体与附近接地的物体、地面、不同相带电导体以及人体之间，保持一定的距离（间隙），当上述各实际距离大于这个距离时，人体及设备才是安全的，这个距离称为安全距离。

14. 了解在不同工作环境下作业时的电气安全距离。

提示：（1）培训授课教师在讲授中要着重说明①表 2－11～表 2－14 中每项（格）的含义，及安全距离随电压而递增的规律；②进行不同工作环境下在相同电压等级下安全距离的比较。

（2）学员（生）在复习中应结合《电业安全工作规程》中所列安全距离进行对照学习，并应记住本人所从事工作环境下的电气安全距离数值。

15. 什么叫静电？静电的特点有哪些？

答：由于感应或摩擦使物体内部的电荷重新分布，从而使物体带有电压（对地而言），由这种形式产生的物体带电现象与一般我们通常使用的电相比是相对静止的电荷，所以我们通常把它叫做静电。

静电的特点是：①静电电量虽不大，但静电电压却很高；②绝缘体对其上电荷的束缚力很强，故在绝缘体上的静电消散的很慢；③在生产中产生的静电，可在与它不相接触的金属导体上感应出电荷，并产生很高的电压；④静电荷会在导体的尖端集中，并形成很强的电场，引起尖端放电。

16. 试述静电的危害，其防护措施有哪些？

答：静电的危害主要体现在以下二个方面：

（1）静电可能引起火灾和爆炸。静电电量虽然不大，但因其电压很高而容易发生火花放电，产生静电火花，使之在有可燃液体作业的场所发生火灾。

(2) 静电电击。人在作业活动过程中，由于衣着等固体物质的接触和分离或人体靠近带静电物体时，由于静电在人体的感应等，均可使人带静电，而带静电荷的人体接近接地体时，会发生放电，人即遭到电击，造成伤害。

静电的防护主要有以下二个方面的措施：

(1) 减少静电的产生，即防止静电带电。

为了防止带电，就要防止摩擦带电和感应带电。防止摩擦带电主要包括控制材料和摩擦两个方面；防止感应带电主要采用屏蔽措施。

(2) 加强静电消除，限制静电的积累，即防止火花放电。

为了加强静电消除，可采取二个方面措施，即加速静电泄漏和静电中和。

17. 现场作业人员应如何防静电？

答： (1) 加强现场作业人员对规章制度的执行，使其掌握必要的静电知识。作业时应穿戴必要的防护用具和采取必要的安全措施；在危险场所不要穿羊毛或化纤物品；作业、巡视检查时，不得携带与工作无关的金属物品。

(2) 在停电的电气设备和线路上工作时，必须按要求挂好接地线，戴好安全帽，高空作业时应系好安全带、挂牢救命绳，必要时还可以挂好个人辅助接地线。

18. 试述工作票的作用。

答： 工作票是准许在电气设备、电力线路上等工作的书面命令，也是明确安全职责、向工作人员进行安全交底，以及履行工作许可手续，工作间断、转移和终结手续，并实施保证安全技术措施等的书面依据。

19. 了解四种工作票的填用范围。

提示： ①通过学习要清楚地了解每种工作票的填用工作场所和项目，不得混淆；②做到在实际工作中能正确运用所学知识进行填用而不发生差错。

20. 试述填写工作票的基本要求。

答：（1）工作票由工作负责人或工作票签发人根据工作需要，用手工填写或应用计算机填票。

（2）填写工作票前，应根据现场设备、系统情况以及进行危险因素分析，制定控制措施。

（3）填写时和填写后，均应对照模拟图或接线图作一次核对。

（4）工作负责人虽可以填写工作票，但填写完后应交签发人核对、审查并签发。工作负责人不能签发工作票。

（5）工作票用手工填写时，一律用钢笔或圆珠笔填写（字体应为仿宋体）一式两份，不得使用铅笔或红色笔，要求书写内容准确、清楚，不得任意涂改，如有个别错别字要修改时，应在要改的字上划三道横线，然后在该字上、下或后面写上改正后的字，禁止在原字上修改，并应注意：①一份工作票涂改处不得超过三处；②工作票中的设备名称和编号、工作地点、接地线装设地点、计划工作时间不能涂改。

21. 了解工作票上各栏的填写方法，学会正确填写工作票。

提示：①结合各地区印发的发、供电现场实际使用的工作票，培训教师在讲授时应逐栏介绍其填写的方法和内容，并予以正确的说明。②学员（生）在复习时要认真领会各栏的填写含义，并结合现场已填用的检修项目工作票进行对照，以加深理解，并在有关人员指导下练习正确填写工作票的方法。

第三章　现场紧急救护知识

一、名词解释

1. 濒死

濒死，就是生命处于血压下降、呼吸困难、心跳微弱的危险阶段。

2. 临床死亡

临床死亡，指呼吸、心跳均已停止。

3. 生理死亡

生理死亡，指组织细胞逐渐死亡。

4. 电接触烧伤

电接触烧伤就是人体直接与带电导体接触的烧伤，可造成皮肤及其深部组织，如肌肉、血管等严重烧伤。

5. 电弧烧伤

电弧烧伤就是当人体接近高压电等情况时，在电源与人体间所发生的电弧放电造成的人体烧伤。

6. 止血点

止血点是指身体的主要动脉经过而又靠近骨骼的“搏动”部位。

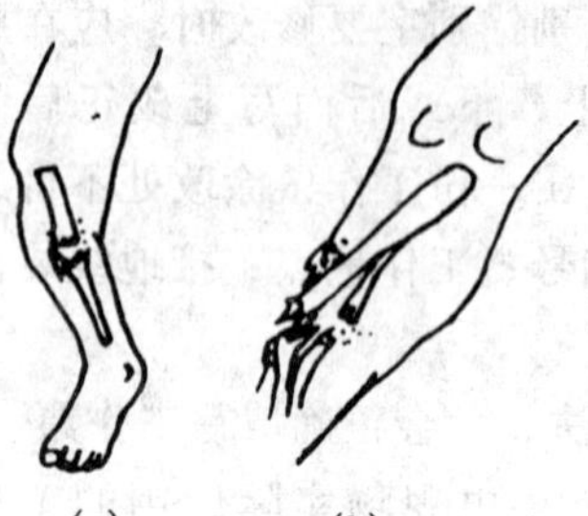

7. 闭合性骨折

闭合性骨折就是骨折端未刺出皮肤，与外界空气不相通，如附图 7（a）所示。

8. 开放性骨折

开放性骨折就是骨折端刺出皮肤、肌肉，与外界空气相通，如附图 7（b）所示。

（a）　（b）

附图 7　骨折

（a）闭合性骨折；（b）开放性骨折

9. 热痉挛

热痉挛是中暑症状之一。人体长时间在高温环境下工作时，出汗过多引起体内失去大量盐分，这时人体四肢部分的肌肉以及腹部的肌肉会发生痉挛、疼痛，称为热痉挛。

10. 日射病

日射病也是中暑症状之一。人体长时间在烈日下和高温强热辐射环境下作业时，工作人员头部被曝晒过久后，日光中的紫外线会使颅脑受热充血，称为日射病。

11. 轻度烧伤

轻度烧伤是指烧伤总面积小于10%的Ⅱ度烧伤。

12. 中度烧伤

中度烧伤一般是指烧伤总面积为11%～30%或Ⅲ度烧伤面积小于10%的烧伤。

13. 重度烧伤

重度烧伤是指烧伤总面积为31%～50%或Ⅲ度烧伤面积大于20%的烧伤。

二、填空题

1. 心跳　呼吸停止　瞳孔放大　尸斑　尸僵　血管硬化

2. 通畅气道　人工呼吸　胸外心脏按压

3. 头部后仰　捏鼻掰嘴　贴嘴吹气　放松换气

4. 抬高患肢位置　加压包扎止血　指压止血

5. 有局部痛感　局部畸形　局部软组织肿胀且呈现青紫色　骨擦音或骨擦感　功能受限

6. 热力烧伤　化学烧伤　电烧伤　放射性物质灼伤　烧伤总面积　烧伤深度　中度烧伤　重度烧伤　特重度

7. 热痉挛　日射病　热射病

8. 止血　包扎　固定

9. 双手可以向上向外翻　用手猛推其下颌

10. 冻疮　冻伤　冻僵

三、问答题

1. 现场紧急救护的通则是什么?

答: (1) 积极采取措施保护伤员生命，减轻伤情，减少痛苦，并根据伤情需要，迅速联系医疗部门救治。

(2) 要认真观察伤员全身情况，防止伤情恶化。

(3) 现场工作人员都应定期进行培训，学会紧急救护法。

(4) 生产现场和经常有人工作的场所应配备急救箱，存放急救用品，并指定专人经常检查、补充或更换急救用品。

2. 试述触电急救基本原则。

答: (1) 当发现有人触电时，切不可惊慌失措，应设法尽快使触电者脱离电源。

(2) 当触电者安全脱离电源后，救护者在施行人工呼吸和胸外心脏按压时，一定要按照规定动作进行操作来救治伤员。

(3) 抢救触电者一定要在现场或附近就地进行，千万不要长途护送到医院或本部门去进行抢救，这样会延误抢救，影响救治效果。

(4) 救治要坚持不懈地进行，要有信心、耐心，不要因一时抢救无效而放弃抢救。

(5) 救护人员在救治他人的同时，要切记注意保护自己，例如，在触电者未脱离电源之前，救护人员在尚未采取任何安全措施的情况下，千万不能用手直接去拉触电人，防止发生救护人触电事故。

(6) 若触电人所处的位置较高，则必须采取一定的安全措施，以防断电后，触电者从高处摔下。

(7) 救护时应保持头脑冷静清醒，应观察场地和周围环境，要分清是高压还是低压触电，以便做到忙而不乱。

(8) 夜间发生触电事故，为救护伤员而切除电源时，有时照明会同时失电，因此应考虑事故照明、应急灯等临时照明，以利救护。

3. 使触电者脱离低压电源的主要方法有哪些?

答: 使触电者脱离低压电源的主要方法有以下几种:

(1) 切断电源。如果电源开关或者插座就在触电地点附近，救护人应迅速拉开开关或者拔掉插头等，如附图 8 所示。

(2) 割断电源线。如果电源开关或插座离触电地点很远，则可用带绝缘柄的电工钳或者用装有干燥木柄的斧头、锄头等利器把电源侧的电线砍断，如附图 9 所示。

(3) 挑、拉电源线。如果电线断落在触电人身上或压在触电人身下，并且电源开关又不在触电现场附近时，救护者可用干燥的木棍、扁担等一切身边可能拿到的绝缘物把电线挑开，如附图

附图 8　拉开开关或拔掉插头

附图 9　割断电源线

10 所示。

（4）拉开触电者。如果救护人身边什么工具也没有，在场救护人员可戴上绝缘手套或用干燥的衣服、帽子、围巾等物把一只手缠包起来去拉触电人的干燥衣服，如附图 11 所示。

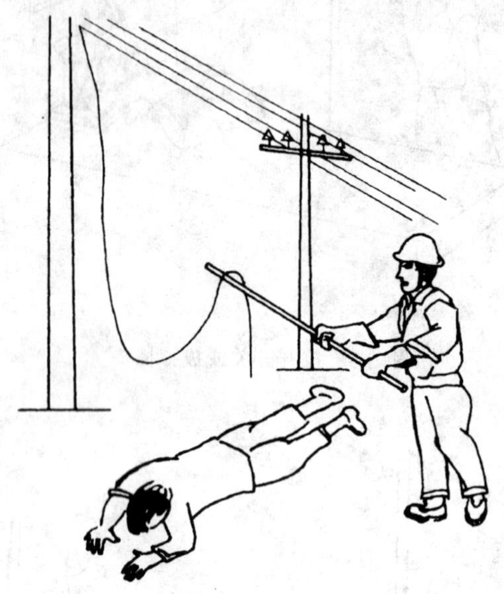

附图 10　挑、拉电源线

附图 11　拉开触电者

4. 使触电者脱离高压电源的方法有哪些？

答：使触电者脱离高压电源的主要方法有：

（1）如果有人在高压带电设备上触电，救护人员应戴上绝缘手套、穿上绝缘靴拉开电源开关，以切断电源，如附图 12 所示。

附图 12　拉开高压开关

（2）当有人在架空线路上触电时，救护人应尽快用电话通知当地电业部门迅速停电，以备抢救。

（3）如不能迅速联系就近变电所停电时，救护者可采取应急措施，即采用抛掷足够截面、适当长度的裸金属软导线，使电源线路短路，造成保护装置动作，从而使电源开关跳闸的办法，如附图 13 所示。

（4）如果触电者触及断落在地上的带电高压导线，在尚未确认线路无电且救护人员未采取安全措施（如穿绝缘靴）前，不能接近断线点 8 ~ 10m 范围内，以防跨步电压伤人。若想要救人，救护人可戴绝缘手套，穿绝缘靴，用与触电电压等级相一致的绝缘棒将电线挑开，如附图 14 所示。

5. 试述当发现有人在杆上或高处触电时，下放伤员的具体方法。

附图 13　抛掷裸金属线使电源短路

附图 14　未采取安全措施前不能接近断线

答：下放伤员有单人和双人下放法，分述如下：

（1）单人下放法。首先在杆上安放绳索，然后用绳子将伤员绑好，绑的方法是在腋下环绕一圈，打三个半靠结，绳头塞进伤员腋旁的圈内，并压紧。最后将伤员的脚扣和安全带松开，再解开固定在电杆上的绳子，缓缓将伤员放下。

（2）双人下放法。双人下放法基本同单人下放法，只是绳子的另一端不是由杆上救护人握住，而是由杆下另一人握住缓缓下放，杆上人可握住绑触电人的一端顺着下放。此外，双人下放用的绳子较单人下放时的要长些，如附图 15 所示。

6. 试述电烧伤的现场急救方法。

答：（1）首先让伤员脱离电源，然后进行伤情判断，再采取相应措施。

（2）对心跳、呼吸停止者，应进行心肺复苏，要保护好烧伤

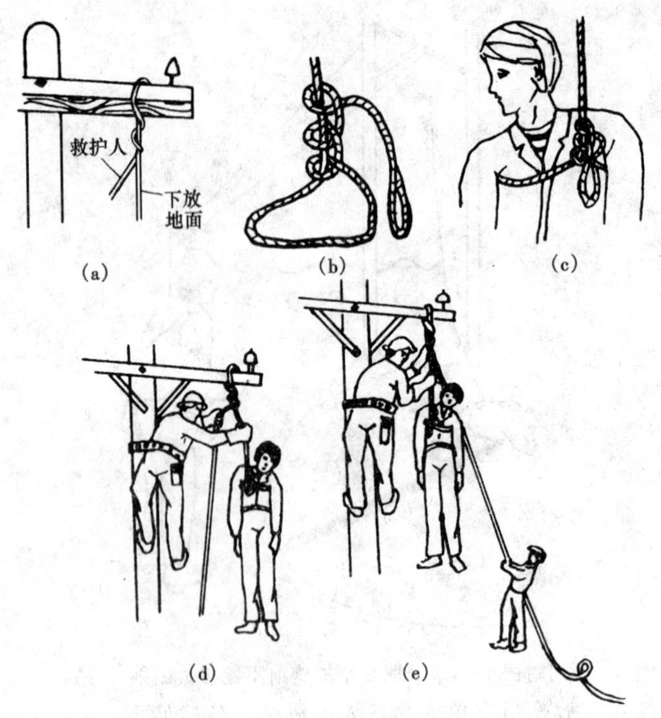

附图 15　单、双人下放伤员

(a)、(b)、(c) 绳子结法；(d) 单人下放法；(e) 双人下放法

创面，避免污染。在转送医院前应用消毒灭菌敷料或清洁衣物、被单等包裹创面。

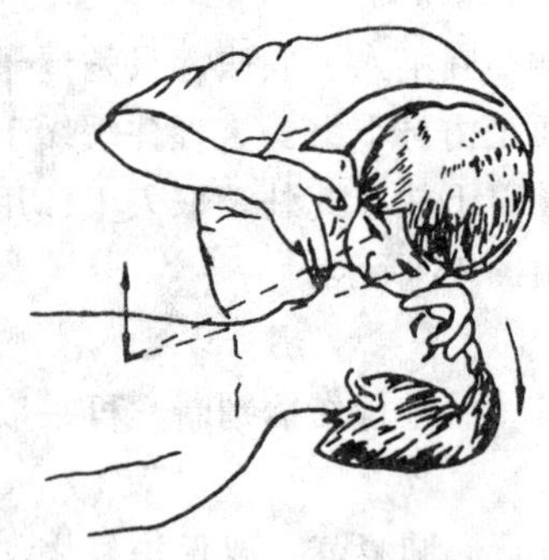

附图 16　口对口人工呼吸法

(3) 在现场紧急救护之后要及时送往医院进行补液疗法等。

7. 什么是口对口人工呼吸法和胸外心脏按压法？

答： 口对口人工呼吸法就是采用人工机械动作（抢救者呼出的气通过伤员的口对其肺部进行充气，以供给伤员氧气），使伤者肺部有节律地膨胀和收缩，以维持气体交换（吸入氧气、排出二氧化碳），并逐步恢复正常呼吸的过程，如附图 16 所示。

胸外心脏按压法就是采用人工机械的强制作用（即在胸外按压心脏），迫使心脏有节律地收缩，从而达到恢复心跳、恢复血液循环，并逐步恢复正常的心脏跳动，如附图 17 所示。

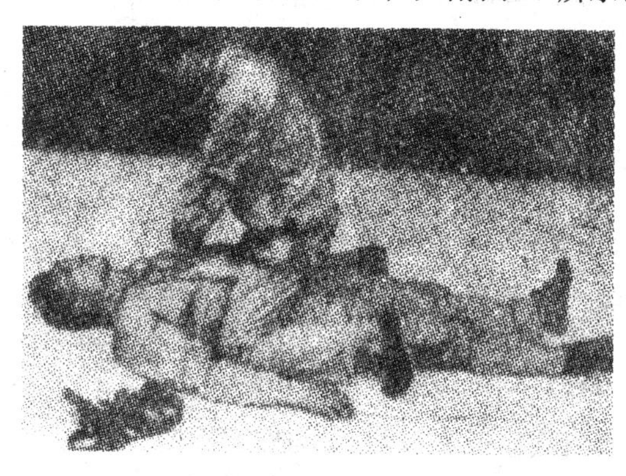

附图 17　胸外心脏按压法

8. 试述在心肺复苏法救护过程中的注意事项。

答：（1）若伤员呼吸、心跳都停止了，则采用人工呼吸和胸外心脏按压交叉救护。其操作节奏为：单人抢救时，每按压 15 次后，吹气二次（15:2），反复进行；双人抢救时，每按压 5 次后，由另一人吹气 1 次（5:1），反复进行。

（2）在抢救过程中，应用看、听、试的方法，在 5～7s 时间内，对伤员的呼吸和心跳是否恢复进行再判定。

（3）抢救应在现场就地坚持进行，不要为图方便而随意移动伤员；在将伤员移动和送往医院途中，抢救工作也不要中止。

（4）伤员好转初期，应严密监护，不能麻痹，随时准备再次抢救，以防心跳、呼吸在恢复的初期再次骤停，在此期间应让伤员安静休养。

9. 试述对外伤救护的基本要求。

答：（1）外伤急救原则上是先抢救、后固定、再搬运，并注意采取措施防止伤情加重或污染，需要送医院救治的，应立即做好保护伤员的措施。

(2) 抢救前，先使伤员安静、躺平，判断全身情况和受伤程度，如有无出血、骨折和休克等。

(3) 有外伤出血时，应立即采取止血措施，防止因出血过多而休克。

(4) 为防止伤口感染，应用清洁布片覆盖伤口。救护人员不得用手直接接触伤口，更不得在伤口内填塞任何东西或随便用药。

10. 什么是指压止血法？其具体做法是什么？

答：指压止血法就是用手指压迫“止血点”止血的一种方法。它是最方便而又及时的临时止血法，其具体做法是：在伤口的靠近心脏端找到出血肢、体部位的止血点，用手指用力向骨头压迫，这样就会阻断血流来源而达到急救止血的目的。

11. 试述现场伤口包扎的目的和要求。

答：包扎的目的：伤口是细菌侵入人体的门户，哪怕只是破一个小口，病菌也会乘机侵入人体生长、繁殖、放出毒素而使伤口感染。如果不及时包扎，轻者伤口化脓，重者全身感染，甚至危及人的生命安全。因此，当现场有人受伤后，在送往医院之前施行一些简单的包扎是很有必要的。

对包扎的要求：首先动作要轻，不要碰撞伤口，以免增加伤员的疼痛和出血；其次包扎要迅速，松紧合适、方法得当；还要注意不得用水冲洗伤口、去掉血迹，也不准用手和脏物触摸伤口。

12. 试述骨折急救的基本原则。

答：(1) 现场急救的目的是防止伤情恶化，为此，千万不要让已经骨折的肢体活动。首先，应将受伤的肢体进行包扎和固定。

(2) 对于开放性骨折的伤口，最重要的是防止伤口污染。为此，现场抢救者不要在伤口上涂任何药物，不要冲洗或触及伤口，更不能将外露骨端推回皮内。

（3）抢救者应保持镇静，正确地进行急救操作，应取得伤员的配合。现场严禁将骨折处盲目复位。

（4）待全身情况稳定后再考虑固定、搬运。现场如无现成的夹板，可用木板、竹竿等物代替。骨折固定时，应注意要先止血、后包扎、再固定。

（5）现场骨折急救仅是将骨折处作一临时固定处理，在处理后应尽快送往医院救治。

13. 试述搬运骨折伤员的原则以及搬运一般伤员的方法。

答：搬运骨折伤员的原则是：让伤员舒适、平稳，而且力争将有害影响减低到最小程度。

将一般伤员搬上担架的做法是：两担架员跪下右腿，一人用手托住伤员头部和肩部，另一只手托住腰部；另一人一手托住骨盆，另一只手托住膝下；二人同时起立，把伤员轻放于担架上，如附图 18 所示。

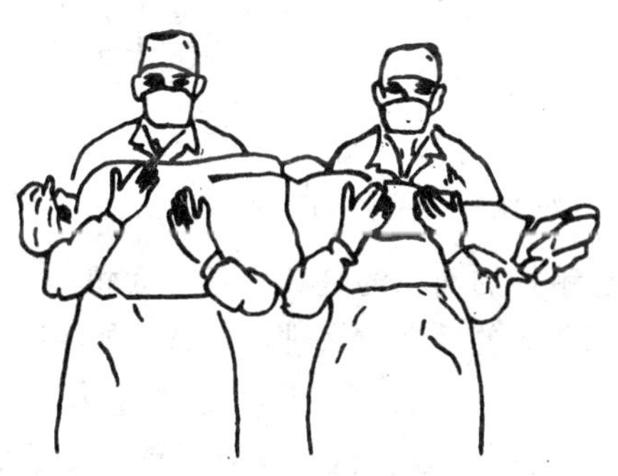

附图 18　搬伤员的做法

运送一般骨折伤员的方法是：让伤员平躺在担架上，并将其腰部束在担架上，防止跌下。平地运送时，伤员头部在后；上楼、下楼、下坡时，让伤员头部在上，如附图 19、附图 20 所示。

14. 如何进行小面积烧伤的估算？

答：估算小面积烧伤可采用手掌法，即将伤员自己的手五指

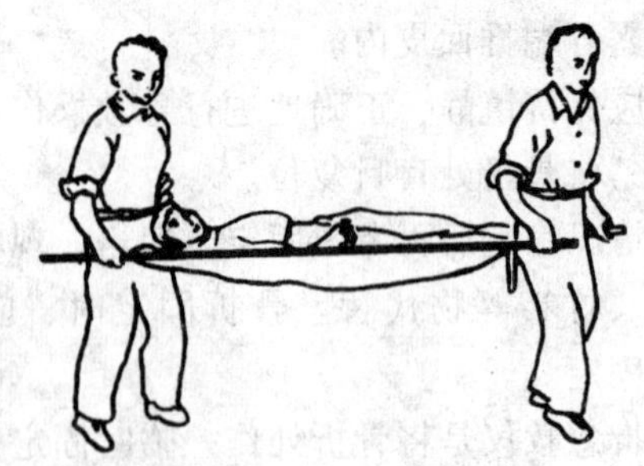

附图 19　平地搬运的方法

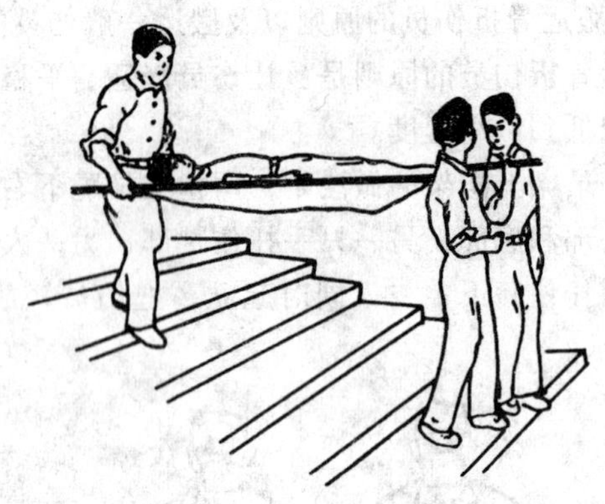

附图 20　上楼、下楼时的搬运方法

并拢，其手掌加手指的面积约是其全身总面积的 1%，因此烧伤面积可用烧伤创面上的手掌数来进行估算，如附图 21 所示。

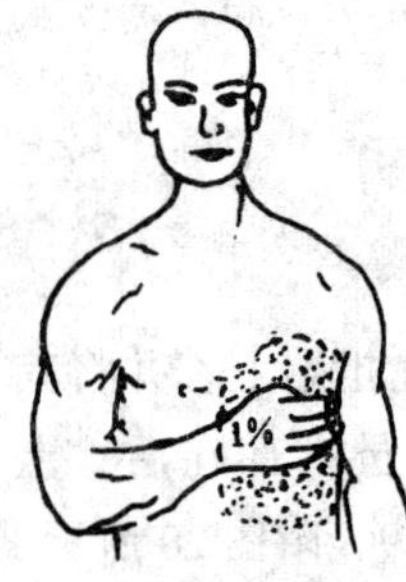

附图 21　手掌法估算示意

15. 试述化学烧伤的急救方法。

答：（1）抢救者事先要了解情况，然后作出判断。抢救者和伤员均不得直接用手去接触被溅染的衣服或皮肤，也不要用毛巾、布片擦拭。

（2）伤员应立即脱去受溅染的衣服、鞋袜等。用大量流动水冲洗创面，冲洗时间应在 20min 以上。

（3）石灰烧伤者必须在顺风处先除净粉

末和泡沫，再用水彻底冲洗。

（4）对酸类（如硫酸、盐酸等）可先用流水冲洗 20min，然后用淡肥皂水或 50%小苏打水冲洗，再用清水冲去中和液。

（5）化学物质溅入眼内常使眼球受伤，急救方法是立即用清洁瓶子装水冲洗眼睛。应从眼的内角开始冲洗，也可将眼睛张开，淹没于脸盆水内，头部左右摇动以代替冲洗，冲洗时间不应少于 10min。

16. 试述中暑的症状及其主要原因。

答：中暑初感全身乏力、头晕、胸闷、大汗、口渴，进一步发展为恶心、呕吐、脉搏增快、昏迷、体温增高、痉挛等。

中暑的主要原因有以下几点：

（1）气温在 35℃及以上时，人体内热量蓄积过多、散热困难，体温调节发生障碍而引起中暑。

（2）在高温下作业，劳动强度过大，人体产生热量增加，体内蓄热较多也会发生中暑。

（3）持续劳动时间过长，人体产热和受热较多时，人体会因体温调节机能障碍而中暑。

（4）睡眠不足和过度疲劳使肌体各器官正常生理机能下降，体温调节能力降低，水盐代谢易发生紊乱，因而发生中暑。

（5）年老、体弱者、产后妇女，以及病后恢复期的人，如果在高温环境下工作，容易发生中暑。

17. 试述中暑现场急救方法。

答：（1）首先将患者迅速撤离高温环境，移到附近阴凉通风处，解开衣服，卧平休息，同时可用扇子或电风扇向患者吹风，帮助散热。

（2）用冷水擦洗患者全身、头部及腋窝；用冷水浸湿毛巾置于患者额部，并让其饮淡盐水或含盐清凉饮料。

（3）对肌肉痉挛者可用中等力量按摩痉挛部。

（4）对体温升高、神志不清、抽搐等重度中暑者应迅速采取降温措施，如用冷水浸湿的被单包裹全身并及时替换；不停吹风，以增加对流等。

(5) 在将神志不清的中暑患者送往医院途中，应严密观察其呼吸、脉跳情况，保持降温措施，以防止病情突变。

18. 试述煤气中毒的急救方法。

答：当发现有人煤气中毒时，应尽快急救，其方法如下：

(1) 对于轻度中毒者，只要将其抬到空气新鲜、通风良好而又温暖的地方，休息一段时间，就会很快好转。

(2) 对于中度中毒者，如昏迷时间不长，可将其抬到空气新鲜的地方进行抢救。当恢复清醒后，仍可能有头痛、乏力、嗜睡现象等。经数日治疗、休息后可以恢复正常。

(3) 对于重度中毒者，可将其抬到空气新鲜的地方进行抢救，并注意保暖和安静，呼吸、心跳停止者，可进行心肺复苏急救，并立即抬到医疗部门作进一步治疗。

19. 试述对溺水者的急救方法。

答：(1) 对于溺水者来说，尽量保持镇静，切勿恐慌，尽力自救。当头部在水面上时，要尽量后仰，脸向上，用嘴呼吸，尽量让鼻孔露出水面的机会多一些，以争取时间、等待救援。

(2) 对于近岸淹溺者，如果他仍在挣扎，救护者应迅速伏卧或站在岸边，用现场所能立即找到的棍、竹竿、绳子等，采取抛、拖、拉的办法，使溺水者用手抓住，救护人把他拽到岸上。

(3) 受过水中救护训练或自己确有能力者，可进入水中接近溺水者进行急救，如附图 22 所示。

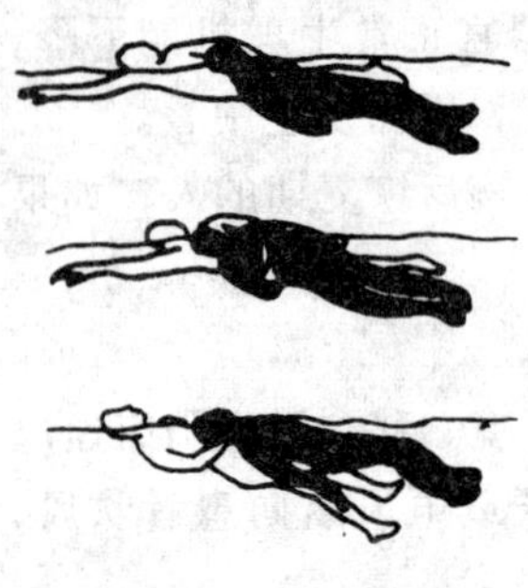

附图 22　水中救护姿势

(4) 当溺水者从水中救出后，应及时清除其口、鼻内的泥沙、杂草和分泌物。

(5) 迅速排除呼吸道及胃中积水，其方法如附图 23 所示。

(6) 如果溺水不重，溺水者尚有知觉时，可用手指或羽毛刺

附图 23 控水方法示意

激其喉咙，以促其呕吐，然后让他喝少量浓茶、热汤。

（7）倒出水后，溺水者仍失去知觉，呼吸、心跳停止时，应立即在岸边按心肺复苏法进行急救，送医院途中也必须继续进行急救。

20. 试述冻伤的现场急救方法。

答：在现场可按其冻伤的轻、重程度给予不同的急救处理。

（1）轻、中度冻伤的处理。可将冻伤部位缓缓升温。手足冻伤时，可将手放于腋下，下肢用厚大衣包住，切忌采用火烤、雪擦等办法；使伤员尽快脱离寒冷环境，去到温暖室内，有条件时喝些热饮料或少许烧酒。

（2）重度冻伤的处理。①立即抬至室内，采取全身保暖措施，如盖棉被、毛毯，并用热水袋、电热毯等加温。②能进食者可喝些姜汤、热茶、糖水等温热饮料。③冻僵肢体不要强行屈曲，搬移时动作要轻，以免骨折。④观察脉搏、呼吸情况，停止者应立即进行心肺复苏。要注意全身冻伤者的呼吸和心跳，有时十分微弱，不应误认为死亡。⑤现场抢救后，尽快转送医院继续救治。

21. 试述毒蛇咬伤的现场急救方法。

答：（1）伤员首先要镇静，不要乱走乱动，以防毒素扩散。

（2）咬伤大多在四肢，应迅速从伤口上端向下方反复挤出毒液，然后在伤口上方（近心端）用布带、草绳、手帕等扎紧，松紧度以不妨碍动脉血的供应为限。

（3）用肥皂水冲洗伤口，清除附近残留的毒液，并再次自上而下排毒或用拔火罐、吸奶器等方法吸毒，毒液吸完之后，伤口处要采用湿敷，以利毒液继续流出。

（4）经现场救护后，应将伤员用救护车或抬送医院进行药物封闭及服药治疗。

22. 试述疯狗咬伤的现场急救方法。

答：（1）立即用20%肥皂水充分冲洗伤口和伤口附近的唾液，然后再用清水反复冲洗。冲洗时间不得短于20～30min，并且一边冲洗，一边挤压出血，以利排毒。

（2）冲洗后，可用50%～70%酒精或烧酒涂擦，如无大出血者，不要立刻进行止血、包扎。

（3）现场处理后，立即送往医院进行狂犬病疫苗注射，这是唯一最可靠的、生命能得到保障的防治办法。

四、技能操作题

1. 杆上或高处触电的单人下放法操作。

操作：首先，营救人员要准备好必备的安全用具，如绝缘手套、安全带、脚扣、绳子等。其次按照单人下放法的步骤进行操作，操作时注意掌握以下几个要领：①在杆上横担安放绳索要正确，即将绳子的一端固定在横担上，固定时绳子要绕2～3圈；②绑扎伤员要正确，即在伤员的腋下环绕一圈，打三个半靠结，绳头塞进伤员腋旁的圈内，并压紧；③下放伤员要正确，即将伤员的脚扣和安全带松开，再解开固定在电杆上的绳子，缓缓将伤员放下。

操作练习提示：在绑扎和下放伤员时，可用模拟物体代替。

考核提示：①检查被考核人的营救准备工作是否完备；②检

查安放绳索和绑扎伤员是否正确；③让被考核者下放伤员，并评估方法的正确程度。

2. 进行清醒者气道阻塞的“膈下腹部猛压法”和“立位胸部猛压法”的处理操作。

操作：（1）膈下腹部猛压法。在练习时可由两个人交替进行。操作要领是：抢救者站在伤员背后，用手臂抱住伤员腰部，一手握拳，使拳头的拇指一边朝向伤员的腹部，位置在正中线肚脐眼的上方。另一只手紧握第一只手，快速向上猛压，拳头压向他的腹部，如附图24所示。

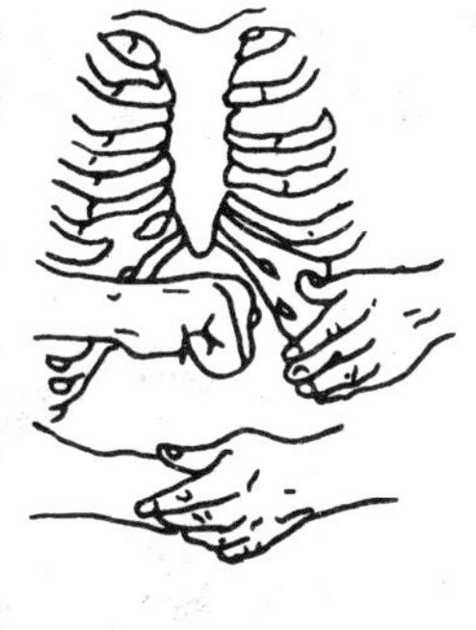

附图24　膈下腹部猛压法示意

考核提示：①看被考核人手臂抱腰后，拳头的拇指位置是否正确；②另一只手紧握第一只手后进行猛压3~5次，查看拳头压向腹部的方法是否正确。

（2）立位胸部猛压法。此法也由二人交替进行。操作要领是：让伤员立位，抢救者站在其背后，两臂通过其腋窝下方，环抱伤员胸部，拳头拇指侧放在胸骨中部（注意离开剑突和肋弓边缘），然后抢救者用另一手抓住拳头向后猛压，如附图25所示。

附图25　立位胸部猛压法

考核提示：①检查环抱伤员情况，观察拳头拇指侧放的位置是否正确；②观察猛压方法是否正确。

3. 进行口对口人工呼吸法的操作。

操作：口对口人工呼吸法可由两人交替进行。首先做好呼吸前的准备工作，即解开被救护人的衣领扣、松开上身的紧身衣，解开裤带、摘下假牙。然后按正确的操作步骤进行操作：①让伤员头部后仰、鼻孔朝天。②捏住伤员的鼻子并掰开嘴。救护人站在伤员头部的一边，用拇指和食指捏紧其鼻孔，另一只手的拇指和食指将其下颌拉向前下方，使嘴张开。③贴嘴吹气。救护人深吸一口气屏住，用自己的嘴唇包绕封住伤员的嘴，在不漏气的情况下，作两次大口吹气，每次 1～1.5s，同时观察伤员胸部起伏情况。④放松换气。吹完气后，救护人的口立即离开病人的口，头稍抬起，捏鼻子的手放松，让病人自动呼气，如附图 26 所示。

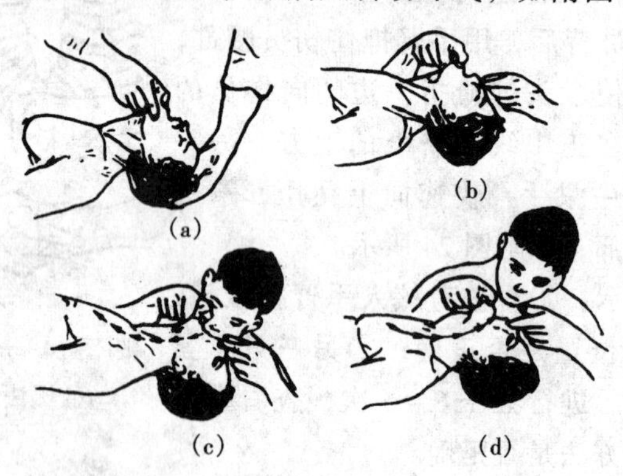

附图 26　口对口人工呼吸的操作步骤

(a) 头部后仰；(b) 捏鼻掰嘴；(c) 贴嘴吹气；(d) 放松换气

考核提示：①检查在施行口对口人工呼吸之前的准备工作是否正确；②检查操作步骤是否正确，每个过程的方法是否正确。

4. 进行通畅气道的“仰头抬颏法”和“托颌法”的操作。

操作：（1）仰头抬颏法。此法由两人交替进行。操作要领是：将伤员仰面躺平，抢救者位于伤员肩部呈跪状，用一只手放在伤员前额上，手掌用力向后压。另一只手的手指放在颏下将其下颏骨向上抬起，两手协同使下面的牙齿接触到上面牙齿，从而将头后仰，舌根随之抬起，呼吸道即可通畅。

注意事项：①在抬颏时不要将手指压向颈部软组织的深处，否则会阻塞气道；②禁止用枕头或其他物品垫在伤员头下，否则头部抬高前倾，也会加重气道阻塞，如附图 27 所示。

考核提示：①检查方法是否得当，主要是两只手放的位置

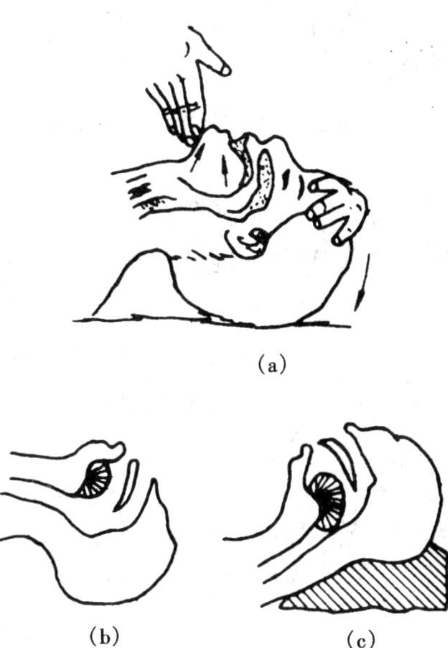

附图 27　仰头抬颏法

(a) 仰头抬颏；(b) 气道通畅；(c) 气道阻塞

及协同配合情况；②是否按注意事项办了，有无会加重气道阻塞的错误做法。

(2) 托颌法。此法亦由两人交替进行。操作要领是：将伤员仰面躺平，抢救者跪在伤员的头部附近，两肘关节支撑在伤员仰卧的平面上，两手放在伤员的下颌两侧，以食指为主用力将下颌角托起，如附图 28 所示。

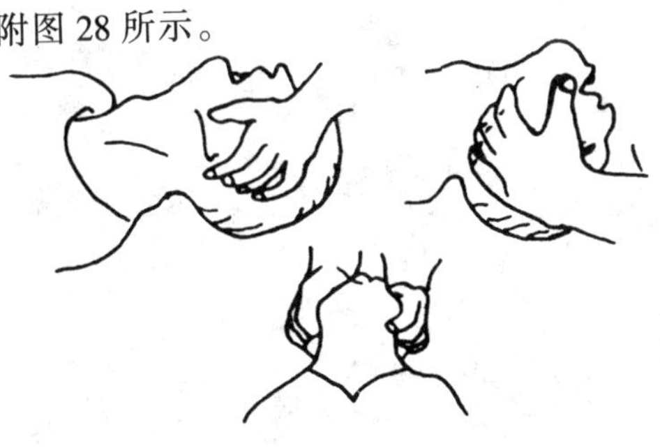

附图 28　托颌法

注意事项：在操作中，不得将头部从一侧转向另一侧或使头部后仰，以免加重颈椎部损伤。

考核提示：①检查整个过程是否正确；②察看有无违反注意事项的错误动作。

5. 进行胸外心脏按压法的操作。

操作：此法可由两人交替进行（或单人按压教具模型）。其操作要领是：

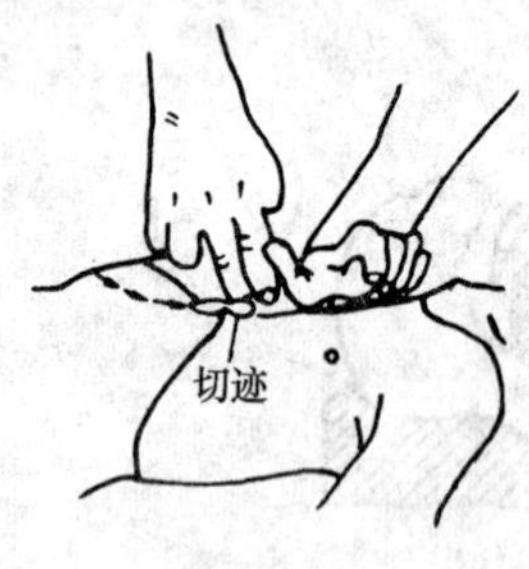

附图 29　正确按压部位

（1）首先让伤员仰面躺平在平硬处（地面或地板上），头部放平，救护者跪在伤员的肩旁，两脚分开，准备按压。

（2）确定按压的正确部位。首先找到切迹处（即手的食指和中指并拢，沿胸廓下方肋缘向上直达肋骨与胸骨接合处）；其次找对按压部位，即一只手的中指置于切迹顶部、剑突与胸骨接合处，食指紧挨着中指置于胸骨的下端，另一只手的掌根紧挨着食指放在胸骨上，那么，掌根处即是正确的胸外按压部位，如附图 29 所示。

（3）掌握好按压姿势。当正确按压部位确定后，将第一只手从切迹处移开，叠放在另一只手的手背上，使两手相叠，如附图 30 所示。救护人跪在地面上，身体尽量靠近伤员，腰部稍弯曲，

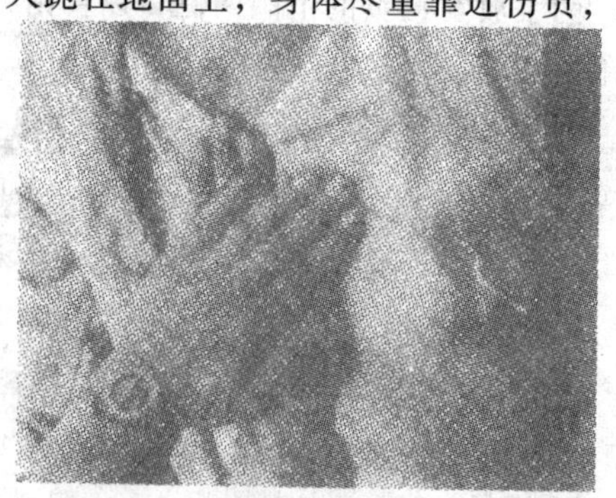
附图 30　两手相叠，加大按压力量

上身略向前倾，两臂刚好垂直于正确按压部位的上方，使压力每次均直接压向胸骨，肘关节要绷直不屈曲，手指翘起，离开胸壁和肋骨，只允许掌根接触按压部位，如附图 31 所示。

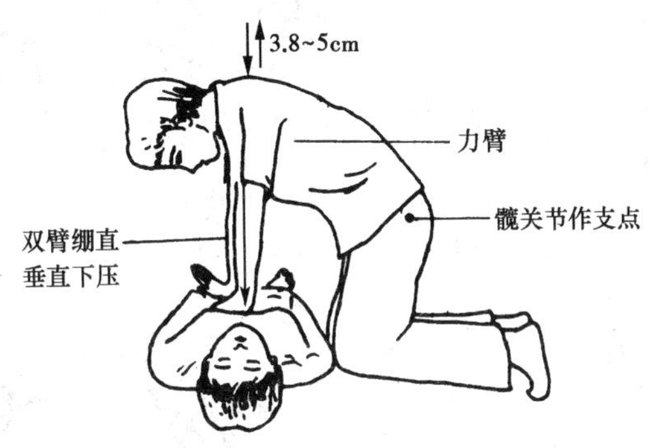

附图 31　按压的正确姿势

（4）进行按压。①操作时，利用上身的重量，以髋关节为活动支点，掌根用适当的力量冲击地垂直向下按压；②压陷的深度一般 3.8～5cm，然后掌根要立即全部放松（但双手不要离开胸膛），以使胸部自动复原；③按压的速度以每分钟 80～100 次为宜，放松时间与按压时间相等。

操作练习提示：此法有四大程序，步骤虽多，但只要练习 2～3次，即可立即掌握。

考核提示：①检查准备工作的正确性；②检查按压的部位对不对；③检查按压姿势是否正确；④注意按压的方法、压陷的深度和按压的速度是否正确、合适。

6. 进行人体“上肢出血”、“下肢出血”、“手指出血”和“脚出血”的指压止血法操作。

操作：（1）上肢出血。首先找到肱动脉的止血点位置。①若上臂出血，其止血法为，一手抬高患肢，另一手四个手指将肱动脉压向肱骨上；②若前臂出血，则将患肢抬高，用四个手指压在肘窝处肱二头肌内侧的肱动脉。如附图 32 所示。

（2）下肢出血。首先找到股动脉止血点位置。止血点在腹股沟

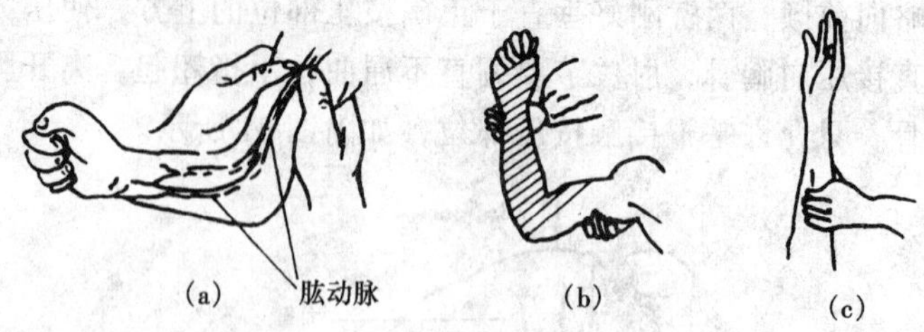

附图 32　上肢出血止血示意

(a) 前臂止血点；(b) 上臂止血；(c) 前臂止血

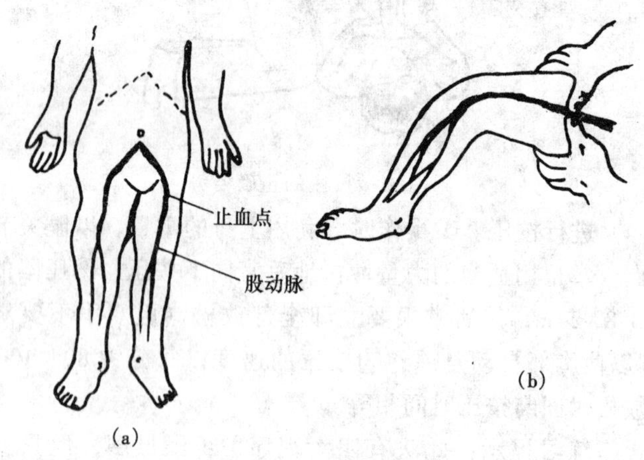

附图 33　下肢出血止血方法

(a) 股动脉止血点；(b) 大腿出血点及指压法

的中点稍下方(在此用手指可试出股动脉的搏动)；若大腿出血，则可用双手拇指向后用力压迫大腿出血止血点部位，如附图 33 所示。

(3) 手指出血。将手抬高，用食指、拇指分别压迫手指两侧的指动脉，如附图 34 (a) 所示。

(4) 脚出血。用两手拇指分别压迫足背动脉和内踝与跟腱之间的胫后动脉，如附图 34 (b) 所示。

操作练习提示：指压止血法的关键是寻找各个部位止血点，只要熟练地掌握不同部位的止血点位置，那么操作起来就容易多了，所以在练习时，应反复寻找止血点位置，以达到熟练的程度。

考核提示：①察看止血点位置正确与否；②检查动作是否符合要求。

7. 进行人体“头面部”、“膝关节”伤的简单包扎操作。

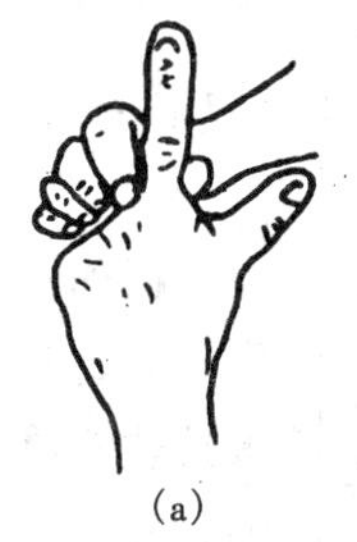

(a)

(b)

附图 34　手指及脚止血示意图

(a) 手指止血；(b) 脚止血

操作：(1) 头面部伤。包扎头面部伤时，可用三角巾或四头带，打结时要打在下颌下、后脑勺下或前额的眉弓处，以免包扎松落。下颌、鼻、前额、后脑勺等头面部伤的包扎如附图 35 所示。

(a)

(b)

(c)

(d)

附图 35　不同部位的简单包扎

(a) 下颌；(b) 鼻；(c) 前额；(d) 后脑勺

(2) 膝关节包扎。首先用三角巾折成适合于伤部宽度的条带，斜放在伤口，用条带两端分别压住上、下两边，缠绕肢体一周，然后在肢体内侧或外侧打结即可，如附图 36 所示。

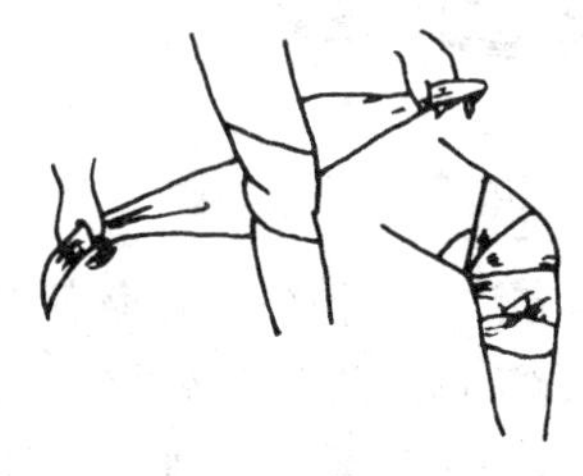

附图 36　膝关节包扎

操作练习提示：①首先学会如何制作三角巾和四头带；②根据头面部伤的部位进行正确包扎，松紧度应适当。

考核提示：①检查三角巾及四头带制作情况；②检查对不同部位的头面和膝关节伤的包扎是否正确规范，

松紧度是否合适。

8. 进行人体前臂部的尺骨骨和小腿部的胫、腓骨骨折的急救操作。

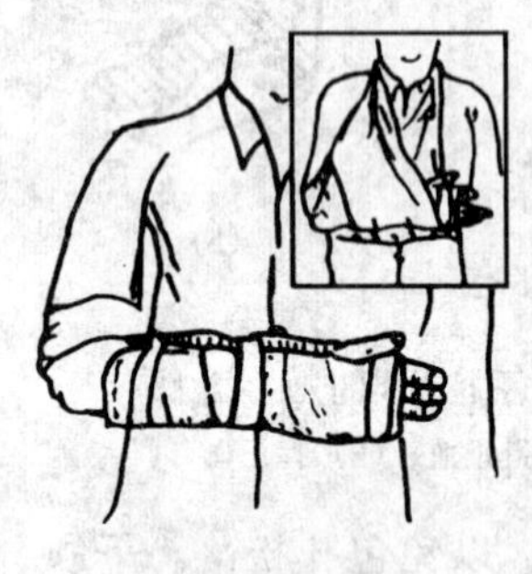

附图 37　前臂部尺骨骨折处理

操作：(1) 前臂部尺骨骨折。首先取与前臂长度相当的木板两块，用毛巾等柔软衣物衬垫好后，一条置于前臂掌侧，另一条置于前臂的背侧；然后用绷带（或其他布条）三条将两块木板扎缚好，大拇指须暴露于外；夹板固定后，使肘关节屈曲 90°，再用三角巾一块将前臂悬挂在颈项部，如附图 37 所示。

(2) 小腿部胫骨、腓骨骨折。首先找准胫骨、腓骨的位置，然后再加以固定。用两块夹板分别置于小腿内、外侧，自膝关节以上至踝关节以下进行固定。最后用绷带卷或布卷等物放在腘窝下方以支持腘窝，如附图 38 所示。

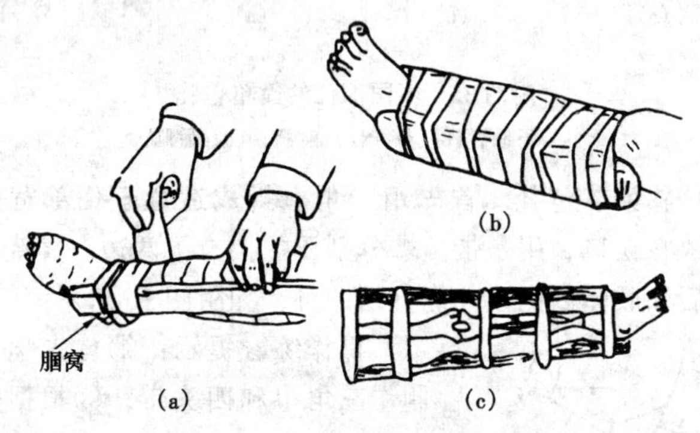

附图 38　胫、腓骨骨折处理

操作练习提示：操作前要多熟悉操作方法，弄清楚各骨骼名称及部位，然后按操作步骤反复练习几次，此法可由两人交替进行。

考核提示：①首先口试，让被考核者指出尺骨、桡骨、胫骨和腓骨以及腘窝和踝关节的正确部位；②检查急救操作方法和步骤是否正确。

9. 进行将一般骨折伤员搬上担架和运送的操作。

操作：（1）将一般骨折伤员搬上担架。此法由两人协同进行操作。方法是两人跪下右腿，一人用手拖住伤员头部和肩部，另一只手托住腰部；另一人一手托住骨盆，另一只手托住膝下；两人同时起立，把伤员轻放于担架上。

（2）伤员的运送。让伤员平躺在担架上，并将其腰部捆在担架上，防止跌下。平地运送时，伤员头部在后；上楼、下楼、下坡时，让伤员头部在上。

操作练习提示：①在搬伤员时，注意两搬运人应密切配合，他们的手托体位应正确，要同时起立；②在运送时，主要注意伤员头部的位置。

考核提示：①观察两搬运人的手托体位是否正确，协同情况如何；②运送时，察看伤员头部位置。

10. 进行溺水急救时，救护者自身保护和控水方法的操作。

操作：（1）救护者自身保护的操作。此法由两人在陆地上进行示范操作练习。当溺水者抓住了救护人的双手时，救护人的双手可以向上向外翻，即可挣脱溺水者的纠缠；如果被溺水者抱住身体，则可用手猛推其下颌，使其松手。

（2）控水方法的操作。此法由 2～3 人进行，其方法有两种：①救护人一腿跪地，另一腿屈膝而立，将溺水者俯伏在救护人的膝盖上，使其头部下垂，按压其腹、背部，使积水排出；②由 3 人进行，即由两个救护者将溺水者高举，每人一手抓住溺水者的腿部，另一只手托住前胸，使溺水者两臂朝下张开，头部下垂，使水排出，如附图 23 所示。

第四章　安 全 用 具

一、填空题

1. 绝缘安全用具　一般防护安全用具　基本安全用具　辅

助安全用具　高压绝缘棒　高压验电器　绝缘夹钳　绝缘手套　绝缘靴（鞋）　绝缘垫　绝缘台

2. 携带型接地线　防护眼镜　安全帽　安全带　标示牌　临时遮栏　梯子　脚扣　站脚板

3. 每年　三个月

4. 污垢　损伤　裂纹　损坏　失灵

5. 每半年　发光电压试验　耐压试验

6. 工作部分　绝缘部分　握手部分　工作钳口　绝缘部分（钳身）　握手部分（钳把）　一个高值电阻　氖管　弹簧　金属触头　笔身

7. 帽壳　帽衬　下颏带　吸汗带　通气孔　围杆作业安全带　悬挂作业安全带

8. 接地端　导体端　接触良好　与此相反

9. 警告类　允许类　提示类　禁止类　六

10. 安全信息含义的　禁止　警告　指令　提示　红　蓝　黄　绿

11. 安全色　几何图形　图形符号　特定的安全信息

12. 禁止标志　警告标志　指令标志　提示标志　醒目　安全有关　门　窗　架

二、问答题

1. 试述安全用具的作用。

答：生产实践告诉我们，为了顺利完成任务而又不发生人身事故，操作工人必须携带和使用各种安全用具，如在线路施工中，人们离不开登高用安全用具等。所以安全用具是防止触电、坠落、电弧灼伤等工伤事故，保障工作人员安全的各种专用工具，这些工具是人们作业中不可缺少的。

2. 何为基本安全用具和辅助安全用具？

答：基本安全用具是指那些绝缘强度大、能长时间承受电气设备的工作电压、能直接用来操作带电设备或接触带电体的用具。

辅助安全用具是指那些绝缘强度不足以承受电气设备或线路的工作电压，而只能加强基本安全用具的保安作用，用来防止接触电压、跨步电压、电弧灼伤等对操作人员伤害的用具。

3. 何为一般防护安全用具？其作用是什么？

答：一般防护安全用具是指那些本身没有绝缘性能，但可以起到防护工作人员发生事故的用具。它的主要作用是防止检修设备时误送电，防止工作人员走错间隔、误登带电设备，保证人与带电体之间的安全距离，防止电弧灼伤、高空坠落等。

4. 试述绝缘棒的用途和使用、保管注意事项。

答：绝缘棒是用来接通或断开带电的高压隔离开关、跌落开关，进行安装和拆除临时接地线以及进行带电测量和试验工作。它的使用和保管注意事项是：

(1) 使用时，工作人员应戴绝缘手套和穿绝缘靴，以加强绝缘棒的保安作用。

(2) 在下雨、下雪天用绝缘棒操作室外高压设备时，绝缘棒应有防雨罩，以使罩下部分的绝缘棒保持干燥。

(3) 使用绝缘棒时要注意防止碰撞，以免损坏表面的绝缘层。

(4) 绝缘棒应存放在干燥的地方，以防止受潮。一般应放在特制的架子上或垂直悬挂在专用挂架上，以防弯曲变形。

(5) 绝缘棒不得直接与墙或地面接触，以防碰伤其绝缘表面，如附图 39 所示。

5. 试述绝缘夹钳的用途和使用、保管注意事项。

答：绝缘夹钳是用来安装和拆卸高压熔断器或执行其他类似工作的工具。它的使用和保管注意事项是：

(1) 不允许在绝缘夹钳上装接地线，以免在操作时，由于接地线在空中游荡而造成接地短路和触电事故。

(2) 作业人员工作时，应戴护目眼镜、绝缘手套和穿绝缘靴（鞋）或站在绝缘台（垫）上，手握绝缘夹钳要精力集中并保持平衡。

附图 39　绝缘棒的保管

(3) 绝缘夹钳要保存在专用的箱子里或匣子里，以防受潮和磨损。

6. 试述低压验电器的用途和使用方法。

答： 低压验电器（试电笔）是一种检验低压电气设备、电器或线路是否带电的一种用具，它可以用来区分火（相）线和地（中性）线及交、直流电。低压验电器的使用方法是：

(1) 手拿验电笔，用一个手指触及金属笔卡，金属笔尖顶端接触被检查的带电部分，若氖管发亮，则说明被检查的部分是带电的。

(2) 在使用前、后也要在确知有电的设备或线路开关、插座上试验一下，以证明其是否良好。

(3) 低压验电笔绝不允许在高压电气设备或线路上进行试验，以免发生触电事故，只能在 100 ~ 500V 范围内使用。

7. 试述高压验电器的用途和使用注意事项。

答：高压验电器是检验高压电气设备、电器、导线上是否有电的一种专用安全用具。当每次断开电源进行检修时，必须先用它验明设备确实无电后，方可进行工作，如附图 40 所示。

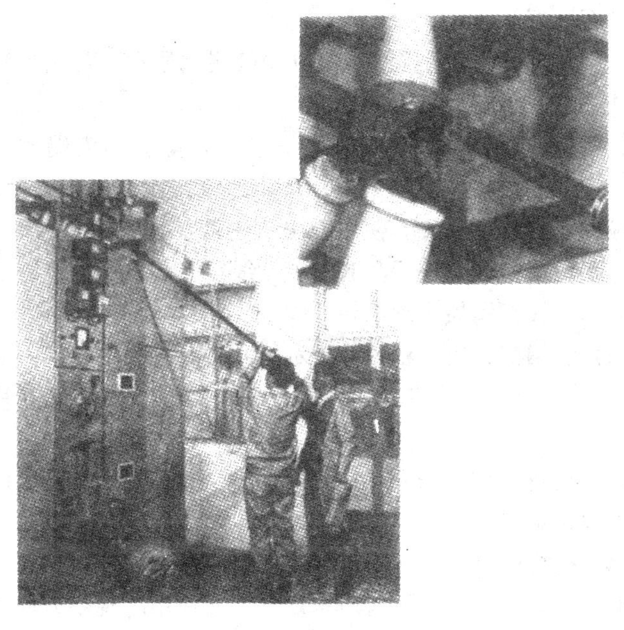

附图 40　高压验电器的用途

在使用高压验电器时应注意以下几点：

(1) 必须使用电压等级和被检设备电压等级相一致的合格验电器，并且验电操作顺序应按照验电“三步骤”进行。

(2) 验电时，应戴绝缘手套，验电器应逐渐靠近带电部分，直到氖灯发亮为止。

(3) 验电时，验电器不应装接地线，除非不接地不能指示者，才可装接地线。

(4) 验电器使用后应存放于匣内，置于干燥处，以避免积灰和受潮。

8. 什么是验电三步骤？

答：验电三步骤是：①在验电前，应将验电器在带电的设备上验电，以验证验电器是否良好；②在已停电设备的进出线两侧逐相验电；③当验明无电后再把验电器在带电设备上复核一下，看其是否良好。

9. 试述GHY型高压回转验电器的测试原理、使用方法及注意事项。

答：GHY型高压回转验电器是利用带电导体尖端放电产生的电风（即通过电晕放电产生的电晕风）来驱使指示叶片旋转，从而检测是否有电的，其使用方法及注意事项是：

（1）使用前，应按所测验设备（线路）的电压等级，选用合适型号的回转指示器和绝缘棒。

（2）使用前，应观察回转指示器叶片有无脱轴现象（脱轴者不得使用），然后将回转指示器握在手中轻轻摇晃，其叶片应稍有摆动。

（3）在使用前，需用GFS型高压发生试验器对回转指示器进行检验，证实它良好后方可使用。

（4）把检验过的回转指示器旋在绝缘棒上固定，并用绸布将其表面拭净，然后转动至所需角度，以便使用时观察方便。

（5）根据所需测试电力设备的电压等级，将绝缘棒拉伸至规定长度。使用时，工作人员的手必须握在绝缘棒护环以下的部位，不准超过护环。

（6）在测试时，验电器应逐渐靠近被测设备。一旦指示器叶片开始正常回转，即说明该设备有电，应随即离开被测设备。

（7）回转指示器应妥善保管，不得强烈振动或冲击，也不准擅自调整拆装。

（8）回转验电器只适用于户内或户外良好天气下使用，在雨、雪等环境下禁止使用。

（9）每次使用完毕，在取下回转指示器放入包装袋之前，应将表面尘埃拭净，并存放在干燥通风的地方，避免受潮。

（10）为保证使用安全，验电器应每半年进行一次预防性试验。

10. 试述绝缘手套的作用及使用、保管注意事项。

答：绝缘手套是在高压电气设备上进行操作时使用的辅助安全用具。绝缘手套可使人的两手与带电物绝缘，是防止同时触及不同极性带电体而触电的安全用品。绝缘手套的使用和保管注意事项有以下几点：

（1）每次使用前应进行外部检查，查看表面有无损伤、磨损或破漏、划痕等。如有砂眼漏气情况时，应禁止使用，检查方法如附图 41 所示。

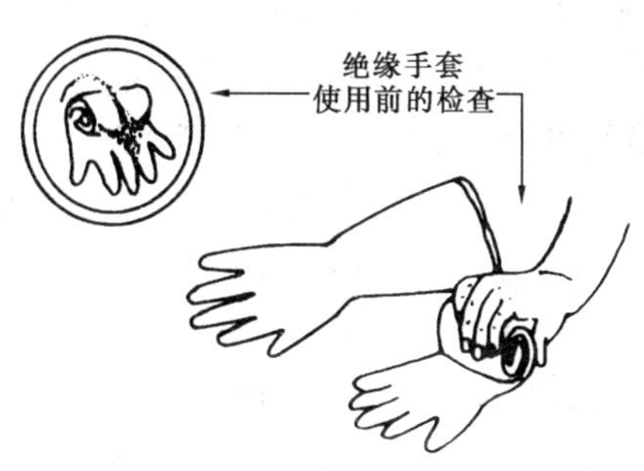

附图 41　手套使用前的检查

（2）使用绝缘手套时，里面最好先戴上一双棉纱手套。戴手套时，应将外衣袖口放入手套的伸长部分里。

（3）绝缘手套使用后应擦净、晾干，最好再洒上一些滑石粉，以免粘连。

（4）绝缘手套应存放在干燥、阴凉的地方，并应倒置在指形支架上或存放在专用的柜内，与其他工具分开放置，其上不得堆压任何物件。

（5）绝缘手套不得与石油类的油脂接触，合格与不合格的绝缘手套不能混放在一起，以免使用时拿错。

11. 试述绝缘靴（鞋）的作用和使用、保管注意事项。

答：绝缘靴（鞋）的作用是使人体与地面绝缘。其中绝缘靴是高压操作时用来与地保持绝缘的辅助安全用具，而绝缘鞋用于低压系统中。绝缘靴（鞋）的使用和保管注意事项是：

(1) 绝缘靴（鞋）不得当作雨鞋或作其他用，其他非绝缘靴（鞋）也不能代替绝缘靴（鞋）使用。

(2) 绝缘靴（鞋）如试验不合格，则不能再穿用。

(3) 绝缘靴（鞋）在每次使用前应进行外部检查，查看表面有无损伤或破漏。如有砂眼漏气，应禁止使用。

(4) 绝缘靴（鞋）应存放在干燥、阴凉的地方，并应存放在专用的柜内，要与其他工具分开放置，其上不得堆压任何物件。

(5) 绝缘靴（鞋）不得与石油类的油脂接触，合格与不合格的绝缘靴不能混放在一起，以免使用时拿错。

12. 试述绝缘垫的作用和使用、保管注意事项。

答：绝缘垫的保安作用类似绝缘靴，一般铺在配电装置室等的地面上，以便带电操作开关时，增强操作人员的对地绝缘，避免或减轻接触电压与跨步电压对人体的伤害。在低压配电室地面上铺绝缘垫，可代替绝缘鞋，起到绝缘作用。绝缘垫的使用和保管注意事项有以下几点：

(1) 在使用过程中，应保持绝缘垫干燥、清洁，注意防止与酸、碱及各种油类物质接触，以免受腐蚀后老化、龟裂或变粘，降低其绝缘性能。

(2) 绝缘垫应避免阳光直射或锐利金属划刺，存放时应避免与热源（暖气等）距离太近，以防急剧老化变质、绝缘性能下降。

(3) 使用过程中要经常检查绝缘垫有无裂纹、划痕等，发现有问题时要立即禁用并及时更换。

13. 试述绝缘台的作用和使用及保管注意事项。

答：绝缘台是一种用在任何电压等级的电力装置中作为带电工作时的辅助安全用具，其作用与绝缘垫基本相同。绝缘台的使用和保管注意事项有以下几点：

(1) 绝缘台如用于户外，则应将其置于坚硬的地面，不应放在松软的地面或泥草中，以避免台脚陷入泥土中，造成站台面触及地面而降低绝缘性能。

（2）绝缘台的台脚绝缘瓷瓶应无裂纹、破损，木质台面要保持干燥清洁。

（3）绝缘台使用后应妥加保管，不得随意登、踩或作板凳坐用。

14. 试述安全带的作用和使用、保管注意事项。

答：安全带是高空作业人员预防坠落伤亡的防护用品。在发电厂进行检修时或在架空线路杆塔上和变电所户外构架上进行安装、检修、施工时，为防止作业人员从高空摔跌，必须使用安全带予以防护。安全带的使用和保管注意事项有以下几点：

（1）使用前，必须作一次外观检查，如发现破损、变质及金属配件有断裂者，应禁止使用。

（2）安全带应高挂低用或水平拴挂。切忌低挂高用，并应将活梁卡子系紧。

（3）安全带在使用和存放时，应避免接触高温、明火和酸类物质，以及有锐角的坚硬物体和化学药物。

（4）安全带清洗时应放入低温水中，用肥皂轻轻擦洗，再用清水漂干净，然后晾干，不允许浸入热水中，以及在日光下曝晒或用火烤。

（5）安全带上各种部件不得任意拆掉，更换新绳时要注意加绳套。

15. 试述安全帽的作用和保护原理。

答：安全帽是用来保护使用者头部、减缓外来物体冲击伤害的个人防护用品，广泛应用于电力系统生产、基建修造等工作场所，预防从高处坠落物体（器材、工具等）对人体头部的打击伤害。安全帽对头部的保护基于两个原理：

（1）使冲击载荷传递分布在头盖骨的整个面积上，避免打击一点。

（2）头与帽顶空间位置构成一能量吸收系统，可起到缓冲作用，因此可减轻或避免伤害。

16．试述电报警安全帽的作用、使用方法及注意事项。

答：当电力工人作业时，如接近带电设备至安全距离，电报警安全帽就会自动进行报警，从而起到提示作业人员，避免发生人身触电事故的作用。

电报警安全帽的使用方法：①每次使用前，应选择灵敏开关于高或低档，然后按一下安全帽的自检开关，若能发出音响信号，即可使用；②头戴或手持电报警安全帽检修架空电力线路和用电设备时，在报警距离范围内，若能发出报警声音，表明带电，否则不带电；⑧将电报警安全帽接近电气设备机壳时，若发出报警信号，表明机壳带电或漏电。

电报警安全帽的使用注意事项：①在接近高压报警距离范围时，必须再按一下帽内自检开关，若能发出自检声音，方可进入高压区域作业；②若发现自检报警音调明显降低时，表明电池已快耗尽，应更换新的电池，更换时应注意极性；③安全帽应放置在室内干燥、通风并远离电源线 0.5m、不漏电的地方；④当环境湿度大于 90% 时，报警距离准确度要受影响，使用时请加注意。

17．试述携带型接地线的作用和使用、保管注意事项。

答：当对高压设备进行停电检修或进行其他工作时，接地线可防止设备突然来电和邻近高压带电设备产生感应电压对人体的危害，还可用来放尽断电设备的剩余电荷。携带型接地线的使用和保管注意事项有以下几点：

（1）使用时，接地线的连接器（线卡或线夹）装上后接触应良好，并有足够的夹持力。

（2）应检查接地铜线和三根短接铜线的连接是否牢固。

（3）装设接地线必须由两人进行，装、拆接地线均应使用绝缘棒和戴绝缘手套，如附图 42 所示。

（4）每次装设之前应详细检查，凡损坏的接地线应及时修理或更换，禁止使用不符合规定的导线作接地线。

（5）每组接地线均应编号，并存放在固定的地点。存放位置亦应编号并与接地线号码相对应，以免在较复杂的系统中进行部分停电检修时，发生误拆或忘拆接地线而造成事故。

（6）接地线和工作设备之间不允许连接刀闸或熔断器，以防它们断开时，设备失去接地而使检修人员发生触电事故。

附图 42　两人进行装设接地线

18. 试述标示牌和遮栏的作用。

答： 标示牌的作用是警告工作人员不得接近设备的带电部分，提醒工作人员在工作地点采取安全措施，以及表明禁止向某设备合闸送电，指出为工作人员准备的工作地点等，如附图 43 所示。

遮栏是用来防护工作人员意外碰触或过分接近带电体而造成人身触电事故的一种安全防护用具，也可作为工作位置与带电设

附图 43　标示牌

备之间安全距离不够时的安全隔离装置。

19. 试述脚扣的使用、保管注意事项。

答： 在使用脚扣时应注意以下几点：

（1）脚扣在使用前应作外观检查，看各部分是否有裂纹、腐蚀、断裂现象。若有，应禁止使用。

（2）登杆前，应对脚扣作人体冲击试登以检验其强度。脚扣若无变形及任何损坏，方可使用。

（3）应按电杆的规格选择脚扣，并且不得用绳子或电线代替脚扣系脚皮带。

（4）脚扣不能随意从杆上往下摔扔。作业前后应轻拿轻放，并妥善保管，存放在工具柜里，不得随地乱放。

20. 试述升降板的使用、保管注意事项。

答： 在使用升降板时应注意以下几点：

（1）在登杆使用前应作外观检查，看各部分是否有裂纹、腐蚀、断裂现象。若有，应禁止使用。

（2）登杆前应对升降板作人体冲击试登，以检验其强度。升降板绳索未发生断股、踏脚板未折裂，方可使用。

（3）使用升降板时，要保持人体平稳不摇晃，其站立姿势如附图 44 所示。升降板使用后不能随意从杆上

附图 44　站立姿势

往下摔扔，应妥善保管，存放在工具柜里，并放置整齐。

21. 试述安全绳的使用、保管注意事项。

答： 安全绳的使用、保管注意事项主要有以下几点：

（1）每次使用前必须进行外观检查，凡连接铁件有裂纹或变形、锁扣失灵，锦纶绳有断股者，不得使用。

（2）使用的安全绳必须按规程进行定期静荷重试验，并作好合格标志。

（3）安全绳应高挂低用，不得低挂高用（即安全绳的绑扎点低于作业点）。

（4）安全绳的绑扎有效长度应根据工作内容而定。安全绳用完应放置好，切忌接触高温、明火和酸类物质以及有锐角的坚硬物等。

22. 试述登梯作业的注意事项。

附图 45　梯子的正确摆放

答：（1）为了避免靠梯翻倒，梯脚与墙之间的距离不得小于梯长的1/4；为了避免梯滑落，此距离不得大于梯长的1/2，如附图45所示。

（2）在光滑坚硬的地面上使用梯子时，梯脚应加胶套或胶垫；在泥土地面上使用时，梯脚最好加铁尖。

（3）在梯子上作业时，梯顶一般不应低于作业人员的腰部，或作业人员应站在距梯顶不小于1m的横档上，切忌站在梯子的最高处或上面一、二级横档上作业，以防朝后仰面摔下。

（4）登在人字梯上操作时，切不可采取骑马方式站立，以防人字梯两脚自动滑开而造成事故。

三、技能操作题

1. 用绝缘棒开断跌落开关和装拆接地线操作。

操作：（1）开断跌落开关。首先将绝缘棒各段连接好，然后戴上绝缘手套和穿上绝缘靴，将要开断的跌落开关逐相开断。

（2）装拆接地线。其操作要领是装拆顺序要正确，即装设时必须先接接地端，后接导体端，拆时顺序与此相反；其次应戴绝缘手套和穿绝缘靴。

考核提示：①操作前是否检查了绝缘棒和接地线；②是否穿了绝缘靴和戴了绝缘手套；③操作方法正确与否。

2. 用绝缘夹钳装拆高压熔断器操作。

操作：作业人员应戴好护目眼镜、绝缘手套，穿好绝缘靴，然后手握绝缘夹钳，集中精力夹紧熔断器，用力、快速取下。

考核提示：①检查装拆前的准备工作，即是否戴上护目眼镜、绝缘手套，穿上绝缘靴；②查看装拆的方法和熟练程度。

3. 用高压验电器在停电的电气设备上进行验电操作。

操作：①首先选用电压等级与被验设备电压等级相一致的合格验电器；②戴好绝缘手套，穿好绝缘靴并按照验电“三步骤”进行验电；③验电时，验电器应逐渐靠近带电部分，直到氖灯发亮为止。在经过“三步骤”后，确实验证停电设备无电（即氖灯不亮）后操作结束。

考核提示：①首先看操作者选用的验电器是否和被验电气设备的电压等级相一致。②验电前是否穿上了绝缘靴、戴好了绝缘手套。③重点检查是否按照验电“三步骤”进行验电，其方法是否正确。④最后验证结果对否。

4. 用低压验电器试验带电的照明线路操作。

操作：①手拿验电笔，用一个手指触及金属笔卡，金属笔尖接触被试照明线路上一根线的裸露部分。若氖管发亮，则说明被试这根线为火（相）线；②用相同方法试另一根线的裸露部分。若氖管不发亮，则说明被试这根线就是地（零）线。③依上述方法再分别试此两根线，如结果与上次相同，则说明试验结果正确。

考核提示：①看拿试电笔的方法是否正确；②看操作步骤是否正确；③看验证结果是否正确。

5. 进行绝缘手套漏气检查操作。

操作：首先将绝缘手套放在平板（或平地）上，用一只手将手套从套口朝手指方向卷曲，当卷到一定程度时，若手指鼓起，为不漏气者，即为良好，否则为漏气不合格者。

考核提示：考核时，选用两只手套，其中一只为良好者，另一只为有砂眼漏气者。①考核检查手套的方法是否正确；②分别检查两只手套的结果是否正确。

6. 在停电设备上进行装拆接地线的操作。

操作：①首先穿好绝缘靴、戴上绝缘手套；②然后对接地线进行外观检查，看其是否良好；③装设时，先接接地端，后接导体端；④装上后检查接地线与接地端和导体端接触是否良好，接地线的线卡（或线夹）是否有足够的夹持力；⑤拆地线时，先拆导体端、后拆接地端。

考核提示：①检查准备工作，即是否穿了绝缘靴、戴了绝缘手套，是否对接地线进行了外观检查；②装拆顺序和方法是否正确。

7. 进行脚扣、升降板人体冲击试登操作。

操作：脚扣人体冲击试登：①首先选好与杆径相符的脚扣，并将其系于钢筋混凝土杆上、离地面0.5m左右处；②将脚套入脚套中，两手抱住杆子，借人体重量猛力向下登踩两次；③如脚扣及脚套无变形及任何损坏，则视脚扣为良好。

升降板人体冲击试登：①选好合适的升降板系于钢筋混凝土杆上、离地面0.5m左右处；②人站在踏脚板上，双手抱杆，双脚腾空猛力向下登踩冲击；③若绳索不发生断股，踏脚板不折裂，则应视为良好。

考核提示：①查看被试脚扣是否系于离地面0.5m左右处，系得牢固与否；②登踩方法是否正确，用力情况如何，是否猛力向下冲击；③被试者的最后判断结论是否正确。

第五章　防火（爆）与灭火知识

一、名词解释

1. 消防

消防是指包括防火与灭火在内的同火灾作斗争的一项专门工作。

2. 消防工作方针

消防工作方针是“预防为主，防消结合”、“以防为主，以消为辅”。

3. 消防工作的原则

消防工作的原则是：专门机构与群众相结合的原则，即“谁主管，谁负责；谁在岗，谁负责”的原则，并由公安消防部门负责实施监督。

4. 燃烧

燃烧一般是指某些可燃物质在较高温度时，与空气（氧）或其他氧化剂进行剧烈化学反应而发生放热发光的现象。

5. 完全燃烧

所谓完全燃烧必须具备以下条件：

（1）要有足够的氧化剂，及时供给可燃物进行燃烧；

（2）维持燃烧中心温度高于燃料的着火温度，保证燃烧持续进行而不至于中断；

（3）要有充分的燃烧时间；

（4）燃料与氧化剂混合得非常理想。

6. 煤的自燃

煤在空气中氧化时放出的热量无法向四处扩散而积聚在煤堆内，煤堆内温度不断升高达到着火点而发生煤的自行燃烧的现象。

7. 火警与火灾

火警：凡失火后能及时扑救而未造成灾害，这种失火叫火警。

火灾：火灾是一种造成国家、集体和人民财产损失，以及危及人民生命安全的失火灾害。

8. 火灾（等级）标准

（1）死亡10人以上（含10人）；重伤20人以上；死亡、重伤20人以上；受灾50户以上；直接财产损失100万元以上者称为特大火灾。

（2）死亡3人以上；重伤10人以上；死亡、重伤10人以上；受灾30户以上；直接财产损失30万元以上者称为重大火灾。

（3）不具有上列两项情形的火灾，为一般火灾。

9. 火灾报警

首先弄清并熟记当地火警电话号码和本厂（公司、工区）火警号码；电话打通后应沉着镇静，向火警台讲清：①火灾地点；②火势情况；③燃烧物和大约数量；④报警人姓名及电话号码。在报警的同时还要组织人员扑火。

10. 爆炸

爆炸是指物质发生剧烈的物理或化学反应，且反应速度不断急剧增加，并在极短的时间内放出大量的能量，产生高温、高压气体，使周围空气猛烈震荡并伴有巨大声响的现象。

11. 爆炸极限

可燃物质与空气均匀混合形成爆炸性混合物，其浓度达到一定的范围内时，遇到明火或一定的引爆能量立即发生爆炸，这个浓度范围称为爆炸极限（或爆炸浓度极限）。

12. 电气火灾与爆炸

这是指电气方面原因形成的火源所引起的火灾和爆炸，如某种原因造成油开关、电缆终端头的爆炸起火等。

13. 明火

明火是指敞开外露的火焰、火星及灼热的物体等。

14. 电火花

开关断开、熔丝熔断或发生电气短路等情况时，出现的明亮细火花。

二、填空题

1. 有可燃物　有助燃物　有着火源

2. 控制可燃物　隔绝空气　消除着火源　阻止火势　爆炸波的蔓延　隔离法　窒息法　冷却法

3. 一定数量喷头的供水灭火　喷头、阀门　报警控制装置　管道附件

4. 湿式报警装置　闭式喷头　管道　喷雾喷头、管道　控制装置　火灾探测器　报警装置　火灾探测系统　控制雨淋阀

5. 筒体　器头　喷嘴　驱动压力　灭火剂　喷出灭火

6. 手提式　推车式　泡沫　干粉　卤代烷　二氧化碳　酸碱　清水

7. 酸性（硫酸铝）　碱性（碳酸氢钠）　混合起化学反应而生成泡沫　压力的作用下

8. 一般物质　油类（石油制品、油脂）　带电设备　醇、酮等有机溶剂的碳酸氢钠溶液　硫酸铝溶液

9. 筒体　筒盖　瓶胆　瓶盖启闭机构　喷射系统　车身　逆时针　手轮　瓶盖上升　关闭

10. 内部充装的液态二氧化碳的蒸气压力　600V 以下的带电电器　贵重设备　图书资料　仪器仪表　钾　钠

11. 将二氧化碳灭火剂的喷流由近而远向火焰喷射　将喇叭筒提起，从容器的一侧上部向燃烧的容器中喷射　二氧化碳射流直接冲击可燃液面上　上风位置

12. 钢瓶　虹吸管　阀门　喷筒　手轮　安全帽　胶管　推车

13. 液态二氧化碳或氮气　干粉灭火剂　石油及其制品　可燃气体可燃液体　可燃固体物质　5 万 V 以上的电绝缘　带电设备处

14. 筒体内的氮气压力　1211 灭火剂　易燃　可燃的液体气体　带电设备　精密仪表　计算机　贵重物资仓库

15. 颠倒　横卧

16. 水　黄砂　化学泡沫　二氧化碳　干粉　1211　氮气　四氯化碳

17. 覆盖燃烧物　吸收热量　燃烧物　空气

18. 杂草　油污　其他易燃物品　堆放杂物　搭建临时建筑

19. 不超过 12V 的防爆　不产生静电的工作服　无铁钉的工作铜质　汽油　其他可燃、易燃液体

20. 空转　摩擦发热　盘根　发热冒烟起火　橡胶垫　塑料垫　石棉纸　青壳纸

21. 封堵　隔离　涂刷　包绕　水喷雾

22. 清洁　无裂纹破损　放电痕迹　无渗出　漏油　过热

23.1211、二氧化碳、干粉　黄土　干砂

24. 引线　套管　油位　油温　声音　碰伤　踩伤　扭伤

25. 喷雾水　泡沫（或 1211）　黄砂　储油池　泡沫灭火剂

26. 轴承　法兰盘　引出线　套管　机壳焊缝　严禁烟火　严禁烟火　易燃、易爆

27. 明火　火花的钢制工具　电动工器具　用大锤敲打　火割螺栓　余氢

28. 降低氢压运行　低氢压 CO_2、1211 灭火器　石棉布　消除漏氢

29. 吸烟　火种

30. 浓硫酸　蒸馏水　蒸馏水　浓硫酸　浓硫酸　剧热　爆炸

31. 停止充电　1211　CO_2

32. 10m　高压电线　机房　太阳下　吸烟

33. CO_2　干粉灭火器　干砂　水　泡沫　四氯化碳

34. 断开电源　CO_2　干粉灭火器　水沿电焊软线　首先切断电源　1211　CO_2 灭火器　水喷雾　干粉

35. 严禁烟火　易燃易爆物品的火灾危险性　管理储存方法　发生事故

36. 品名不符　包装不合格　容器渗漏

37. 双人保管　双锁　双人领　双人用　双账

38. 发放　登记　回收　检查　个人自带　私存　移作他用　赠送他人

三、问答题

1. 试述电力生产中防火（爆）的重要意义。

答：在电力系统中，防火（爆）工作是一项十分重要的工作，常把它当作反事故斗争的重点来对待，因为火灾一旦发生，其危害是非常严重的，火灾往往会把设备烧坏，以致全厂或系统停电，需较长时间才能修复，进而造成大批工矿企业停电停产。火灾还会造成人身伤亡事故，夺去人的生命和健康，造成本人和亲属难以消除的身心痛苦。火灾无论对设备、人身、企业和社会都会带来巨大损失，所以，在电力生产中加强防火（爆）工作是十分重要的。

2. 试述湿式喷水灭火系统的工作原理。

答：①当火灾发生时，系统中的闭式喷头的感温元件达到预定的动作温度范围时，喷头即自动打开喷水灭火；②因管网内水的流动形成压差，湿式报警阀打开，驱动水力警铃报

警；③水流指示器、压力开关动作并发出信号送给湿式报警控制箱，通过声、光信号报警，显示火灾发生的具体位置，启动水泵保证供水，接通应急广播、消防照明、诱导指示器等。这一系列动作在喷头开始喷水后大约30s内即可完成，如附图46所示。

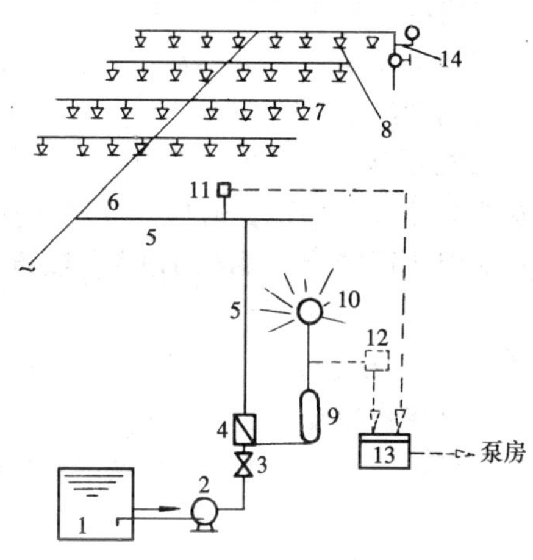

附图46　湿式喷水灭火系统

1—水池；2—水泵；3—总控制阀；4—湿式报警阀；5—配水干管；6—配水管；7—配水支管；8—闭式喷头；9—延迟器；10—水力警铃；11—水流指示器；12—压力开关；13—湿式报警控制箱；14—末端试水装置

3. 试述手提式化学泡沫灭火器的使用方法及注意事项。

答：（1）手提筒体上部的提环，迅速奔赴火场。这时应注意不得使灭火器过分倾斜，更不可横拿或颠倒，以免两种药剂混合而提前喷出。

（2）使用时先用手指堵住喷嘴，将筒身上下颠倒两次，就有泡沫喷出。

（3）在扑救可燃液体火灾时，如燃烧物已呈流淌状燃烧，则应将泡沫由近及远喷射，使泡沫完全覆盖在燃烧液面上。

（4）如燃烧液体在容器内燃烧，应将泡沫射向容器的内壁，使泡沫沿着内壁流淌，逐步覆盖着火液面，切忌直接对准液面喷射。

(5) 在扑救固体物质的火灾时，应将射流对准燃烧最猛烈处。

(6) 灭火时，随着有效喷射距离的缩短，使用者应逐渐向燃烧区靠近，并始终将泡沫喷射在燃烧物上，直至扑灭。

(7) 在灭火的整个过程中，灭火器应一直保持倒置状态，否则会中断喷射，使用方法如附图 47 所示。

4. 如何对手提式泡沫灭火器进行维护保养?

答: (1) 应选择干燥、阴凉、通风并取用方便的地方存放。灭火器不可靠近高温或可能受到曝晒的地方，以防止碳酸氢钠分解而失效。

(2) 冬季要采取防冻措施，以防止冻结，并应经常擦除灰尘、疏通喷嘴，使之保持通畅。

(3) 每年应定期打开筒盖检查碳酸氢钠溶液是否失效，一旦发现失效应立即更换。

(4) 每次使用后，应及时打开筒盖，把筒体和瓶胆等清洗干净，并充入新的灭火剂。

(5) 每次更换灭火剂或使用期已满两年以上的灭火器，应送请有关检修单位进行水压试验，试验合格后方可继续使用。

5. 试述 MPT 推车式化学泡沫灭火器的使用和维护方法。

答: (1) 推车式灭火器一般由两人操作。先将灭火器迅速推拉到火场，在距着火点 10m 左右处停下，由一人施放喷射软管后，双手紧握喷枪并对准燃烧处；另一人则先逆时针方向转动手轮，将螺杆升至最高位置，使瓶盖开足。

(2) 将筒体向后倾倒，使拉杆触地，并将阀门手柄旋转 90°，即可喷出泡沫进行灭火。

(3) 如阀门装在喷枪处，则由负责操作喷枪者打开阀门。

MPT 推车式化学泡沫灭火器的维护方法有以下几点:

(1) 存放温度应在 +4 ~ +45℃之间，不宜过高或过低。

附图 47　MP 型手提式泡沫灭火器使用方法

（2）每月应定期检查灭火器一次，察看喷枪、软管、滤网及安全阀等有无堵塞现象，并及时加以清除。

（3）每次更换灭火剂后或灭火器使用两年后，应对筒体及筒盖一起进行水压试验，合格后方可继续使用。

(4) 每隔半年应对所充装的药液进行检查，如发现变质，应及时更换。

6. 试述手提式二氧化碳灭火器的使用方法及注意事项。

答：(1) 使用手提式二氧化碳灭火器时，先应拔掉安全销，然后压紧压把，这时就有二氧化碳喷出，其操作步骤如附图48所示。

(2) 灭火时，当可燃液体呈流淌状燃烧时，使用者应将二氧化碳灭火剂的喷流由近及远向火焰喷射；如果可燃液体在容器内燃烧时，使用者应将喇叭筒提起，从容器的一侧上部向燃烧的容器中喷射，但不能将二氧化碳射流直接冲击可燃液面。

(3) 在室外使用时，人应站在上风位置喷射。对无喷射软管的灭火器，应把原来下垂的喇叭筒往上扳70°～90°，再紧握启闭阀的压把，使二氧化碳喷出。

手提式二氧化碳灭火器的使用注意事项是：

(1) 不能直接用手抓住喇叭筒外壁或金属连接管，防止手被冻伤。

(2) 在室内窄小空间使用时，一旦火被扑灭，操作者就应迅速离开，防止因吸入过量的二氧化碳而窒息。

7. 试述如何对手提式二氧化碳灭火器进行维护保养。

答：(1) 灭火器应存放在阴凉、干燥、通风处，不得接近火源，存放环境温度在－5～＋45℃之间为好。

(2) 每半年应检查一次灭火器重量，若称出的重量与灭火器钢瓶肩部打的钢印总重量相比较低于50g时，应送维修单位检修。

(3) 灭火器每次使用后或每隔五年，应送维修单位进行水压试验，合格后方可继续使用。

8. 试述手提式干粉灭火器的使用方法。

答：(1) 灭火时，可手提或肩扛灭火器快速奔赴火场，在距燃烧处5m左右，放下灭火器，如在室外，应选择在上风方向喷射。

附图 48　二氧化碳灭火器使用方法

(2) 使用时拔掉保险销，按下压把，干粉即可喷出。在整个灭火过程中，一只手应始终压下压把，不能放开，否则会中断喷射。当干粉喷出后，迅速对准火焰的根部扫射，其操作步骤如附图 49 所示。

(3) 当可燃液体在容器内燃烧时，使用者应对准火焰左右晃动扫射，使喷射出的干粉流覆盖整个容器开口表面；当火焰被赶出容器时，仍应继续喷射，直至把火焰全部扑灭。

(a) (b) (c) (d) (e)

附图 49 干粉灭火器的使用方法

出容器时，仍应继续喷射，直至把火焰全部扑灭。

(4) 如被扑救的液体火灾呈流淌燃烧时，应对准火焰根部由近及远地左右扫射，直至把火焰全部扑灭。

(5) 如果用磷酸铵盐干粉灭火器扑救固体可燃物火灾，则应对准燃烧最猛烈处喷射，即作上下、左右扫射，或提着灭火器沿着燃烧物的四周边走边喷，使干粉灭火剂均匀地喷在燃烧物表面，直至将火焰全部扑灭。

9. 试述如何对手提式干粉灭火器进行维护保养。

答：（1）灭火器应放置在通风、干燥、阴凉、取用方便的地方，环境温度在 -5～+45℃。

（2）避免放在高温、潮湿和腐蚀严重的场合，以防干粉灭火剂结块、分解。

（3）每半年检查干粉是否结块，储气瓶的二氧化碳气体是否泄漏。检查重量如小于所标值时，应送去修理。

（4）灭火器一经开启，必须再充装，在再充装时，绝对不能变换干粉灭火剂的种类。

（5）每次再充装前或灭火器出厂三年后，应进行水压试验，合格后才能再次充装使用。

10. 试述手提式 1211 灭火器的使用方法及注意事项。

答：（1）手提或肩扛灭火器迅速奔赴火场，在距燃烧处 5m 左右放下灭火器，先拔出安全销，一手握住开闭压把，另一手握在喷射软管前端的喷嘴处，先将喷嘴对准燃烧处，用力握紧开闭压把，在氮气压力的作用下，1211 灭火剂随即喷出。其操作步骤如附图 50 所示。

（2）当被扑救火的可燃液体呈流淌状燃烧时，使用者应对准火焰根部由近而远地左右扫射，并向前快速推进，直至火焰全部扑灭。

（3）如果可燃液体在容器中燃烧，应对准火焰左右晃动扫射。当火焰被赶出容器时，喷射流跟着火焰扫射，直至把火焰全部扑灭。

（4）如果扑救可燃固体物质的初起表面火灾，则将喷射流对准燃烧最猛烈处喷射。当火焰被扑灭后，应及时采取措施，不让其复燃。

（5）切记 1211 灭火器使用时不能颠倒，也不能横卧，否则

附图 50　手提式 1211 灭火器的使用方法

灭火剂不会喷出。

(6) 在室外使用时，应选择在上风方向喷射。在窄小空间的室内灭火时，灭火后操作者应迅速离开，因 1211 灭火剂也有一定毒性，以防对人体的伤害。

11. 如何对1211灭火器进行维护保养？

答：（1）灭火器应放在通风、干燥、阴凉及取用方便的场合，环境温度为－10～＋45℃。

（2）每隔半年检查灭火器上显示内部压力的显示器。如发现指针已降到红色区域时，应及时送维修部门检修。

（3）灭火器不要存放在加热设备附近，也不要放在有阳光直射及有强腐蚀性的地方。

（4）每次使用后，不管灭火剂是否有剩余，都应送维修部门进行再充装。每次再充装前或出厂三年以上的，都应进行水压试验，合格后方可继续使用。

（5）如灭火器上无内部压力显示器，可采用称重的方法检查。当称出的重量减小10%时，应送去修理。

四、应知和技能操作题

1. 了解水的灭火作用和用水灭火的注意事项。

提示：①此题只作一般性的了解；②结合本人所从事的工作，了解在哪些情况下可用水来进行灭火；③在用水灭火过程中，依据所学知识，掌握应注意的事项。

2. 了解黄砂灭火的注意事项。

提示：①此题只作一般性的了解；②正确运用黄砂灭火时的注意事项，以避免发生损坏电气设备的事故。

3. 了解输煤与制粉系统防火（爆）的重要性。

提示：①从事输煤、制粉系统的所有人员要认真深刻了解其防火（爆）的重要性；②通过学习进一步加强和提高对防火（爆）工作的认识和防范意识，力求达到不发生火灾的目的。

4. 了解输煤系统的防火措施。

提示：①要求培训教师要逐条认真讲解，以加深学员（生）的理解；②培训教师和学员结合工作实际可以进行座谈、讨论，以达到理论和实践相结合的目的，提高学员的实际防火技能。

5. 熟悉输煤系统的火灾扑救方法。

提示：①培训教师要逐条认真讲解，使学生熟知每条的含义；②通过学习，使学员（生）了解输煤系统发生火灾后扑救的程序和系统中各种设备发生火灾的扑救方法；③用组织讨论或提问的方法加深学员（生）对该系统火灾扑救方法的记忆，以求在实际工作中熟练地掌握扑救方法。

6. 了解制粉系统的防火措施。

提示：①要求培训教师要逐条认真讲解，以加深学员（生）的理解；②培训教师和学员结合工作实际可以进行座谈、讨论，以达到理论和实际相结合的目的，提高学员的防火技能。

7. 熟悉制粉系统的火灾扑救方法。

提示：①培训教师要逐条认真讲解，使学生熟知每条的含义；②通过学习，使学员（生）了解制粉系统发生火灾后扑救的程序和该系统在各种情况下发生火灾的扑救方法；③可用组织讨论或课堂提问的方法加深学员（生）对该系统火灾扑救方法的记忆，以求在实际工作中熟练地掌握扑救方法。

8. 深刻了解燃油系统防火的重要性。

提示：①培训教师要逐条逐句地认真讲解其内容，并反复强调该系统防火的重要意义；②要结合现场实际和事故案例组织学员进行座谈讨论；③从事本系统的工作人员更需加深理解提高防火的安全意识。

9. 熟悉燃油系统的防火措施。

提示：①通过认真学习，全面了解燃油系统中的每条防火措施；②要求从事该系统某岗位的作业人员要熟记本岗位作业区的防火措施，达到在实际工作中正确运用所学知识，掌握防火的基本技能。

10. 熟悉燃油系统火灾的扑救方法。

提示：①要熟悉该系统各种设备（施）发生火灾的扑救方法；②从事该系统某岗位的工作人员要熟知、熟记当你所在作业区发生火灾时的扑救方法；③要正确运用所学知识及时准确地扑救初起火灾、熟练地掌握操作技能；④有条件的情况下可请现场消防人员进行讲解或观看录像进一步熟悉该系统火灾的扑救方法。

11．深刻了解电缆防火的重要性。

提示：①培训教师要结合现场实际和典型事故案例进行讲解，以加深学员（生）的理解，提高防火的安全意识；②从事电缆工作的有关人员更需加深理解电缆防火的特殊意义和紧迫感。

12．熟知电缆的防火措施。

提示：①培训教师在讲授中要逐条逐句加以解释，以加深学员（生）的理解；②要求从事电缆工作的有关人员熟知、熟记有关防火措施内容，并运用到实际工作中做到准确、无误，力求不发生任何火灾事故。

13．掌握电缆火灾的扑救方法。

提示：①培训教师要认真地逐条讲解，使学员（生）了解发生电缆火灾时的扑救程序和方法步骤；②有条件时可请有关消防人员进行现场扑救电缆火灾的实际操作（方法）讲解以及收看有关录像资料，使学员（生）掌握各种情况下电缆火灾的扑救方法。

14．熟知电力变压器的防火措施。

提示：①培训教师要逐条逐句讲解，使学员（生）理解每条的含义；②学员（生）要在理解的基础上熟知、熟记主要防火措施，并达到在实际工作中正确运用防火理论知识，力求不发生火灾事故。

15．掌握电力变压器火灾的扑救方法。

提示：①培训教师要认真地讲解每条的含义，使学员（生）了解变压器火灾的扑救程序和各种情况下的扑救方法；②结合现场实际情况和典型案例请有关消防人员进行实际操作的模拟演示；③学会并掌握变压器火灾扑救的方法和操作技能。

16．深刻了解氢系统防火（爆）的重要性。

提示：①培训教师要认真逐条逐句解释，以加深学员（生）对氢系统防火（爆）的认识，提高防火（爆）的安全意识；②通过学习要深刻了解氢爆事故的危险性和对安全生产的极大危害性；③从事本岗位工作的有关人员更要进一步认清其防火（爆）的重要意义，做好一切防范工作，避免任何氢爆事故的发生。

17. 熟知氢冷系统的防火（爆）措施。

提示：①培训教师要认真逐条逐句地解释，使学员（生）深刻理解每条的含义；②要全面了解该系统的防火（爆）措施，从事氢冷系统的工作人员要熟记本岗位的防火（爆）措施，并运用所学知识做好本岗位防火（爆）工作，力求不发生任何氢爆事故。

18. 熟知制氢设备的防火（爆）措施。

提示：①要熟知电解槽、储氢罐和制氢站所有制氢设备的防火（爆）措施；②从事具体某一设备的工作人员要熟记该设备的防火（爆）措施，做到心中有数、加强防范，力求在本岗位工作中不发生任何氢爆事故。

19. 掌握氢系统及其设备的火灾扑救方法。

提示：①培训教师应根据氢系统和所有不同设备发生火灾时，如何正确进行扑救，逐条逐句进行讲解，以加深学员（生）的理解；②请现场消防人员结合本单位情况进行针对性的讲解和实际操作的模拟演示；③观看有关录像资料，进一步掌握其火灾扑救的实际操作技能，以达到正确运用所学知识，一旦发生火情时准确无误地予以扑救。

20. 了解蓄电池室防火（爆）措施。

提示：①通过学习要正确理解每条防火（爆）措施的含义；②从事本岗位的工作人员要熟知并记住有关措施内容，在实际工作中按照要求做好防范工作，力争不发生任何火灾事故。

21. 掌握蓄电池室火灾扑救方法。

提示：①深刻理解并熟记火灾的扑救方法；②通过请现场消防人员讲解和观看有关录像资料进一步掌握扑救火灾的操作技能；③从事本岗位的工作人员要熟练地掌握灭火方法和操作技能，一旦发生火情，做好扑救工作。

22. 了解电、气焊的防火措施。

提示：①培训教师要逐条进行解释，使学员（生）了解每条的含义；②从事电、气焊的作业人员要熟记有关防火措施，在实际工作中按照所学知识做好相应的防范工作，力争不发生任何火灾事故。

23. 掌握电、气焊设施着火的扑救方法。

提示：①了解并掌握各种电、气焊设施着火时的扑救方法；②从事该工作的人员应在有关消防人员的指导下进行模拟演示和练习实际操作方法；③通过学习要达到能正确掌握扑救电、气焊设施着火的技能和操作方法。

24. 了解易燃易爆物品的防火（爆）措施。

提示：①培训教师要逐条逐句讲解每条的含义，以加深学员（生）对防火措施的理解和记忆；②从事本工作的有关人员要熟知熟记与本岗位相关的措施内容，并运用到实际工作中，加强防范，力争不发生任何火灾事故；③对雷管、炸药等危险品要重点防范，确实认真执行“五双”制度。

25. 掌握本岗位易燃易爆物品的火灾扑救方法。

提示：从事本岗位的工作人员应根据个人管辖范围，按照本单位（部门）制定的灭火规则，采用相应的灭火器材进行灭火。

26. 在消防（专业）人员指导下，进行手提式和推车式泡沫灭火器的使用操作（模拟火场为呈流淌状液体燃烧物）。

操作：首先进行手提式泡沫灭火器操作：①手提筒体上部的提环走向模拟火场，灭火器筒体要竖直，不可使灭火器过分倾斜，更不能横卧拿动或颠倒拿动；②使用时先用手指堵住喷嘴，将筒身上下颠倒两次，然后放开手指，就有泡沫喷出；③将泡沫对准流淌状燃烧处由近及远喷射，使泡沫完全覆盖在燃烧液面上，直至将火扑灭。

推车式泡沫灭火器操作应由两人进行，模拟火场应设在距操作人地点20m以上：①两人迅速将灭火器推到模拟火场，在距着火点10m左右停下；②由一人施放喷射软管后，双手紧握喷枪并对准燃烧处，另一人则先逆时针方向转动手轮，将螺杆升至最高位置，使瓶盖开足；③将筒体向后倾倒，使拉杆触地，并将阀门手柄旋转 90°，即可喷射泡沫，对准燃烧物由近及远喷射，直至将火扑灭。

考核提示。对于手提式：①查看手提灭火器奔赴模拟火场的情况是否正确；②使用操作步骤正确与否；③灭火时，喷射是否由远而近进行；④查看灭火时间与效果。

对于推车式：①查看两人推车配合情况及停靠位置；②两人同时施放喷射软管和转动手轮动作是否协调、熟练，螺杆是否升至最高位置；③其他操作方法是否正确；④查看灭火时间和效果。

27. 在消防（专业）人员指导下，进行检查碳酸氢钠溶液是否失效的练习。

检查：取一个使用期已满一年的手提式化学泡沫灭火器，并打开筒盖开始进行检查，检查的方法是：①从筒体内取三份碳酸氢钠溶液；②在瓶胆内取一份硫酸铝溶液；③然后将两种溶液一起快速倒入量杯内，看产生泡沫的体积是否大于四份溶液体积的 6 倍以上。如大于 6 倍，则为合格，否则为不合格。

考核提示。①准备工作是否快捷正确（包括工具、材料的选用）；②检查的方法是否正确；③最后的判断结论是否正确；④收尾工作（包括将灭火器恢复原状，清理现场等）。

28. 在消防（专业）人员指导下，进行手提式和推车式二氧化碳灭火器的使用操作（模拟火场自选）练习。

操作：先进行手提式二氧化碳灭火器操作，由一人进行：①手提或肩扛灭火器迅速奔赴“火场”，在距燃烧处 5m 以内放下灭火器；②拔掉安全销，然后压紧压把，这时就有二氧化碳喷出；③如在室外，人应站在上风位置对准燃烧物由近及远向火焰喷射，直至把火焰全部扑灭；④如“火场”设在室内并且空间窄小时，火被扑灭后，操作者要立即离开。

推车式二氧化碳灭火器操作应由两人进行：①两人密切配合

快速将灭火器推到模拟火场，在距燃烧物 10m 处停下；②如在室外，人应站在上风位置，这时，一人快速取下喇叭喷筒并展开喷射软管，握住喇叭喷筒根部的手柄，对准燃烧处；③另一人快速按顺时针方向旋动手轮并开到最大位置，这时将喷出的二氧化碳对准火焰根部由近而远地喷射，并向前快速推进，直至火焰全部扑灭。

考核提示。对于手提式：①手提或肩扛灭火器方法是否正确，如在室外是否选择了上风方向；②使用时操作步骤正确与否；③灭火时，喷射方法是否正确（即是否对准火焰根部由近而远地左右扫射）；④查看灭火时间和效果。

对于推车式：①查看两人推车配合情况及停靠位置，如在室外是否选择了上风方向；②两人的操作方法是否恰当、正确、熟练；③查看灭火时间及效果。

29. 在消防（专业）人员指导下，进行手提式和推车式干粉灭火器的操作（模拟火场自选）练习。

操作：手提式干粉灭火器操作由一人进行：①手提或肩扛灭火器快速奔赴“火场”，在距燃烧处 5m 左右放下灭火器，如在室外，应选择在上风方向喷射；②拔掉保险销，按下压把，干粉即可喷出；③当干粉喷出后，迅速对准火焰根部由近而远地左右扫射，直至把火焰全部扑灭。

推车式干粉灭火器操作应由两人进行：①两人密切配合快速将灭火器推到“火场”，在距燃烧处 10m 左右停下，如在室外，应选择上风方向喷射；②一人首先打开二氧化碳气瓶手轮向干粉储罐充气，另一人迅速展开出粉管，并开启阀门，双手持喷枪对准火焰根部由近及远扫射，直至将火扑灭。

考核提示。对于手提式：①手提或肩扛灭火器方法是否正确，如在室外是否选择了上风方向；②使用时操作步骤正确与否；③灭火时，喷射方法是否正角（即是否对准火焰根部由近而远地左右扫射）；④查看灭火时间及效果。

对于推车式：①查看两个推车配合情况及停靠位置，如在室外是否选择了上风方向；②两人的操作方法是否恰当、正确、熟练；③查看灭火时间和效果。

30. 在消防（专业）人员指导下，进行手提式和推车式1211灭火器的操作（模拟火场自选）练习。

操作：先进行手提式1211灭火器操作，由一人进行：①手提或肩扛灭火器迅速奔赴“火场”，在距燃烧处5m左右放下灭火器；②先拔出安全销，一手握住开闭压把；另一手握在喷射软管前端的喷嘴处；③先将喷嘴对准燃烧处，用力握紧开闭压把，1211灭火剂随即喷出，对准火焰根部由近而远地左右扫射，并向前快速推进，直至火焰全部扑灭。

在使用过程中要注意以下两点：①此灭火器使用时既不能颠倒，也不能横卧，否则灭火剂不会喷出；②在室外使用时，应选择在上风方向喷射。

推车式灭火器操作应由两人进行：①两人快速将灭火器推或拉到“火场”，在距燃烧点10m处停下；②一人快速放下喷射软管后，紧握喷枪，对准燃烧处；③另一人则快速打开灭火器阀门，待灭火剂喷出后，对准火焰根部由近而远地喷射，并向前快速推进，直至火焰全部扑灭。

考核提示。对于手提式：①手提或肩扛灭火器方法是否正确，如在室外是否选择了上风方向；②使用操作步骤正确与否，有无颠倒或横卧情况出现；③灭火时，喷射方法是否正确（即是否对准火焰根部由近而远地左右扫射，并向前快速推进）；④查看灭火时间及效果。

对于推车式：①查看两人推车配合情况及停靠位置，如在室外，是否选择了上风方向；②两人的操作方法是否恰当、正确、熟练；③灭火时间和效果如何。